建筑装饰构造
（第4版）

主　编　涂群岚　扈恩华
副主编　滕艳辉

北京理工大学出版社
BEIJING INSTITUTE OF TECHNOLOGY PRESS

内 容 提 要

全书共分为9个项目，主要内容包括建筑装饰构造概论，楼（地）面装饰构造，墙（柱）面装饰构造，顶棚装饰构造，隔墙与隔断装饰构造，幕墙装饰构造，门窗装饰构造，楼梯、电梯装饰构造，细部装饰构造等。

本书可作为高等院校建筑装饰工程技术等相关专业的教材，也可供建筑装饰工程相关技术和管理人员自学和参考。

图书在版编目(CIP)数据

建筑装饰构造／涂群岚，扈恩华主编.-- 4版.--
北京：北京理工大学出版社，2022.2
ISBN 978-7-5763-0983-6

Ⅰ.①建… Ⅱ.①涂…②扈… Ⅲ.①建筑装饰—建筑构造—高等学校—教材Ⅳ.①TU767

中国版本图书馆CIP数据核字（2022）第027385号

出版发行／北京理工大学出版社有限责任公司
社　　址／北京市海淀区中关村南大街5号
邮　　编／100081
电　　话／（010）68914775（总编室）
　　　　　（010）82562903（教材售后服务热线）
　　　　　（010）68944723（其他图书服务热线）
网　　址／http://www.bitpress.com.cn
经　　销／全国各地新华书店
印　　刷／北京紫瑞利印刷有限公司
开　　本／787毫米×1092毫米　1/16
印　　张／16.5
字　　数／355千字
版　　次／2022年2月第4版　2022年2月第1次印刷
定　　价／85.00元

责任编辑／钟　博
文案编辑／钟　博
责任校对／周瑞红
责任印制／边心超

第4版前言

"建筑装饰构造"是一门综合性很强的专业技术课程，主要阐述建筑物各部位的装饰特点及施工方法，涉及材料、制图、力学、结构、施工等多方面的知识，具有综合性、实用性的特点，是从事室内装饰设计与施工管理的应用型人才必须掌握的内容。本课程任务是使学生获得建筑装饰构造方面的基本知识与设计手法，初步了解目前建筑装饰经常采用的各种装饰材料的基本性能、规格及对建筑物内外表面和某些部位进行装潢和修饰的构造做法，并使学生具备建筑装饰设计和绘制施工详图的能力。

本书自出版发行以来，在有关院校的教学活动中获得了师生的一致好评。随着近年来我国高等教育教学改革的发展及建筑装饰行业科技的进步，教材的知识内容也需要随之进行更新、扩充，故此，编者根据各院校使用者的建议，以及实际生产、学习的需求，对本书进行了修订。

本次修订主要具有以下特点：

（1）注重课程思政，与时俱进，书中所引用的规定及要求都来自现行相关国家标准和规范；书中选取了富有时代特色的建筑装饰工程相关实例，学生在学习过程中能提高创新意识，培养实践能力，做到学以致用，解决实际工程中遇到的问题。

（2）根据现行国家、行业标准规范，对书中的相关内容进行了修改、补充，以使书中的知识内容更加准确，跟上科学技术发展的步伐，满足高等院校教育教学工作的需要。

（3）进一步突出岗位能力，结合建筑装饰工程相关工作岗位的要求，以实际工作岗位需求设计编写内容，每个项目后均设置了项目实训，将技能训练的内容有机融入教材，通过"岗课赛证"的融通，加强岗位基本能力和职业能力的训练。

本书由江西建设职业技术学院涂群岚、济南工程职业技术学院扈恩华担任主编，由吉林工程职业学院滕艳辉担任副主编。本书修订过程中参阅了国内同行的多部著作，部分高等院校老师提出了很多宝贵意见，在此表示衷心的感谢！

限于时间仓促和编者经验不足，书中难免有不妥之处，敬请不吝指正，以期进一步修订完善。

编　者

第3版前言

随着近年我国建筑装饰行业的不断发展，本教材在第1、2版教材的基础上进行了再版更新。编者在内容的选择上充分考虑了建筑装饰行业最新发展趋势，各高等院校使用者的建议以及国家有关规范、标准等，对教材内容进行了修订和扩充。本教材最突出的特色是不仅在各章开头的教学目标和教学要求上细化了学生需要掌握的知识点和重点需要了解的问题，而且在最终的总结中重新巩固和介绍了整章内容，使读者更易于加深印象，消化所学知识。

本教材修订的内容有以下几个特点：

（1）新修订的内容能做到紧跟建筑装饰行业发展的步伐，对现有的新材料、新工艺、新做法都作了充分的介绍。

（2）书中内容不仅在文字表述上对建筑装饰的方方面面作了全面的叙述，而且还运用了大量的图表与文字相互对应，使全书内容更加直观，便于理解。

（3）加强了实践方面的内容，尤其在各构造的做法上的阐述更加精细。

本书由江西建设职业技术学院涂群岚、济南工程职业技术学院扈恩华担任主编，由江西建设职业技术学院陈正、吉林工程职业学院滕艳辉担任副主编。具体编写分工为：涂群岚编写第一章、第七章、第九章，扈恩华编写第二章、第六章和第八章，陈正编写第五章，滕艳辉编写第三章、第四章。

限于时间的仓促和编者经验的不足，书中难免有不妥之处，敬请不吝指正，以期进一步修订完善。

编　者

第2版前言

本教材第1版自出版发行以来，在有关院校的教学活动中获得了师生的一致好评。随着近年来我国高职高专教育教学改革的发展及建筑行业科技的进步，教材的知识内容也需要随之进行更新、扩充，故此，编者根据各院校使用者的建议，以及实际生产、学习的需求，进行了修订。

本次修订在第1版教材的基础上，结合高职高专院校相关专业的最新教学大纲要求及建筑装饰构造的实际技能需求，以易教易学、学以致用为编写原则，对第1版教材中部分不能紧贴建筑装饰构造发展的陈旧内容进行了更新，对第1版教材中的疏漏之处进行了补充，以使教学结构更加系统、完整，便于教学工作的展开。

本次修订的主要内容如下：

（1）重新编写了各章的学习目标和能力目标，力求更准确地概括出各章的关键知识点，进而明确每章应掌握的实际技能，使师生在教学活动中能够有更清晰、更明确的教学目标。

（2）重新编写了各章小结，补充、修改了各章的习题，丰富了习题形式，使其更具有操作性和实用性，有利于学生在课后进行总结、练习。

（3）根据国家、行业的最新标准规范，对教材中涉及的相关内容进行了修改、补充，以使教材中的知识更加准确，跟上科学技术的发展需要。

（4）根据实际施工的需求，添加了相关知识，如建筑装饰构造的概念和意义，特种楼（地）面装饰构造，室外地面装饰构造，广告、招牌装饰构造，柜台、吧台装饰构造，充实了顶棚与其他部位相关的装饰构造、金属幕墙装饰构造、石材幕墙装饰构造等相关知识点，大大丰富了教材的知识体系，增强了教材的可用性。

本教材由涂群岚、扈恩华、刘翔担任主编，梁四年、陈正、朱晓丽担任副主编，黄莉、滕艳辉参与了部分章节的编写。

本教材在修订过程中参阅了国内同行的多部著作，部分高职高专院校老师提出了很多宝贵意见，在此表示衷心的感谢！对于参与本教材第1版编写但不再参与本次修订的老师、专家和学者，本版教材所有编写人员向你们表示敬意，感谢你们对高等职业教育改革所做出的不懈努力，希望你们对本教材保持持续关注，多提宝贵意见。

限于编者的学识及专业水平和实践经验，修订后的教材仍难免有疏漏或不妥之处，恳请广大读者指正。

编　者

第1版前言

随着科学技术的发展和社会经济的进步，人们对建筑的要求越来越高，不仅要求其满足安全、舒适、高效等方面的物质需求，还要求满足高层次的精神需求，建筑工程装饰也因此得到了更好的发展。

建筑装饰构造是为了使建筑物各部分达到预期的装饰艺术效果，运用合适的材料、工艺及施工技术，对建筑物内外表面及某些部分进行装饰的构造做法。建筑装饰的范围包括内外墙面、柱面、楼（地）面、顶棚、门窗、楼梯、隔墙、隔断、阳台、雨篷、台阶、坡道等。建筑装饰具有保护建筑结构构件、改善建筑使用功能及美化建筑室内外环境的作用。建筑装饰构造是建筑装饰设计的重要组成部分，也是保证建筑装饰设计质量的重要技术手段。

建筑装饰构造是一门综合性很强的专业技术课程，主要阐述建筑物各部位的装饰特点及施工方法。它涉及材料、制图、力学、结构、施工等多方面的知识，具有综合性、实用性的特点，是从事室内装饰设计与施工管理的应用型人才必须学习和掌握的课程。本课程的任务是使学生获得建筑装修构造方面的基本知识与设计手法，初步了解目前经常采用的各种装饰材料的基本性能、规格及对建筑物内外表面和某些部位进行装潢和修饰的构造做法，并使学生具备建筑装饰设计和绘制施工详图的能力。

本教材根据全国高等职业教育建筑装饰工程技术专业教育标准和培养方案及主干课程教学大纲的要求，本着"必需、够用"的原则，以"讲清概念、强化应用"为主旨进行编写。在叙述形式上，以大量的构造节点详图配合文字进行说明，具有很强的形象性与实用性，有助于学生理解与掌握。全书采用"学习目标""教学重点""技能目标""本章小结""复习思考题"的模块形式，对各章节的教学重点作了多种形式的概括与指点，以引导学生学习、掌握相关技能。学生在对本门课程的学习过程中，应注意将相关知识融会贯通、灵活应用。

本教材的编写人员既有具有丰富教学经验的教师，又有建筑装饰设计领域的专家学者，从而使教材内容既能满足教学需要，又贴近建筑装饰设计工作实际。本教材由李宪锋、刘翔主编，梁四年任副主编，黄莉、王丽丽参与了本教材的编写工作。本教材在编写过程中参阅了国内同行的多部著作，部分高职高专院校老师也对编写工作提出了很多宝贵的意见，在此表示衷心的感谢。

本教材可作为高职高专院校建筑装饰工程技术专业的教材，也可供从事装饰装修设计工作的相关人员参考。限于编者的专业水平和实践经验，书中的疏漏或不妥之处在所难免，恳请广大读者批评指正。

编 者

目 录

项目一　建筑装饰构造概论

项目导入

建筑装饰构造是一门综合性的技术学科。其与建筑、艺术、结构、材料、设备、施工、经济等方面密切配合，为建筑物提供合理的建筑装饰构造方案，既作为建筑装饰设计中综合技术方面的依据，又是实施建筑装饰设计至关重要的手段，而且建筑装饰构造本身就是建筑装饰设计的组成部分(图 1-1)。那么，建筑装饰构造具有什么作用？其主要包括哪些内容呢？

图 1-1　建筑装饰工程

教学目标

通过本项目内容的学习，熟悉建筑装饰的概念及其属性；掌握建筑装饰构造的概念、内容及类型与组成；了解影响建筑装饰等级与用料标准，掌握建筑装饰构造设计及其要求；为进一步学习建筑装饰构造课程打下坚实的基础。

教学要求

知识要点	能力目标
建筑装饰的概念及其重要属性	了解建筑装饰的概念及建筑装饰的重要属性
建筑装饰构造的概念、内容及课程特点	了解建筑装饰构造的概念、特点； 熟悉建筑装饰构造的基本内容； 认识建筑装饰构造课程的特点
建筑装饰构造的类型与组成	能对房屋建筑的构造组成及作用进行正确阐述； 能描绘房屋建筑各组成部件的构造，会正确选择装饰材料
建筑装饰等级、用料标准与装饰构造设计	了解建筑装饰等级与用料标准； 熟悉影响建筑装饰构造设计的因素、建筑装饰构造设计的原则； 掌握建筑装饰构造要求

1. 培养协同合作的团队精神，有良好的组织纪律性，有团队合作精神。
2. 培养有强烈的事业心和责任感，在学习过程中进行反思，向他人学习。

任务一　建筑装饰的概念及其重要属性

一、建筑装饰的概念

建筑是建筑物的简称，建筑装饰是建筑装饰装修的简称。

建筑装饰是指在已有的建筑主体上覆盖新的表面的过程。这个"新的表面"可能是点状、线状或面状的材料或物品，也可能是有一定尺度的立体造型物。建筑装饰是对已有建筑空间效果的进一步设计和强化，是对原空间不足之处的改进和弥补，是让旧有空间具有时代感、焕发青春的最佳手段，是使空间更具个性、更适应需求的必经之路。建筑装饰除带来人所共知的视觉、触觉享受外，更对改善建筑物理性能有着不可替代的作用。建筑装饰是创造满意的建筑空间效果的最后的环节，也是最直观的一个环节。如果将建筑物的柱子、墙体、楼板等构件看作构成建筑空间的骨骼和框架，建筑装饰就是空间中必不可少的血肉和肌肤。

二、建筑装饰的重要属性

建筑装饰工程的设计与施工，是建筑设计与建造的延续和深化，其主要目的是强化建筑的重要属性，营造好的室内环境。这些重要属性包括适用性、艺术性、文化性、环境性、技术性和经济性。

（1）适用性。适用性是指建筑及室内环境，包括空间大小尺度，室内物理环境，室内的家具、设备、设施和陈设等，应能很好地满足人们日常生活、生产等活动的需要，并满足人们精神层面的需求。

（2）艺术性。艺术性是指建筑艺术创作的创新性、唯一性、唯美性和时尚性。其具体体现在众多的创作方法、设计风格和设计流派方面。建筑装饰设计的特点应与其一致。

（3）文化性。文化性是指建筑的民族性、地域性和传统性。其是一个民族的思维方式、生活方式及表达方式在建筑上的反映。自古以来，民族文化也一直在借助建筑装饰进行传承和传播。

（4）环境性。要想处理好建筑与外部环境的关系，就要打造好内部环境，建筑装饰对内部环境质量的优劣影响较大。

（5）技术性。装饰施工技术是建筑装饰和营造室内环境的手段，对其有着越来越高的要求。其主要内容包括材料技术、结构技术、设备技术、施工技术。建筑装饰的技术性还涉及许多重要的技术参数，这些参数集中在国家标准和行业标准中。

（6）经济性。经济性是指建筑在建造的过程中，应追求较高的经济效益、环境效益等，应尽可能降低建造成本和社会成本。就装饰材料而言，应做到"高材精用，中材高用，低材广用"。

任务二　建筑装饰构造的概念、内容及课程特点

一、建筑装饰构造的概念

建筑装饰构造是指在装饰工程中，材料与构件的制作和安装等施工做法的总和。建筑装饰构造是落实建筑装饰设计构思的具体技术措施。没有建筑装饰构造设计，再好的方案构思也仅停留在效果图的层面，而效果图也只是一张图片而已。一般来说，建筑装饰构造的核心问题是采取什么方式将饰面的装饰材料或制品连接固定到建筑主体上，以及相互之间的衔接、收口、饰边、填缝等。有时也可能需要新建造一个具有装饰目的的承力骨架，然后在其上覆盖饰面。

建筑装饰构造是指导工程实践的科学。在工程实践中，某一部位的某一饰面可能有多种构造做法，因此，要比较各种构造做法的优劣，以及经济上、材料供应上、施工人员技术水平及机具使用上的可能性，从而选择其中综合最优的一种构造做法。仅凭一张精美的效果图是无法完成一项装饰工程的。如果技术人员没有给工人提供建筑装饰构造设计的图纸，那么，工人就只能凭借个人已有的经验，自己设计确定构造做法，然后施工。这样虽然也能完成工作，但结果是无法控制的。当施工人员经验丰富、素质良好、工作积极主动时，虽然也能很好地完成工作，但对大多数工程而言，令若干影响因素都达到要求是不现实的，也是不可靠的。同时，没有装饰构造设计的施工图指导施工，会给竣工资料的整理、结算等工作带来不便，也不利于进一步提高施工工艺水平。尤其当设计造型、选材较为新颖超前时，没有装饰构造设计施工图，根本就无法施工。

二、建筑装饰构造的内容

建筑装饰构造的内容包括构造原理、构造组成和构造做法。构造原理是根据建筑的使用功能和装饰设计的要求，结合实际经验进行构造设计的方法；构造组成及构造做法是结合装饰工程实际情况，考虑各种因素，应用构造设计原理，将饰面材料或饰物连接固定在建筑物的主体结构之上，使用不同的材料和方法制作各种建筑装饰造型，以解决相互之间衔接、收口、饰边、填缝等构造问题。在工程内容上，装饰主要包括对建筑物顶棚、墙面、楼（地）面的面层处理和室内空间的景观造型进行的设计与施工。

三、建筑装饰构造课程的特点

1. 综合性

建筑装饰构造是一门综合性很强的工程技术课程。它以装饰制图、装饰材料、力学、结构及国家有关法规、规范等知识课为基础，同时，将这些知识融会贯通、灵活应用，为

装饰施工技术课程的学习做准备。

2. 实践性强

建筑装饰构造源于工人和技术人员在实践中的大胆尝试和工程实践的科学总结。因此，本课程是一门实践性很强的叙述性课程，没有逻辑推理和演算，看懂教材表面的文字并不难，但要真正掌握并使之与工程实际相结合有很大的难度。主动而有意识地到施工现场参观学习，分析大量实际工程案例，是增加实践经验、丰富课堂内容的有效途径。

3. 识图、绘图量大

应用构造原理，识读绘制建筑装饰各种构造节点详图，读懂构造做法，弄清楚为什么这样做，并能举一反三地进行建筑装饰构造设计，是学习本课程的核心问题。

本课程内容有大量的专业术语、材料名称、常用的构造做法及基本尺寸数据等，学习者有意识地归纳、区分及记忆，是学好本课程的有效方法。

任务三　建筑装饰构造的类型与组成

一、建筑装饰构造的类型

建筑装饰构造一般分为饰面类构造和配件类构造两类。

1. 饰面类构造

(1)饰面类构造的类型。饰面类构造是指覆盖物在建筑构件的表面起保护和美化作用的构造。其主要分为罩面类、贴面类和钩挂类三种。

①罩面类饰面包括涂料和抹灰两种。其构造的特点见表1-1。

表 1-1　罩面类饰面构造的特点

构造类型	图形示意		构造特点
	墙　面	地　面	
涂料			将液态涂料喷涂固着成膜于材料表面。常用涂料有油漆及白灰、大白浆等水性涂料
抹灰	找平层 饰面层		抹灰砂浆由胶凝材料、细集料和水(或其他溶液)拌和而成，常用的材料有石膏、白灰、水泥、镁质胶凝材料等，以及砂、细炉渣、石屑、陶瓷碎料、木屑、蛭石等集料

②贴面类饰面包括铺面、粘贴和钉嵌三种。其构造的特点见表1-2。

表1-2　贴面类饰面构造的特点

构造类型	图形示意		构造特点
	墙面	地面	
铺面	打底层 找平层 粘结层 饰面层		各种面砖、缸砖、瓷砖等陶土制品，厚度小于12 mm，规格尺寸繁多，为了加强粘结力，在背面开槽用水泥砂浆粘贴在墙上。地面可用20 mm×20 mm小瓷砖至600 mm见方大型石板，用水泥砂浆铺贴
粘贴	找平层 粘结层 饰面层		饰面材料呈薄片或卷材状，厚度在5 mm以下，如粘贴于墙面的各种壁纸、玻璃布
钉嵌	防潮层 不锈钢卡子 木螺钉 企口木墙板 木龙骨 射钉		饰面材料自重轻或厚度小、面积大，如木制品、石棉板、金属板、石膏、矿棉、玻璃等制品，可直接钉固于基层，或借助压条、嵌条、钉头等固定，也可用涂料粘贴

③钩挂类饰面包括扎结和钩结两种形式。其构造的特点见表1-3。

表1-3　钩挂类饰面构造的特点

构造类型	图形示意		构造特点
	墙面	地面	
扎结	φ6竖钢筋 绑扎铜丝或不锈钢丝 石材开槽孔 预埋φ6横钢筋		用于饰面厚度为20～30 mm、面积约为1 m²的石料或人造石等，可在板材上方两侧钻小孔，用铜丝或镀锌钢丝将板材与结构层上的预埋铁件连系，板与结构间灌砂浆固定
钩结	不锈钢钩 石材开槽 石材板		饰面材料厚为40～150 mm，常在结构层包砌。饰面块材上口可留槽口，用于与结构固定的铁钩在槽内搭住。用于花岗石、空心砖等饰面

（2）饰面类构造的基本要求。饰面类构造须注意以下几点：

①饰面应附着牢固。由于饰面层覆着于结构层，饰面的剥落不仅影响美观，而且会危及人身或财物安全。因此，饰面类构造首先要求选择适用的粘结材料，使饰面层附着牢固，严防其开裂或剥落。

②注意饰面的厚度与分层。饰面层的厚度往往与材料的耐久性、坚固性成正比。但饰面层厚度的增加，会使构造方法与施工技术复杂化。因此，饰面类构造要求分层施工或采用其他加固构造措施。

③饰面应均匀平整。饰面除附着牢固外，还应外观均匀、平整、色泽一致。这就要求严格遵循施工要求，反复分层操作，以获得理想的装饰效果。

2. 配件类构造

配件类构造是指通过组装，构成各种制品或设备，并兼具使用及装饰功能的构造。建筑装饰配件在制作和现场施工过程中需要组装，并与建筑构件结合成为整体，其自身的拼装及与建筑构件的连接方式主要有粘结、钉接、榫接、焊接及卷口等。

（1）粘结是指用各种胶凝材料粘结而成。其构造方式见表1-4。

表1-4　粘结的构造方式

名称	图形		附注
高分子胶		常用高分子胶有环氧树脂、聚氨酯、对聚乙烯醇缩甲醛、聚乙酸乙烯等	水泥、白灰等胶凝材料价格便宜，做成砂浆应用最广。各种黏土、水泥制品多采用砂浆结合。有防水要求时，可用沥青、水玻璃等结合
动物胶		如皮胶、骨胶、血胶	
植物胶		如橡胶、淀粉、叶胶	
其他		如沥青、水玻璃、水泥、白灰、石膏等	

（2）钉接是由钉、螺栓、膨胀螺栓固定饰面。其构造方式见表1-5。

（3）榫接的方式有平对接和转角顶接两种方式。其构造方式见表1-6。

（4）焊接、卷口的构造方式见表1-7。

表1-5　钉接的构造方式

方式	图形	附注
钉		钉接多用于木制品、金属薄板等，以及石棉制品、石膏、白灰或塑料制品

方式	图形	附注
螺栓	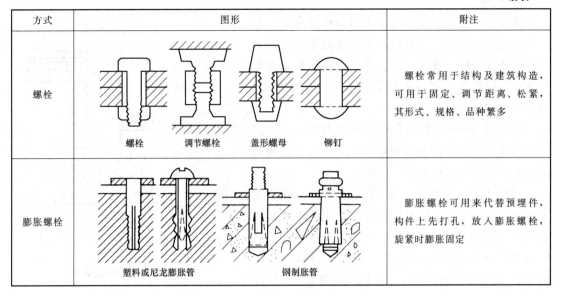 螺栓　　调节螺栓　　盖形螺母　　铆钉	螺栓常用于结构及建筑构造，可用于固定、调节距离、松紧，其形式、规格、品种繁多
膨胀螺栓	塑料或尼龙膨胀管　　　　钢制胀管	膨胀螺栓可用来代替预埋件，构件上先打孔，放入膨胀螺栓，旋紧时膨胀固定

表 1-6　榫接方式

方式	图形	附注
平对接	凹凸榫　　对搭榫　　销榫　　鸽尾榫	榫接多用于木制品，但装饰材料如塑料、碳化板、石膏板等也具有木材的可凿、可削、可锯、可钉的性能，也可适当采用
转角顶接		

表 1-7　焊接、卷口的构造方式

方式	图形	附注
焊接	V缝　　单边　　塞焊　　单边V缝角接	用于金属、塑料等可熔材料的结合
卷口	卧式　　　　立式	用于薄钢板、铝皮、铜皮等的结合

二、建筑装饰构造的组成

房屋建筑是由若干个大小不等的室内空间组成的，而空间的形成又需要各种各样的实体来组合，而建筑装饰构造一般由基础、墙体、楼（地）层、楼梯及电梯、窗与门和屋顶等构成。

1. 基础

建筑物埋置在土层中的承重结构称为基础。基础的构造类型很多，一般按埋置深度的不同可分为深基础和浅基础；按受力性能可分为刚性基础和柔性基础；按构造形式可分为条形基础、独立基础、筏形基础和桩基础等。

深基础与浅基础的区别在于基础的埋深，一般认为埋深大于 5 m 的为深基础，小于 5 m 的为浅基础。基础的埋置深度如图 1-2 所示。

刚性基础是指用砖、石、混凝土等抗压强度大而抗弯、抗剪强度小的材料做成的受刚性角限制的基础(刚性角是指基础放宽的引线与墙体垂直线之间的夹角)。而柔性基础是指用抗拉、抗压、抗剪性能均较好的钢筋混凝土材料做成的基础(不受刚性角的限制)。

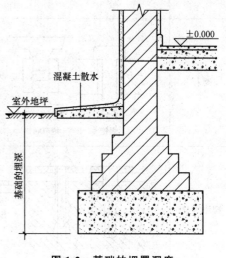

图 1-2　基础的埋置深度

当建筑物的荷载较大而地基承载能力较小时，基础底面必须加宽。如果仍采用混凝土材料做基础，势必加大基础的深度。这样，既增加了挖土工作量，又使材料的用量增加，对工期和造价都十分不利。如果在混凝土基础的底部配以钢筋，利用钢筋来承受拉应力，使基础底部能够承受较大的弯矩，这时，基础宽度的加大不受刚性角的限制，故称钢筋混凝土基础为柔性基础或非刚性基础。

条形基础是指基础长度远大于其宽度的一种基础形式，而独立基础可分为柱下独立基础和墙下独立基础。独立基础的形状有阶梯形、锥形和杯形，如图 1-3 所示。

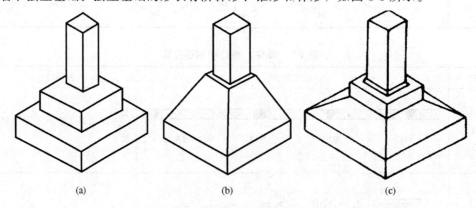

(a)　　　　　　　　　　(b)　　　　　　　　　　(c)

图 1-3　独立基础

(a)阶梯形；(b)锥形；(c)杯形

筏形基础用于上部荷载较大，而地基承载能力较弱的建筑物。筏形基础具有整体性好，能调节基础各部分不均匀沉降的优点。筏形基础又分为梁板式和平板式两种类型，如图 1-4 所示。

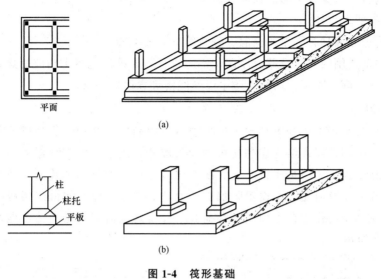

图 1-4 筏形基础

（a）梁板式；（b）平板式

桩基础由承台和群桩组成，其构造形式如图 1-5 所示。

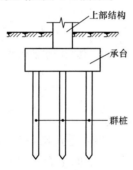

图 1-5 桩基础的构造形式

2. 墙体

墙体是建筑物中重要的构件，主要起承重、围护和分隔的作用，其构造形式如图 1-6 所示。在进行墙体构造设计时，依照其所处位置和功能的不同而有不同的要求，主要应注意以下几点：

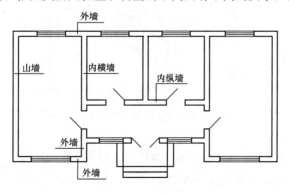

图 1-6 墙体的构造形式

(1)墙体构造必须具有足够的强度和稳定性，其中包括合适的材料性能，适当的截面形状、厚度及连接的可靠性。

(2)墙体构造必须具有必要的保温、隔热等方面的性能。

(3)墙体构造选用的材料及截面厚度，都应符合防火设计规范中相应燃烧性能和耐火极限所规定的要求，满足隔声、防潮、防水以及经济等方面的要求。

3. 楼(地)层

楼(地)层可分为楼板层和地坪层。楼板层一般由面层、结构层和顶棚层等组成。面层是楼板层上表面的构造层；结构层是楼板的承重部分，位于面层和顶棚之间，其主要起到隔声、防火等作用；顶棚层是楼板层下表面的构造层，其主要起到装饰空间和满足室内特殊使用要求的作用，有时还需要设置附加层。地坪层是分隔建筑物最底层房间与下部土壤的水平构件，它承受着作用在上面的各种荷载，并将这些荷载安全地传给地基。楼(地)层的构造如图1-7所示。

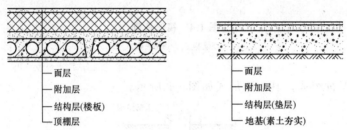

图1-7　楼(地)层的构造

(a)楼板层；(b)地坪层

4. 楼梯及电梯

楼梯及电梯是建筑中楼层之间的交通联系设施，其形式多种多样。

(1)楼梯一般由楼梯段、楼梯平台、中间平台、栏杆(板)、扶手组成。其构造如图1-8所示。

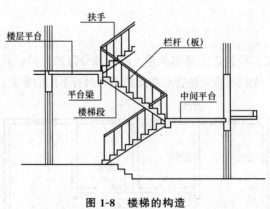

图1-8　楼梯的构造

(2)电梯通常由电梯井道、电梯厅门和电梯机房三部分组成。其构造形式如图1-9所示。

(3)自动扶梯由扶手、栏板、桁架侧面、底面外包层、护栏及中间支承等组成。其基本尺寸如图1-10所示。

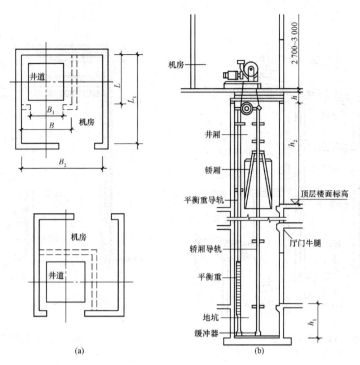

图 1-9　电梯构造形式(单位：mm)

(a)平面；(b)剖面

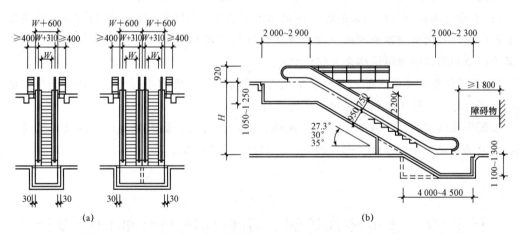

图 1-10　自动扶梯基本尺寸(单位：mm)

(a)单跑、双跑扶梯平面；(b)立面

5. 窗与门

(1)窗的组成。窗一般由窗框、窗扇、五金配件和其他附件组成，如图 1-11 所示。

(2)门的组成。门由门框、门扇、亮子、玻璃及五金配件等组成，如图 1-12 所示。

6. 屋顶

屋顶位于房屋建筑的最顶部，主要起围护、承重及装饰的作用。屋顶一般由屋面、承重结构和顶棚三部分组成，有特别需要时还应增加保温隔热层等。

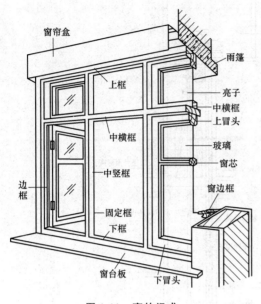

图 1-11　窗的组成　　　　　　　　　图 1-12　门的组成

（1）屋面是屋顶构造的表面层，主要承受荷载以及自然界风吹、日晒、雨淋、大气腐蚀等，因此，屋面材料应有一定的强度、良好的防水性能和耐久性能。

（2）承重结构承受屋面传来的各种荷载和屋顶自重。平屋顶的承重结构一般采用钢筋混凝土层面板，其构造与钢筋混凝土楼板类似；坡屋顶的承重结构一般采用屋架、横墙、木构架等；曲面屋顶的承重结构多为空间结构。

（3）顶棚位于屋顶的底部，可以满足室内对顶部的平整度和美观要求。按构造形式的不同，顶棚可分为直接式顶棚和悬吊式顶棚两种。

屋顶作为围护构件，应满足保温、隔热、隔声、防水、防火等要求；其又作为承重结构，还应满足承重构件强度、刚度和整体空间的稳定性要求。

任务四　建筑装饰等级、用料标准与装饰构造设计

一、建筑装饰等级与用料标准

建筑装饰等级与建筑物的等级密切相关，建筑物等级越高，其装饰的等级也越高。在具体运用中，应注意以下两个方面的问题：

（1）应结合不同地区的构造做法与用料习惯以及业主的经济条件灵活运用，不可生搬硬套。

（2）根据我国现阶段经济水平及生活质量的要求及发展状况，合理选用建筑装饰材料。建筑装饰等级及用料标准见表 1-8 和表 1-9。

表 1-8　建筑装饰等级

建筑装饰等级	建筑物类型
一级	高级宾馆，别墅，纪念性建筑，大型博览、观演、交通、体育建筑，一级行政机关办公楼，市级商场
二级	科研建筑，高等教育建筑，普通博览、观演、交通、体育建筑，广播通信建筑，医疗建筑，商业建筑，旅馆建筑，局级以上行政办公楼
三级	中学、小学、托儿所建筑，生活服务性建筑，普通行政办公楼，普通居住建筑

表 1-9　建筑装饰用料标准

装饰等级	房间名称	部位	内部装饰标准及材料	外部装饰标准及材料	备注
一级	全部房间	墙面	塑料墙纸(布)、织物墙面，大理石装饰板，木墙裙，各种面砖，内墙涂料	大理石、花岗岩（少用）、面砖、无机涂料、金属板、玻璃幕墙	—
		楼地面	软木橡胶地板、各种塑料地板、大理石、彩色水磨石、地毯、木地板		
		顶棚	金属装饰板、塑料装饰板、金属墙纸、塑料墙纸、装饰吸声板、玻璃顶棚、灯具	室外雨篷下，悬挑部分的楼板下，可参照室内装饰顶棚	
		门窗	夹板门、实木门，设窗帘盒、门窗套	各种颜色玻璃铝合金窗、特质木门窗、玻璃栏板	
		其他设施	各种金属或竹木花格，各种扶梯，各种有机玻璃栏板，各种花饰、灯具、空调、防火设备、暖气包罩、高档卫生设备	局部屋檐、屋顶，可用各种瓦件、各种金属装饰物(可少用)	
二级	普通房间及门厅、楼梯、走道	墙面	各种内墙涂料、窗帘盒、暖气罩	主要立面可用面砖，局部可用大理石、无机涂料	功能上有特殊要求者除外
		楼地面	彩色水磨石、地毯、各种塑料地板、卷材地毯、碎拼大理石地面		
		顶棚	混合砂浆，石灰膏罩面，钙塑板、胶合板、吸声板等顶棚饰面		
		门窗		普通钢木门窗、主要入口可用铝合金门	
	厕所、盥洗室	墙面	水泥砂浆	—	—
		地面	普通水磨石、陶瓷马赛克、1.4～1.7 m高度白瓷砖墙裙		
		顶棚	混合砂浆、石灰膏罩面		
		门窗	普通钢木门窗		

装饰等级	房间名称	部位	内部装饰标准及材料	外部装饰标准及材料	备注
三级	一般房间	墙面	混合砂浆色浆粉刷、可赛银乳胶漆、局部油漆墙裙，柱子不做特殊装饰	局部可用面砖，大部分用水刷石或干粘石、无机涂料、色浆、清水砖	
		地面	局部水磨石、水泥砂浆地面	—	
		顶棚	混合砂浆、石灰膏罩面	同室内	—
		其他	文体用房、托幼小班可用木地板，窗饰除托幼外不设暖气罩，不做金属饰件，不用白水泥、大理石、铝合金门窗，不贴墙纸	禁用大理石、金属外墙板	
	门厅、楼梯、走廊		除门厅局部吊顶外，其他同一般房间，楼梯用金属栏杆木扶手或抹灰栏板	—	
	厕所、盥洗室		水泥砂浆地面、水泥砂浆墙裙		

二、建筑装饰构造设计

(一)影响建筑装饰构造设计的因素

影响建筑装饰构造设计的因素主要有装饰材料、色彩特性等。另外，施工工艺也对建筑装饰效果有一定的影响，施工中应注意按工艺标准正确施工。

1. 装饰材料

装饰工程用不同的材料就有不同的构造形式，因此，选材是否合适，在很大程度上决定着装饰工程质量、造价和装饰效果。

装饰效果取决于装饰材料的质感、线条和色彩等。质感就是对材料质地的感觉，有的材料表面光滑如镜，有的则凹凸不平；有的材料线条粗犷，有的则纹理细腻；有的材料呈金属光泽，有的则为乳浊状。不同的凹凸表面，通过对光线不同程度的吸收和反射产生了不同的观感，光亮照人的镜面可以延伸和扩大空间。

质地特别坚实的金属材料，如不锈钢、铜、铝经过抛光，表面光亮，反射率大，常用于醒目位置作为重点装饰，不仅引人注意，又易于清洁，且坚固耐磨。光滑的表面对声、光、热的反射强，吸收率小；粗糙的表面对声、光、热有扩散作用，反射均匀。因此，应善于利用装饰材料表面的质地，达到一定的物理效果。

2. 色彩特性

(1)色彩的物理特性。色彩的物理特性在装饰构造设计中起着积极的作用，如常利用温度感创造空间气氛；利用距离感改善空间的大小以协调各部分之间的关系；利用重力感满足构图的平衡、稳定，以及表现性格的需要。

(2)色彩的心理反应。色彩的心理反应主要表现在两个方面：一方面表现在它能给人美感；另一方面表现在它能影响人的情绪，引起联想。在装饰设计中，可利用色彩的心理反应来营造符合使用功能需要的环境氛围。

（3）色彩的生理适应性。视觉器官对颜色也有一个适应问题，由于颜色的刺激而引起的视觉变化称为色适应，这种色适应的原理经常被运用到装饰色彩设计中。利用色彩的生理反应，当被观察的物体具有色彩的时候，其背景应为物体颜色的补充，使眼睛在背景上获得平衡的休息。

（4）色彩的标志性。色彩的标志作用可用来强调识别性。用不同的色彩表示不同的安全标志，如红色表示危险、消防；黄色表示要注意；绿色表示安全。不同的色彩还可以起到空间分区、管道识别作用，如在不同管道涂上不同的颜色以示区别等。

（5）色彩的调配特性。在调配色彩的过程中，颜料的品种、数量、掺合剂、溶剂等使色彩发生变化，而装饰用色的数量、环境、条件等也将对最后呈现的色彩效果产生影响。在装饰用色上虽有一般规律，但在具体情况下，根据不同光线、不同面积、不同部位反复推敲、不断调整，也可以使之达到完美效果。

调配色彩时应特别注意面积效应，即当色彩的面积加大时，在感觉上纯度增强，明度也升高。同样的色彩，涂在小面积上看起来浅，大面积应用则显得深，如做样板时看来合适的色彩，到大面积实物施工完毕后，则显得太深。为避免在设计中对色彩的结果做出错误的判断，应特别注意此点。

各种颜料由于在调色过程、施工过程、完工后长期暴露在大气中，其色彩会不断地变化。一般水溶液色浆类的涂料在施工刚结束水分未完全蒸发时纯度较高，看起来显深，在干燥过程中，纯度不断降低，经完全干透，长期在紫外线作用下会不断变浅。而油性涂料（铅油除外）则与水性涂料相反，在施工刚完未干透时色彩显得浅淡，经完全干透后，纯度上升，逐渐变深，所以调配时也应注意。

（6）色彩受光线照明影响的特性。光线和照明是人类生产和生活必不可少的条件，物体在自然光条件下会显示出它的自然显色性。但由于人工光源的颜色各不相同，它们照射到物体表面上的显色性也有区别，也就是说光源的颜色及其显色性会改变室内空间的表现颜色。因此，在装饰构造设计用色中，应重视光源的投射方向、角度、照度和色温等的影响，利用光影、光色和物体色的互相配合，共同构成色彩效果。

总之，在装饰设计施色中，要充分把握色彩变化的规律，做到有效控制色彩效果，确保用色的准确性。

（二）建筑装饰构造设计的原则

建筑的设计原则是"安全、适用、经济、美观"。同样，建筑装饰构造设计也必须遵循这个原则，应综合考虑各种因素，通过分析比较，选择适合特定装饰工程的最佳构造设计方案。建筑装饰构造设计应遵循的原则可以归纳为以下几项。

1. 保护结构构件，满足使用功能的要求

建筑主体结构构件是建筑物的支撑骨架，这些骨架如果直接暴露在大气中，会受到大气中各种介质的侵蚀，如金属构件会由于氧化作用而锈蚀；混凝土构件表面会因大气侵蚀而表面疏松；竹木等有机纤维构件会因微生物的侵蚀而腐朽等。因此，在建筑装饰工程中采用油漆、抹灰等覆盖性装饰构造措施就可以直接隔绝空气中的有害物质，一方面提高了建筑构件防火、防水、防锈、防酸碱的抵抗能力；另一方面也保护了建筑构件免受机械外力的碰撞和磨损。室内一些部位，如踢脚、墙裙、窗台、门窗套等是为防止磕碰损坏、便于清洁而做出的特殊处理。这样，在覆盖层遭到破坏时可不更换结构构件而直接重做表面装饰，使建筑物焕然一新。

建筑装饰构造要最大限度地满足人们对使用功能的要求。建筑装饰构造设计应改善建筑物的清洁卫生条件，保持建筑物室内外整洁清新，改善建筑物的热工、声学、光学等物理状况，为人们创造良好舒适的生活、工作环境。对有特殊要求的建筑，应根据其特殊要求采取相应的装饰构造措施。如语音教室的内墙壁和顶棚的装饰要满足其吸声要求；电子计算机房地面装饰成可拆装的活动夹层地板，以满足管线布置的要求。

2. 创造适当的环境氛围和意境

建筑室内外空间环境除要满足人们物质生活的功能要求外，还要满足人们的精神需求。建筑装饰设计要创造适当的环境氛围和意境，使原本平凡的空间，通过建筑装饰的处理，展现其特定的格调和感觉。因此，装饰构造设计应紧密配合设计方案，从色彩、质感等美学角度合理地选择装饰材料，根据方案进行准确的造型设计和细部处理，从整体出发，确定相应的构造工艺及工程做法，使建筑空间的装饰效果得以真实体现。建筑装饰构造设计是艺术与技术融合的过程，在装饰构造设计中，对局部造型及尺度的把握、对纹样和线脚的选择、对色彩与质地的确定等，都将直接影响室内外建筑空间整体的装饰效果。

3. 确保坚固耐久、安全可靠

首先，建筑装饰构造的承载力、刚度、稳定性一旦出现问题，不仅直接影响装饰效果，还会造成人身伤害和财产损失。其次，装饰所用的材料一般通过构造做法连接在主体结构上，主体结构构件必须承受由此带来的附加荷载，因此，要正确验算装饰构件和主体结构构件的承载力，保证主体结构的安全性。同时，装饰材料、装饰构件与主体结构的连接件也必须有足够的承载力，以保证连接点能够承担装饰材料、装饰构件以及使用中产生的各种荷载，并将这些荷载传递给主体结构，避免发生装饰构件坠落的危险。

在建筑装饰工程设计与施工中，不得随意拆除墙体，损坏原有建筑结构。需拆改原有建筑结构时，必须经过计算校核和批准，切忌破坏性拆除。另外，建筑装饰设计不得对原有建筑设计中的交通疏散、消防处理进行随意改变，必须与建筑设计协调一致，满足建筑防火规范的要求。装饰材料的选择也要满足建筑防火规范的要求。

在建筑装饰工程中，还应注意材料的选择，避免选择会产生有毒性气体及有放射性物质的建筑装饰材料，如挥发有毒性气体的油漆、涂料和化纤制品，以及放射性指标超过国家标准的石材等，以免对使用者造成身体的伤害。

4. 选择合理的装饰材料

建筑装饰构造设计应合理选择装饰材料，在考虑装饰效果的同时，还应考虑材料的物理性能、化学性能以及合理的经济价位、产地及运输情况等，以保证装饰工程的质量和合理的造价。

一般来说，轻质、高强、性能优良、易于加工、价格适中是理想的装饰材料所具备的特点；中、低档价格的装饰材料应用广泛、普及率高；高档价格的装饰材料常用于局部空间的点缀。在满足装饰效果和使用功能的前提下，就地取材是创造地方装饰特色和节省投资的好方法。

5. 施工方便、可行

建筑装饰构造设计应较具体地提出装饰工程细部的制作工艺和构造做法，并绘制成施工图。但图纸仅仅是设计人员思维结果的表达，难免存在与实际工程条件不符之处，如材料供货的变异、施工力量的不足等。只有按照实际的可能性去设计，才能方便地通过制作与安装等工序把设计变为现实。因此，建筑装饰构造设计必须做到工艺做法合理、施工安装方便，并综合考虑季节条件、场地条件、材料供货条件以及施工技术条件等。构造设计方案应进行多方面比较，最终选择既能满足设计意图，又能提高施工效率的装饰工艺及做法。

6. 满足经济合理的要求

建筑装饰工程的标准差别很大，其费用在整个工程造价中占有很高比例，常见民用建筑装饰工程费用占工程总造价的 30%～40%，标准较高的工程达到 60% 以上。因此，根据建筑物的性质、装饰等级和业主的经济实力，综合考虑确定合适的建筑装饰标准，将工程造价控制在合理的范围之内，对于实现经济上的合理性有着非常重要的意义。

好的装饰效果并不意味着高造价和贵重奢华的材料，节约也不是一味地降低装饰标准。只有在相同的经济和装饰材料条件下，通过不同的构造处理手法，创造出令人满意的空间环境，才能真正体现出设计师的水平。

三、建筑装饰构造要求

建筑装饰构造要求是材料及其安装方法的总称，而高质量施工是制作过程（工艺与工序）和质量控制的保证。装饰构造要求首先体现在装饰工程施工图纸上，施工图的主要内容是构造设计，是施工的目标；而施工是在现场照图实施，是实现构造设计的手段。装饰构造首先要满足建筑的各项要求，注重材料选择和采用合理的工艺；施工是注重实施过程的规范和质量的把控，以求达标。建筑装饰构造的要求主要包括以下几项。

1. 构造设计应合理

构造设计应合理，既要保证建筑属性的要求，又要为施工创造条件，注意选用合适的工艺。以涂料为例，其工艺就有刷涂、滚涂、喷涂、弹涂、抹涂、擦涂（硝基漆）和刮涂（如自流平地面涂料）等类别，各自的效果不同，造价不同，对施工条件的要求也不同。为实现一种建造结果，一般会在若干相关的工艺中选择一种，以追求最合理的方式和最好的性价比，即技术上的先进和经济上的合理。

2. 构造施工应规范

为保证施工质量，装饰构造施工应严格按照相关的国家标准和行业标准执行，这些标准以各种材料的质量标准、施工操作规范和施工验收规范的形式出现。

3. 施工工序应严谨

工序是工艺实施的具体步骤和先后次序。一个工艺的完成，要经过多道工序才能实现，每一道工序都应严谨的按照要求完成。

4. 安装方法应科学

在装饰构造设计与施工过程中，要解决的问题较多地体现在如何将装饰材料与构件牢固安装在建筑主体之上，其关键是选择合理而简便的方法。常用的方法如下所述：

（1）钉固。钉固是指利用水泥钉、木钉、射钉、码钉、螺钉等固定材料或构件，如木质材料安装。

（2）粘结。粘结是指利用胶粘剂安装固定，如水泥砂浆粘结地砖。

（3）嵌固。嵌固是指将材料或构件插入预留的孔洞或沟槽，再采取加固措施固定。

（4）焊接。焊接是指利用电焊、氧焊或氩弧焊连接或固定材料与构件。其大多用于金属制品。

（5）铆固。铆固是指利用铆钉连接或固定。

（6）螺栓连接。螺栓连接是指利用螺栓固定。

（7）夹固。夹固是指利用夹具或压条安装固定，常用于玻璃制品。

（8）压固。压固是指利用重力、固定材料或构件，如墙悬臂的楼梯踏步安装。

（9）悬挂。悬挂是指利用连接构件，悬吊或悬挂材料与构件，如幕墙或吊顶安装。

（10）卡固。卡固是指利用专门的构件固定，如大型轻质墙板安装。

5. 构造层次应完善

建筑的各种围护结构或空间界面的表面，为满足设计和使用要求，会用若干的材料进行组合，以形成不同的层次，既起到各自的作用，又共同保证建筑的使用或质量方面的要求。

6. 构件制安应牢固

保证构件足够牢固，应包括下述内容：

（1）足够的强度。强度是指构件抵抗外力作用而不被破坏的能力，这些外力包括重力、拉力、剪力、推力、扭转力和地震作用力等。

（2）足够的刚度。刚度是指建筑构件抵抗因外力作用而弹性变形的能力。例如，一个厚度较薄的轻质隔墙，相对于较厚重的隔墙，更容易受外力作用而弯曲变形，甚至被破坏。

（3）合理的挠度。挠度是指建筑构件等在弯矩作用下因挠曲而引起的垂直于轴线的线位移。构件的刚度降低，挠度就会增大。大多数水平构件都会产生挠度，挠度过大即使不破坏构件，也会影响建造质量和美观。设计和建造时应按照要求控制好构件的挠度。

（4）足够的整体性。整体性是指建筑构件抵抗因外力作用而分解和解体的能力。如中空玻璃砖隔墙构造，会在灰缝中设置拉结钢筋，且与建筑主体牢固连接，就是为增强其整体性。

（5）足够的稳定性。对于建筑构件而言，稳定性是抵抗因外力作用或其他原因而失衡或倾覆的能力。例如，当砌体墙面过长或过高时，会利用构造柱等措施来增强其稳定性，使其不易垮塌。

7. 细节处理应精致

建筑装饰最好的效果是"天衣无缝"，以表面看不出安装工艺和缝隙等最好，让人感觉环境中的构件和材料等似乎是自然存在的，"虽由人作，宛如天开"。

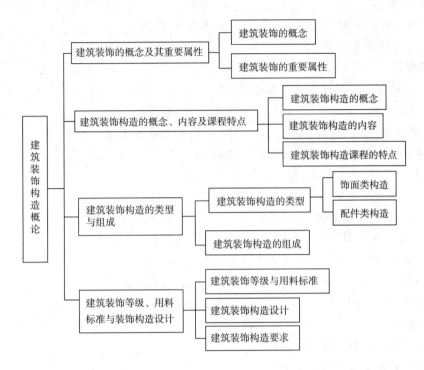

　　本项目主要介绍了建筑装饰的概念与重要属性，建筑装饰构造的概念、内容，建筑装饰构造的类型及其组成，建筑装饰等级、用料标准及构造设计要求四部分内容。建筑装饰是在已有的建筑主体上覆盖新的表面的过程。建筑装饰构造是指在装饰工程中，材料与构件的制作和安装等施工做法的总和。建筑装饰构造由基础、墙体、楼（地）层、楼梯、电梯、窗与门及屋顶等组成，有的工程还包括阳台、雨篷、台阶、坡道等。装饰构造设计应遵守安全、施工方便、可行、经济合理等原则。建筑装饰的构造类型一般可分为饰面类和配件类两种。建筑装饰具有保护建筑结构构件，改善建筑使用功能及美化室内外环境的作用。

📁 ➤ 习　　题

一、填空题

1. 建筑装饰构造一般分为＿＿＿＿＿＿和＿＿＿＿＿＿两类。

2. 钉接是由＿＿＿＿＿、＿＿＿＿＿、＿＿＿＿＿固定饰面。

3. 建筑物埋置在土层中的承重结构称为＿＿＿＿＿。

4. 柔性基础不受_____的限制。

5. 当建筑物的荷载较大而地基承载能力较小时，基础底面必须_____。

6. 筏形基础分为_____和_____两种类型。

7. 桩基础由_____和_____组成。

8. 楼（地）层分为楼板层和地坪层。楼板层一般由_____、_____和_____等组成。

二、选择题

1. 下列各项中，不属于饰面类构造的是（　　）。

   A. 罩面类　　　　　　　　　　　B. 贴面类

   C. 钩挂类　　　　　　　　　　　D. 粘结构造

2. 一般认为，深基础的埋深大于（　　）m。

   A. 1　　　　　　B. 3　　　　　　C. 5　　　　　　D. 7

3. 独立基础的形状有（　　）。

   A. 阶梯形、锥形和杯形　　　　　B. 长方形和阶梯形

   C. 正方形和锥形　　　　　　　　D. 圆柱形和杯形

4. 常见民用建筑装饰工程费用占工程总造价的（　　）。

   A. 10%～20%　　　　　　　　　B. 20%～30%

   C. 30%～40%　　　　　　　　　D. 40%～50%

三、问答题

1. 建筑装饰的重要属性有哪些？

2. 饰面类构造应符合哪些要求？

3. 建筑墙体设计应符合哪些要求？

4. 建筑屋顶作为围护结构，应满足哪些要求？

5. 建筑装饰构造设计应遵循哪些原则？

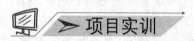 项目实训

认识建筑装饰构造

1. 实训目的

通过参观建筑装饰工程施工现场，建立建筑装饰构造的感性认识，认识建筑装饰构造各部位，理解各种类型建筑装饰构造的具体内容，为后面各项目的学习奠定基础。

2. 实训内容

充分认识理解建筑装饰工程施工工地看到的各种建筑装饰构造（图1-13），列出所看到的建筑装饰构造名称，并进行简单分类。

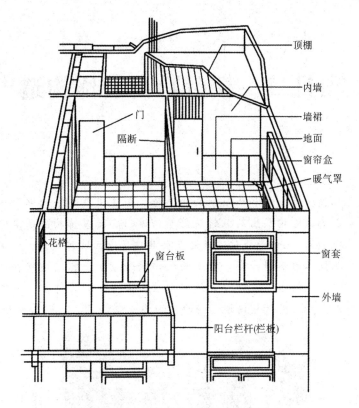

顶棚

内墙

墙裙

地面

窗帘盒

暖气罩

门

隔断

花格

窗台板

窗套

外墙

阳台栏杆(栏板)

图 1-13　建筑装饰构造的部位组成

3. 实训小结

在完成现场参观后，在规定的时间内进行小组讨论，进行自评、互评及答疑。

项目二　楼(地)面装饰构造

项目导入

　　楼(地)面是建筑物底层地面和楼层地面的总称,是使用最频繁的部位。楼(地)面装饰就是在楼板结构层或地面结构层上的装饰装修层,楼(地)面装饰构造是实现楼(地)面装饰设计的技术措施(图2-1)。无论是居住建筑还是公共建筑地面装饰设计,室内楼(地)面装饰都将随着新材料、新技术的不断出现,对地面装饰构造做法、各层次材料选择、连接方式及细部处理等加以改进,以达到装饰设计的实用性、经济性和装饰性。建筑室内楼(地)面装饰中都有哪些形式?如何进行室内楼(地)面装饰构造组成及楼地面装饰构造设计?

图 2-1　楼(地)面装饰

教学目标

　　通过本项目内容的学习,了解楼(地)面的分类,熟悉楼(地)面装饰的作用及要求;掌握楼(地)面的构造组成;掌握整体式楼(地)面装饰的构造做法;掌握各类块材式楼(地)面的构造,重点掌握陶瓷地面砖楼(地)面的构造做法;掌握各类竹、木地板的装饰构造做法,重点掌握实铺式竹、木地板的装饰构造做法;掌握人造软质制品楼(地)面的装饰构造;掌握踢脚板、变形缝等楼(地)面特殊部位的处理要求;熟悉特种楼(地)面的装饰构造。

教学要求

知识要点	能力目标
楼(地)面概述	学习楼(地)面的构造组成、分类、功能和要求,能够从不同角度对楼(地)面进行分类
整体式楼(地)面装饰构造	根据整体式楼(地)面的装饰构造,能够正确描述整体式楼(地)面的分类及构造形式

知识要点	能力目标
块材式楼(地)面装饰构造	根据块材式楼(地)面的装饰构造，能够正确描述块材式楼(地)面的分类及构造形式
竹、木楼(地)面装饰构造	根据竹、木地板的装饰构造，能够正确描述竹、木地板的分类及构造形式
人造软质制品楼(地)面装饰构造	根据人造软质制品楼(地)面的装饰构造，能够正确描述人造软质制品楼(地)面的类型及构造层次
特种楼(地)面构造	根据特种楼(地)面的装饰构造，能对特种楼(地)面进行设计施工
楼(地)面特殊部位的装饰构造	根据楼(地)面特殊部位装饰构造，能够对不同材质的踢脚板进行设计、对不同材质的交接部位和变形缝进行设计

素养目标

1. 学习过程中进行反思，乐于向他人学习，以便更好地开展学习和了解自身，妥善处理变化、挑战和逆境，并对这些策略进行反思。

2. 阅读多种来源的材料以获取信息、做出推理并得出判断或结论。

任务一 楼(地)面概述

建筑物的楼层地面和底层地面统称为楼(地)面。建筑楼(地)面是房屋建筑中的直接承受荷载、经常受到摩擦、需要清洗的部分，是人们日常生活、工作、生产、学习时必须接触的部位。室内楼(地)面装饰工程则是敷在地面或楼板上的表层工程。

一、楼(地)面装饰的作用

(1)为室内创造良好的空间氛围。楼(地)面应该综合考虑色彩、材质、光泽的运用，使空间环境协调统一，并与周围环境设计统一。

(2)使楼(地)面具有足够的坚固性以保护结构层。装饰后的楼(地)面应平整、光洁、易清洁，具有必要的强度或刚度，对楼(地)面结构层起到良好的保护作用。

(3)使楼(地)面具有良好的保温性和弹性。

(4)使楼(地)面具有良好的防潮、防火和耐腐蚀性。室内地面应抗潮湿、不透水，且防火、耐燃，并具有耐腐蚀的能力。

二、楼(地)面的构造组成

楼(地)面一般由基层、垫层和面层组成，当地面不能满足需要时，往往还要在基层和面层之间增加若干中间层次，如图 2-2 所示。

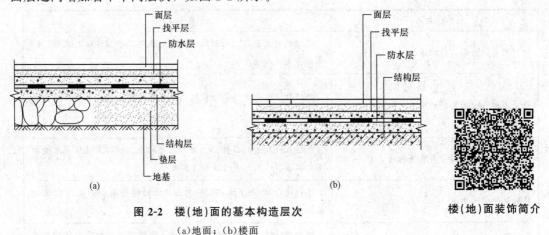

图 2-2 楼(地)面的基本构造层次
(a)地面；(b)楼面

楼(地)面装饰简介

1. 结构层

结构层是楼层和地层的承重部分。面层的使用荷载及楼板自重都传到结构层，因而要求该层坚固稳定并有足够的刚性。结构层的结构类型由土建设计人员负责设计。

2. 中间层或垫层

中间层的设置应考虑实际需求。各类中间层所起的作用不同，但都要满足如下要求：首先都必须承受并传递由面层传来的荷载；其次要有较好的刚性、韧性和较大的蓄热系数，有防潮、防水的能力。

根据所选用的材料不同，中间层可分为刚性中间层和非刚性中间层两类。

(1)刚性中间层的整体刚度好，受力后不易产生塑性变形，一般选用细石混凝土。

(2)非刚性中间层一般由松散的材料组成，如砂、炉渣、矿渣、碎石、灰土等有较好的保温隔热性能及弹性的材料。对有特殊要求的中间层，应设置其他能有效满足特殊要求的材料，如沥青玛瑞脂、油毡或 PVC 防潮层等。

3. 面层

面层是地面直接承受各种荷载或侵蚀的表面层。因使用要求不同，面层构造也各不相同，一般都应具有一定强度、耐久性、耐磨性、舒适性和安全性，以及较好的美化作用。

三、楼(地)面的分类

可以从不同的角度对室内楼(地)面进行分类，具体如下：

(1)根据面层的材料可分为水泥砂浆楼(地)面、细石混凝土楼(地)面、水磨石楼(地)面、涂布楼(地)面、塑料楼(地)面、橡胶楼(地)面、花岗石楼(地)面、大理石楼(地)面、地砖楼(地)面、木楼(地)面、地毯楼(地)面等。

(2)根据使用功能可分为不发火楼(地)面、防静电楼(地)面、防油渗楼(地)面、低温辐射热水采暖楼(地)面、防腐蚀楼(地)面、种植土(绿化)楼(地)面、综合布线楼(地)面。

(3)根据装饰效果可分为美术楼(地)面、席纹楼(地)面、拼花楼(地)面等。

(4)根据结构方法和施工工艺可分为整体式楼(地)面、块材式楼(地)面。

四、楼(地)面装饰的要求

楼(地)面面层与人、家具、设备等直接接触，承受各种物理、化学作用。因此，人们使用房屋的楼(地)面因房间不同而要求不同，但是，都必须满足以下要求：

(1)坚固、耐久性的要求。楼(地)面面层坚固、耐久性的主要决定因素是室内使用状况和材料特性。楼(地)面面层应当不易被磨损、破坏，且表面平整、不起尘，其耐久性应当采用国际通用标准，一般为10年。

(2)安全性的要求。楼(地)面的安全性是指楼(地)面面层使用时应防滑、防火、防潮、耐腐蚀、电绝缘性好等。

(3)舒适感要求。舒适感是指楼(地)面面层应具备一定的弹性、蓄热性及隔声性。人在具有一定弹性的地面上行走，会感觉比较舒适。

(4)装饰性要求。楼(地)面的装饰性是指楼(地)面面层的色彩、图案、质感效果必须满足人们的审美要求。

任务二　整体式楼(地)面装饰构造

整体式楼(地)面由基层、找平层和面层构成，如图2-3所示。面层具有无接缝、整体效果好、造价较低、施工简便的优点。其通常是整片施工，也可以分区分块施工。常见的整体式楼(地)面有水泥砂浆楼(地)面、细石混凝土楼(地)面、现浇水磨石楼(地)面及涂布楼(地)面等。

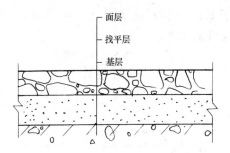

图 2-3　整体式楼(地)面构造层次

一、水泥砂浆楼(地)面

水泥砂浆楼(地)面是直接在现浇混凝土垫层水泥砂浆找平层上施工的一种传统整体楼(地)面。水泥砂浆楼(地)面属低档地面，造价较低且施工方便，但不耐磨，易起砂、起灰。水泥砂浆楼(地)面的应用最普及、最广泛。

水泥砂浆地面一般的做法是在结构层上抹水泥砂浆，一般有双层和单层两种。

双层的做法是用15～20 mm厚的1:3水泥砂浆打底做结合层，表面用5～10 mm厚的1:(1.5～2)水泥砂浆抹面。

单层的做法是只在基层上抹一层15～20 mm厚的1:2.5水泥砂浆，抹平后待其终凝前用铁板抹光。

在水泥中掺入一些颜料，可以做成不同颜色的地面，但是由于普通水泥本身呈灰色，因而做出的地面颜色都较深。图2-4所示为掺有氧化铁的矾红水泥地面的构造。

为了提高水泥砂浆地面的耐磨性和光洁度(有时可用来代替磨石地面)，通常用干硬性水泥作原料，有的还用磨光机磨光或者另以石屑作集料，即水泥石屑地面(又称"瓜米石地面"或"豆石地面")。此外，还可以在一般水泥地面上涂抹氟硅酸或氟硅酸盐溶液，称为"氟化水泥地面"；也可涂一层塑料涂料，如过氯乙烯涂料等。

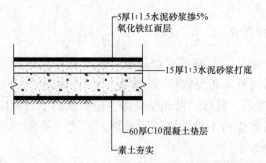

图 2-4　掺有氧化铁的矾红水泥地面的构造(单位：mm)

二、细石混凝土楼(地)面

细石混凝土是用水泥、砂和小石子级配而成的。小石子的粒径为 0.5～1.0 mm。细石混凝土楼(地)面的强度高，干缩性小，与水泥砂浆楼(地)面相比，它的耐久性和防水性更好，且不易起砂，但厚度较大。细石混凝土可以直接铺在夯实的素土上或 100 mm 厚的灰土上，也可以直接铺在楼板上作为楼面，不需要做找平层。细石混凝土面层有两种类型，即细石混凝土面层和随打随抹面层。

细石混凝土面层构造做法：先铺一层 30～50 mm 厚的由 1：2：3 的水泥、砂子、小石子配制而成的细石混凝土，然后做 10～20 mm 厚 1：2 的水泥砂浆面层。细石混凝土楼(地)面构造如图 2-5 所示。

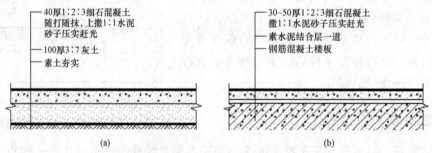

图 2-5　细石混凝土楼(地)面构造(单位：mm)

(a)地面做法；(b)楼面做法

三、现浇水磨石楼(地)面

现浇水磨石楼(地)面具有耐磨、易清洁、整体性好、色彩图案组合多样的特点，但现场湿作业时间长、工艺多等问题，限制了其在较高级场所的应用。现浇水磨石楼(地)面按材料配制和表面打磨精度分为普通水磨石楼(地)面和美术水磨石楼(地)面。

现浇水磨石楼(地)面一般分为两层，即底层用 1：(3～4)的水泥砂浆做成 12～20 mm 厚的找平层打底，再用 10～15 mm 厚 1：2 的水泥石碴抹面，待水泥凝结到一定硬度后，用磨光机打磨，再用草酸清洗，打蜡保护。现浇水磨石楼(地)面构造如图 2-6 所示。

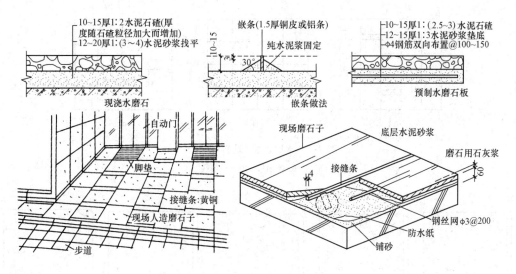

图 2-6　现浇水磨石楼(地)面构造(单位：mm)

现浇水磨石楼(地)面的厚度应随着石子粒径的变化而变化。当石子粒径为 4～12 mm 时，其厚度为 10～15 mm；当石子粒径在 12 mm 以上时，其厚度也随着增加。

为防止温度变化引起面层开裂和便于施工与维修，常用玻璃条、塑料条、铝合金条等分格条将面层进行分格(同时还起到了地面装饰的作用)。现浇水磨石构造与分格条构造如图 2-7 所示。

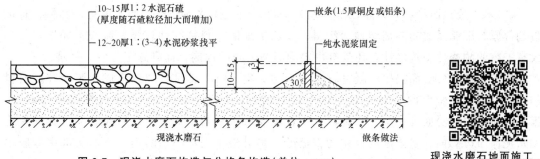

图 2-7　现浇水磨石构造与分格条构造(单位：mm)　　现浇水磨石地面施工

水磨石楼(地)面表面光洁，不易起灰，具有良好的抗水性，它的装饰效果也优于水泥砂浆楼(地)面，但其造价高于水泥砂浆楼(地)面，施工较复杂，无弹性，吸热性强。它常用于人流较大的交通空间和房间，如卫生间、厨房或公共的门厅、过道、楼梯，车站候车室，医疗、教学实验室用房等。水磨石楼(地)面的划分如图 2-8 所示；水磨石面层图案如图 2-9 所示。

四、涂布楼(地)面

涂布楼(地)面根据材料不同可分为涂料楼(地)面和涂布无缝楼(地)面两类。涂料楼(地)面是以酚醛树脂地板漆等地面涂料形成的涂布楼(地)面；涂布无缝楼(地)面是由合成树脂及其复合材料构成的涂布楼(地)面。

楼(地)面涂料有地板漆、过氯乙烯地面涂料和苯乙烯地面涂料等。

(1)地板漆使用较早，多用作木地板的保护漆，但这种涂料耐磨性差。

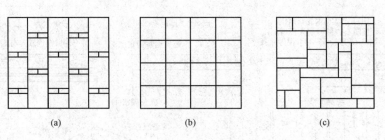

图 2-8　水磨石楼(地)面的划分

(a)、(b)规则形；(c)不规则形

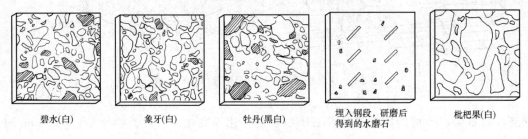

碧水(白)　　　象牙(白)　　　牡丹(黑白)　　　埋入钢段，研磨后　　　枇杷果(白)
　　　　　　　　　　　　　　　　　　　　　　　　得到的水磨石

图 2-9　水磨石面层图案

(2)过氯乙烯楼(地)面光滑美观，不起尘砂，易于保持清洁，适用住宅建筑、实验室，以及某些对地面要求清洁而人流又不太大的车间、仓库等建筑。

(3)苯乙烯地面涂料是以苯乙烯焦油为基料，经选择熬炼处理，加入填料、颜料、有机溶剂等原料配制而成的溶剂型地面涂料。苯乙烯地面涂料粘结性较强，涂膜干燥快，其不仅有一定的耐磨性和抗水性，还具有一定的耐酸、碱的性能，而且施工方便、经济。

涂布无缝楼(地)面根据胶凝材料可分为两大类：第一类是单纯以合成树脂为胶凝材料的溶剂型合成树脂涂布楼(地)面，如环氧树脂涂布楼(地)面、不饱和聚酯涂布楼(地)面、聚氨酯涂布楼(地)面等；第二类是以水溶性树脂或乳液与水泥复合，组成胶凝材料的聚合物水泥涂布(地)面。目前国内采用的聚醋酸乙烯乳液水泥涂布(地)面、聚乙烯醇甲醛胶水泥涂布楼(地)面等，均属第二类楼(地)面。

任务三　块材式楼(地)面装饰构造

块材式楼(地)面是指由各种不同形状的板块材料(如陶瓷地面砖、陶瓷马赛克、磨光通体砖、微晶石板、大理石及花岗石等)铺砌而成的装饰地面，这是地面装饰中最为常见的一类。块材式楼(地)面的构造如图 2-10 所示。块材式楼(地)面属于刚性地面，其适宜铺在整体性、刚性好的细石混凝土或混凝土预制板基层之上。块材面层具有花色品种多、耐磨、耐久、不怕水、易清洁、施工简易灵活、装饰效果较好等优点，因而得到广泛应用。

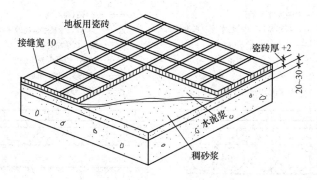

图 2-10 块材式楼(地)面的基本构造层次(单位：mm)

一、大理石、花岗石楼(地)面

1. 大理石楼(地)面

天然大理石可根据不同色泽、纹理等组成各种图案。其通常被加工成 20～30 mm 厚的板材，每块大小一般为 300 mm×300 mm～500 mm×500 mm。方整的大理石地面多采用紧拼对缝，接缝不大于 1 mm，铺贴后用纯水泥扫缝；不规则形的大理石铺地接缝较大，可用水泥砂浆或水磨石嵌缝。大理石铺砌后，表面应粘贴纸张或覆盖麻袋加以保护，待结合层的水泥强度达到 60％后，方可进行细磨和打蜡。大理石楼(地)面的砌式与构造如图 2-11 所示。

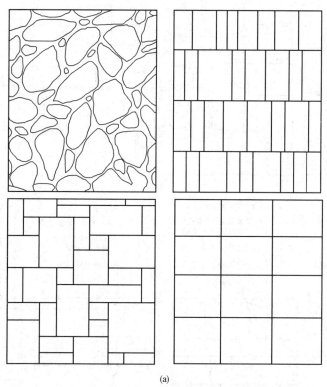

(a)

图 2-11 大理石楼(地)面的砌式与构造(单位：mm)

(a)砌式

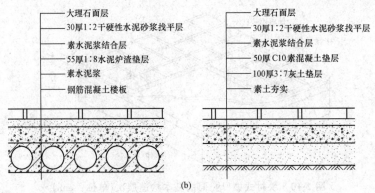

图 2-11 大理石楼(地)面的砌式与构造(单位：mm)(续)

(b)构造

2. 花岗石楼(地)面

花岗石常被加工成条形或块状，厚度较大，为 50～150 mm，其尺寸是根据设计加工的。花岗石在铺设时，相邻两行应错缝，错缝为条石长度的 1/2～1/3。花岗石是天然石材，具有抗压性能和硬度良好，质地坚实，耐磨、耐久，外观大方、稳重等优点。

铺设花岗石楼(地)面的基层有砂垫层和混凝土或钢筋混凝土基层。砂垫层应在填缝以前洒水拍实平整；混凝土或钢筋混凝土表面要求用砂或砂浆做找平层，厚度为 30～50 mm。花岗石楼(地)面的砌式与构造如图 2-12 所示。

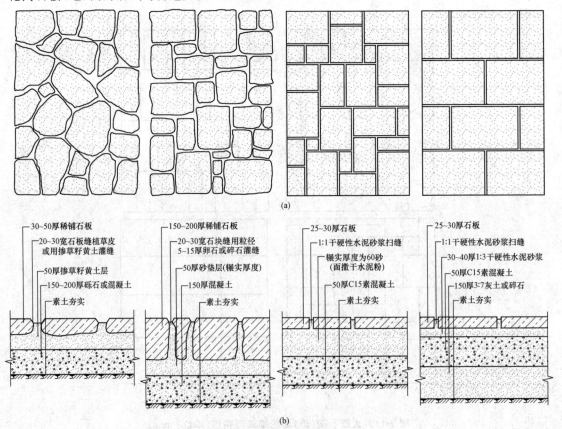

图 2-12 花岗石楼(地)面的砌式与构造(单位：mm)

(a)砌式；(b)构造

二、陶瓷地砖楼(地)面

陶瓷地砖楼(地)面的特点是坚硬耐磨、色泽稳定，而且具有良好的耐水性和耐腐蚀性。陶瓷地砖一般为方形，也有菱形和六角形等。其性能及适用场合见表 2-1。

表 2-1　陶瓷地砖的性能及适用场合

品种	性能	适用场合
彩釉砖	吸水率不大于 10％，炻器材质，强度高，化学稳定性、热稳定性好，抗折强度不小于 20 MPa	室内地面铺贴，以及室内外墙装饰
釉面砖	吸水率不大于 22％，精陶材质，釉面光滑，化学稳定性良好，抗折强度不小于 17 MPa	多为厨房、洗手间
仿石砖（包括广场砖）	吸水率不大于 5％，质地酷似天然花岗石，外观似花岗石粗磨板或剁斧板，具有吸声、防滑和特别装饰功能，抗折强度不低于 25 MPa	室内地面及外墙装饰、庭园小径地面铺贴及广场地面
仿花岗石抛光地砖	吸水率不大于 1％，质地酷似天然花岗石，外观似花岗石抛光板，抗折强度不低于 27 MPa	宾馆、饭店、剧院、商业大厦、娱乐场所等室内大厅走廊的地面、墙面
瓷质砖	吸水率不大于 2％，烧结程度高，耐酸、耐碱、耐磨度高，抗折强度不小于 25 MPa	特别是人流量大的地面、梯级铺贴
劈开砖	吸水率不大于 8％，表面不挂釉的，其风格粗犷，耐磨性好；有釉面的则花色丰富，抗折强度大于 18 MPa	室内外地面、墙面铺贴（釉面劈开砖不宜用于室外地面）
缸砖	吸水率不大于 8％，具有一定的吸湿防潮性	地面铺贴

1. 瓷砖地面

瓷砖通常分为陶瓷彩釉砖和陶瓷无釉砖。其规格一般为 200 mm×200 mm 或 300 mm×300 mm 等。瓷砖地面构造如图 2-13 所示。

瓷砖(用1:1水泥砂浆勾缝)

素水泥(和水)

1:(3~4)干硬性水泥砂浆(粗砂)，厚2 cm

自然土壤

图 2-13　瓷砖地面构造

2. 缸砖楼(地)面

缸砖是高温烧成的小型块材。它有不同的色彩，多用红棕色。其形状为正方形、六角形、八角形等。尺寸一般为 100 mm×100 mm、150 mm×150 mm。缸砖具有强度较高，耐磨性好，耐水、耐酸、耐碱、耐油，易清洁、不起尘，自重较轻，施工简单方便的优点，广泛应用于潮湿的地下室、卫生间、实验室、屋顶平台等。其构造如图 2-14 所示。

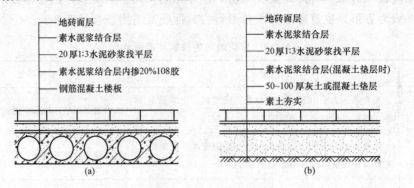

图 2-14 缸砖楼(地)面构造(单位：mm)

(a)楼面；(b)地面

缸砖楼(地)面构造的做法：在清理好的地面上按地面标高留出缸砖的厚度，用 1：(3～4) 的水泥砂浆冲筋、装档、刮平，厚度约为 2 cm，并且拍实。

在铺砌缸砖前，应把砖用水浸泡 2～3 h，然后取出晾干。铺贴面层砖前，在找平层上撒一层干水泥面，洒水后随即铺贴。

三、陶瓷马赛克楼(地)面

陶瓷马赛克，是以优质陶土为原料，经高温烧而成的小型块材，表面致密光滑、质地坚硬耐磨、耐酸耐碱、防水性好，一般不易变色。陶瓷马赛克可根据它的花色品种，可以拼成各种花纹。

陶瓷马赛克的形状较多，正方形的一般为 15～39 mm 见方，厚度为 4.5 mm 或 5 mm。在工厂内预先按设计的图案拼好，然后将其正面粘贴在牛皮纸上，成为 300 mm×300 mm 或 600 mm×600 mm 的大张，块与块之间留有 1 mm 的缝隙。

陶瓷马赛克楼(地)构造的做法如下：

(1)陶瓷马赛克楼(地)面铺设时应在清理好的地面上，且应刷水润湿，再按楼(地)面标高留出陶瓷马赛克厚度做灰饼，用 1：(3～4)干硬性水泥浆冲筋，刮平厚度约为 2 cm，刮平时砂浆要拍实；刮平后撒上一层水泥面，再稍洒水(不可太多)，将陶瓷马赛克铺上。两间相通的房屋，应从门口中间拉线，先铺好一张，然后往两面铺；单间的从墙角开始(房间稍有不方正时，在缝里分均)。有图案的按图案铺贴。铺好后用小锤拍板将地面普遍敲一遍，再用扫帚淋水，约 0.5 h 后将护口纸揭掉；揭纸后依次用 1：2 水泥砂子干面灌缝，灌好后用小锤拍板敲一遍，用抹子或开刀将缝拨直；最后用 1：1 水泥砂子(砂子均要过窗纱筛)干面扫入缝中扫严，将余灰砂扫净，用锯末将面层扫干净成活。

(2)陶瓷马赛克楼(地)面宜整间一次镶铺。如果一次不能铺完，须将接槎切齐，余灰清理干净。

(3)陶瓷马赛克楼(地)面在交活后第二天铺上干锯末养护，3～4 d 后方能上人，但严禁敲击。其构造如图 2-15 所示。

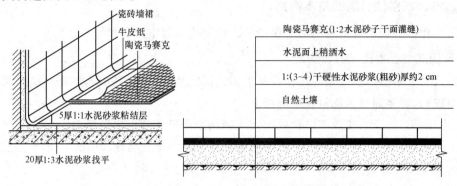

图 2-15 陶瓷马赛克楼(地)面构造(单位：mm)

任务四 竹、木楼(地)面装饰构造

竹、木楼(地)面是指表面层由实木地板，竹、木制品地板铺钉或胶合而成的地面。其优点是具有舒适感、安装方便、富有弹性、耐磨、不起灰、易清洁、不泛潮、纹理及色泽自然美观、蓄热系数小等。目前，竹、木楼(地)面被广泛用于住宅建筑、商业建筑及剧院舞台等室内装饰。但其也存在耐火性差，潮湿环境下易腐朽、实木地板易产生裂缝和翘曲变形等缺点。

一、竹、木地板的种类

目前，常用的竹、木地板主要分为实木地板、强化木地板、实木复合地板、竹材地板和软木地板五大类。

(1)实木地板。实木地板主要选用水曲柳、柞木、枫木、柚木、樱桃木及核桃木等硬质树种加工而成，其耐磨性好，纹理优美清晰，有光泽，经过处理后开裂和变形可得到一定的控制，使用舒适、华丽高贵，属于地面装饰中的高端产品。其主要包括企口地板、平口地板、镶嵌地板和集成材地板等。

(2)强化木地板。强化木地板一般由四层组成：第一层为透明人造金刚砂的超强耐磨层；第二层为木纹装饰纸层；第三层为高密度纤维板的基材层；第四层为防水平衡层。经过高性能合成树脂浸渍后，再经高温、高压压制，四边开榫而成。这类地板精度高，特别耐磨，阻燃性、耐污性好，施工安装快捷、方便，而且在感观上及保温、隔热等方面可与实木地板媲美，故受到了广大用户的青睐。

(3)实木复合地板。实木复合地板是一种两面贴上单层面板的复合构造木板。一般可分为三层实木复合地板、多层实木复合地板和细木工板地板三大类。这种地板有树脂加强，又是热压成型，质轻高强，收缩性小，克服了木材易于开裂翘曲等缺点，且保持了木地面板的其他特性，同时取材广泛，各种软硬木材的下脚料都可利用，成本低。

(4)竹材地板。竹材地板一般可分为全竹地板和竹材复合地板两大类。

(5)软木地板。与普通木地板相比，软木地板具有更好的保温性、柔软性与吸声性，防滑效果好等优点，但造价较高，产地较少，产量也不高，目前国内市场上的优质软木地板主要依靠进口。

二、竹、木楼(地)面的基本构造

竹、木楼(地)面的构造常见的有实铺式、粘贴式和架空式三种形式。

1. 实铺式竹、木楼(地)面构造

实铺式竹、木楼(地)面是在结构找平上构建固定基层(一般是由木搁栅、横撑及木垫块等部分组成),再将面层板铺钉在木搁栅上。

(1)木搁栅。由于直接放在结构层上,木搁栅断面尺寸较小,一般为 30 mm×40 mm 或 50 mm×50 mm,中距为 400 mm。木搁栅通过预埋或固定在结构层中的 U 形铁件嵌固,也可在结构层上钻空并打上木楔,用圆钉固定木搁栅或用水泥钉等固定。

(2)横撑。在木搁栅之间通常设横撑,为了提高整体性,中距大于 800mm,断面一般为 50 mm×50 mm,用铁钉固定在木搁栅上。

(3)木垫块。为了使木地面平整面达到设计高度,必要时可在搁栅下设置木垫块来进行调平,中距大于 400 mm,断面一般为 20 mm×30 mm×40 mm 或 50 mm×50 mm×80 mm 与木搁栅钉牢。

(4)面层。实铺竹、木楼(地)面既可以单层铺钉也可以双层铺钉。其构造如图 2-16、图 2-17 所示。为了保证搁栅层通风干燥,通常在木地板与墙面之间留有 10~20 mm 的空隙。踢脚板或木地板上也可设通风口或通风篦子。

2. 粘贴式竹、木楼(地)面构造

粘贴式竹、木楼(地)面是在钢筋混凝土楼板或底层的混凝土垫层上做找平层。目前,粘贴式竹、木楼(地)面主要应用于复合地板,然后用粘结材料将竹、木地板进行板缝粘贴。粘贴式竹、木楼(地)面具有耐磨、防水、防火、耐腐蚀等特点。其构造做法如图 2-18 所示。

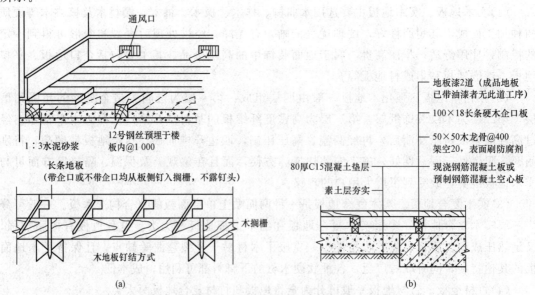

图 2-16 单层实铺式竹、木楼(地)面(单位:mm)

(a)铺钉示意;(b)构造

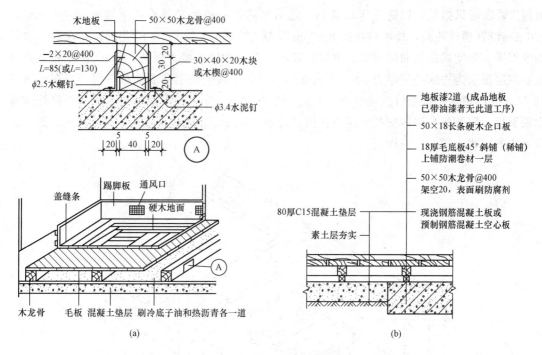

图 2-17 双层实铺式竹、木楼(地)面构造(单位：mm)

(a)铺钉示意；(b)构造

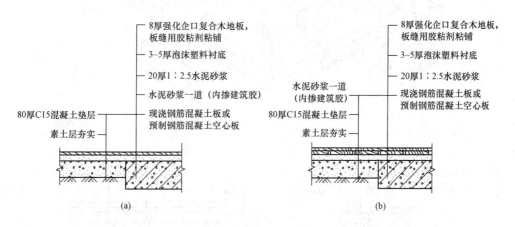

图 2-18 粘贴式竹、木楼(地)面构造(单位：mm)

(a)单层式构造；(b)双层式构造

3. 架空式木楼(地)面构造

架空式木楼(地)面是将木地板用地垄墙、砖墩或钢木支架进行架空。其具有弹性好、脚感舒适、隔声和防潮等优点，主要用于舞台地面。

架空式木楼(地)面构造：将木搁栅一般置于基础、地垄墙或砖墩上，并在地垄墙或砖墩顶部铺油毡及垫木。垫木的厚度一般为 50 mm，也可用混凝土垫板代替，垫木与地垄墙的连接，通常采用 8 号铁丝或混凝土轴预埋 Ω 形铁件进行固定。当地垄墙间距大于 2 m 时，在木搁栅之间应加设剪刀撑，剪刀撑断面多用 38 mm×50 mm 或 50 mm×50 mm。这种木地板应采取通风措施，以防止木材腐朽。通风措施的一般做法是在地垄墙上留 120 mm×120 mm设置通风孔洞，外墙应每隔 3～5 m 开设 180 mm×180 mm 的孔洞，并在洞口加封钢丝网罩。架空式地板面层可做成单层或双层，单层做法一般为板宽 70 mm 硬木长条企口板；双层做法为先铺一层厚为 20～25 mm 的毛板，毛板上铺油毡或油纸一层，再在上面铺钉 20 mm 厚硬木长条企口板或地板，板宽一般为 50～70 mm。木地板与墙体的交接处应做木踢脚板，踢脚板与墙体交接处还应预留直径为 6 mm 的通气孔，间距一般为 1 m。图 2-19 所示为架空式木楼(地)面构造。

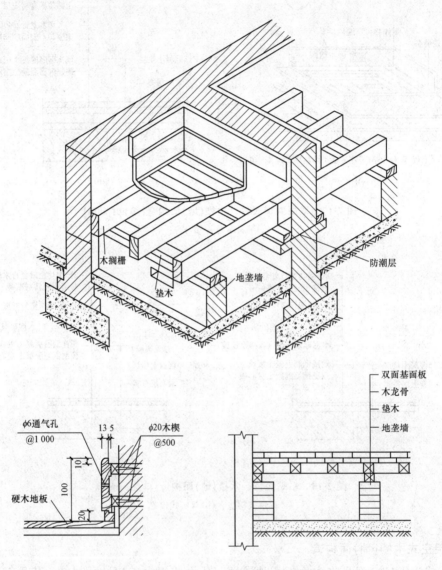

图 2-19　架空式木楼(地)面构造(单位：mm)

4. 竹、木地板接缝

竹、木地板中板与板的拼缝有企口缝、销板缝、压板缝、平口缝、截口缝和斜企口缝等形式，如图 2-20 所示。

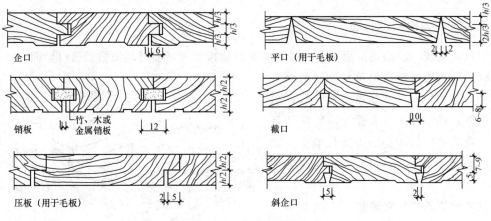

图 2-20　竹、木地板拼缝形式

企口

平口（用于毛板）

竹、木或金属销板

销板

截口

压板（用于毛板）

斜企口

任务五　人造软质制品楼(地)面装饰构造

人造软质制品楼(地)面是指以人造软质制品覆盖地面所形成的楼地面。人造软质制品有块材和卷材两种。块材可以拼成各种图案，施工灵活，修补简单；卷材施工繁重，修理不便，适用跑道、过道等连续的长场地。常见的人造软质制品有橡胶制品、塑料制品及地毯等。这些材料具有自重轻、柔软、耐磨、耐腐蚀、美观的特点。

一、橡胶板楼(地)面

橡胶板楼(地)面是指在天然橡胶或合成橡胶中掺入适量的填充料加工而成的地面覆盖材料。橡胶板楼(地)面具有较好的弹性以及保温、隔撞击声、耐磨、防滑和不带电等性能，既适用展览馆、疗养院等公共建筑，也适用车间、实验室的绝缘地面及游泳池边、运动场等防滑地面。

橡胶板表面有平滑和带肋之分，厚度为 4～6 mm，其与基层的固定一般用胶结材料粘贴的方法粘贴在水泥砂浆基层之上。其构造做法如图 2-21 所示。

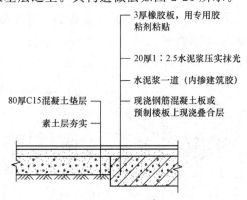

3厚橡胶板，用专用胶粘剂粘贴

20厚1：2.5水泥浆压实抹光

水泥浆一道（内掺建筑胶）

现浇钢筋混凝土板或预制楼板上现浇叠合层

80厚C15混凝土垫层

素土层夯实

图 2-21　橡胶板楼(地)面构造(单位：mm)

二、塑料地板楼(地)面

塑料地板楼(地)面是指用聚氯乙烯树脂塑料地板作为饰面材料铺贴的楼(地)面。

软质聚氯乙烯塑料地毡是塑料地面中使用最广泛的材料。其优点是质量轻，耐腐蚀性好，吸水性小，表面光滑、清洁且耐磨，有不导电和较高的弹塑性能；其缺点是受温度影响大，需经常做打蜡维护工作。

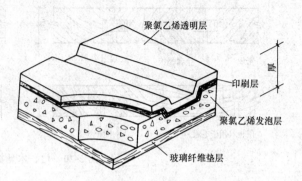

软质聚氯乙烯塑料地毡从下到上可分为玻璃纤维垫层、聚氯乙烯发泡层、印刷层和聚氯乙烯透明层四个层次(图 2-22)。通过印刷层可以制造出颜色与图案不同的、有特色的产品(图 2-23)。

图 2-22　软质聚氯乙烯塑料地毡构造层次

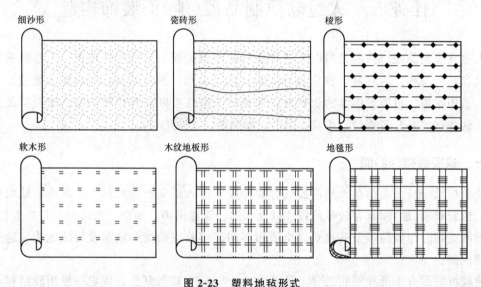

图 2-23　塑料地毡形式

塑料地板楼(地)面施工是在地板上涂上水泥砂浆底层，待充分干燥后，再用胶粘剂将塑料地板粘贴上。其构造如图 2-24 所示。

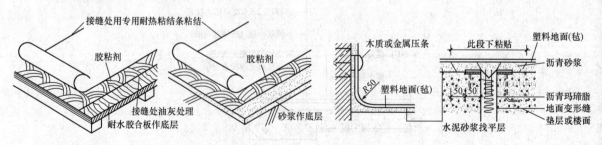

图 2-24　塑料地板楼(地)面构造(单位：mm)

塑料板面层应采用塑料板块、卷材，并采用粘贴、干铺或现浇整体式的方法在水泥类基层上铺设而成。板块、卷材可采用聚氯乙烯树脂、聚氯乙烯-聚乙烯共聚地板、聚乙烯树脂、聚丙烯树脂和石棉塑料板等。现浇整体式面层可采用环氧树脂涂布面层、不饱和聚酯涂布面层和聚醋酸乙烯塑料面层等。水泥类基层常用 1：3（体积比）水泥砂浆找平层。其构造如图 2-25 所示。

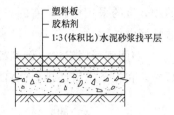

图 2-25　水泥类基层构造

三、地毯楼（地）面

地毯是一种高级地面装饰材料，品种众多。根据材质的不同，地毯可分为真丝地毯、纯羊毛地毯、混纺地毯（羊毛中掺 15％的锦纶）、化纤地毯（聚酰胺纤维、聚丙烯腈纤维、聚丙烯、聚酯纤维等）、麻绒地毯（剑麻）、橡胶绒地毯（天然橡胶）、塑料地毯（聚氯乙烯树脂）等几种。根据编织方法的不同，地毯可分为手工打结地毯、机织地毯、簇绒地毯和无纺织地毯等几种。

地毯自身的构造包括面层、防黏涂层、初级背衬和次级背衬。其多种编织方法如图 2-26 所示。

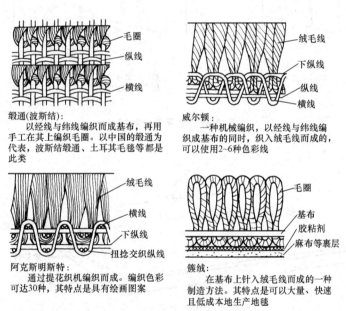

图 2-26　地毯的编织方法

地毯铺设方式有不固定式和固定式两种。不固定式铺设是将地毯直接铺在地面上，而固定式铺设是将地毯裁边，粘结拼缝成为整片，摊铺后四周与房间地面加以固定。铺设方式如图 2-27 所示；固定式方法又分为粘贴式固定法（图 2-28）与倒刺板固定法。

（1）粘贴式固定法。用胶粘剂粘结固定地毯，一般不放垫层，把胶刷在基层上，然后将地毯固定在基层上。

地毯一般要具有较密实的基底层。常见的基底层是在绒毛的底部粘上一层 2 mm 左右的胶，有的采用橡胶，有的采用塑胶，有的则使用泡沫胶层。不同的胶底层，对地毯的耐磨性影响较大。

(2)倒刺板固定法。倒刺板一般可以用 4～6 mm 厚、24～25 mm 宽的三夹板条或五夹板条，在板条上钉两排斜铁钉，如图 2-29 所示。

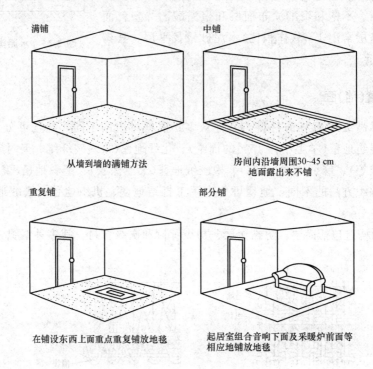

满铺   中铺

从墙到墙的满铺方法   房间内沿墙周围30~45 cm
地面露出来不铺

重复铺   部分铺

在铺设东西上面重点重复铺放地毯   起居室组合音响下面及采暖炉前面等
相应地铺放地毯

图 2-27　地毯铺设方式

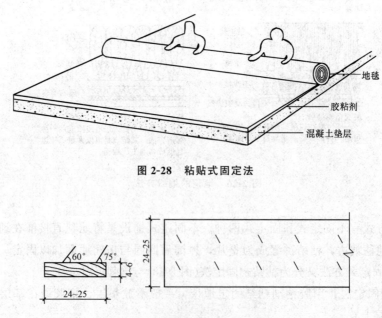

地毯
胶粘剂
混凝土垫层

图 2-28　粘贴式固定法

60°　75°
4~6
24~25
24~25

图 2-29　倒刺板固定法 (单位：mm)

高档地毯具有吸声、隔声、蓄热性能好、防滑、质感柔软、行走舒适等众多优点，且色彩图案丰富，其本身也是工艺品，能给人以华丽、高雅的感觉。一般地毯具有较好的装饰和实用效果，而且施工及更新方便。地毯的使用范围可从室内到室外，因此，其广泛用于各种重要的建筑物空间地面装饰。

任务六　特种楼（地）面构造

一、防水楼（地）面

建筑中的地下室、盥洗室、卫生间、厨房、浴室等，长期受到潮湿空气和水的作用，一般房间在清洗护理时，楼（地）面也有可能接触水源。因此，在楼（地）面装饰工程中，防潮与防水的构造处理就显得非常必要和突出。

1. 楼（地）面防水处理方法

楼（地）面防水处理，主要从两个方面考虑：一是排除楼（地）面积水，楼（地）面应低于其他房间 20～50 mm，并做成 0.5%～1.5% 坡度，设置地漏；二是楼（地）面采用防水构造，防水构造一般是在结构层上做找平层，然后做防水层，再做楼（地）面面层。防水层要均匀密实，在与墙交接处应沿墙四周卷起 150 mm，防止水沿墙体渗漏。为防止室内积水外溢，有水的房间楼（地）面如卫生间楼（地）面应低于走廊或其他房间 20～50 mm，或在门口做高出地面 20～50 mm 的门槛，如图 2-30 所示。

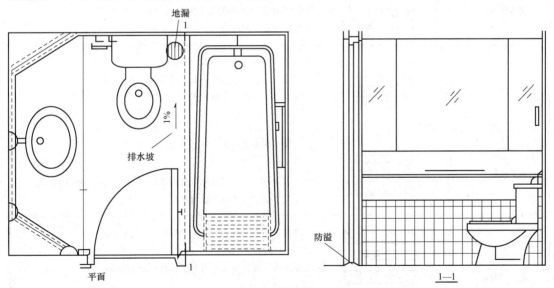

图 2-30　卫生间楼（地）面排水、防溢措施

2. 地面防潮及楼（地）面防水构造

地面防潮主要是指防止地坪以下土层中的无压水（如毛细管水等）对地平面层的侵蚀。一般情况下，素混凝土、细石混凝土等垫层即可起到防潮的作用。对要求较高或面积较大

的房间地面，可在垫层下面加做一层找平层，在找平层上做一毡二油防水层或聚氨酯涂膜防水层，这样防潮效果更好。

楼（地）面防水主要是指防止楼（地）面水的渗漏或地下水浮力渗透的作用对楼（地）面装饰构造的损害。常见做法是在楼板结构层上、地坪垫层下加做一层找平层，在其上做防水层。防水层一般采用油毡卷材或防水涂膜材料来做。

（1）卷材防水层，一般采用石油沥青油毡或高分子聚合物改性沥青油毡等材料。卷材防水层的构造做法：二毡三油（沥青油毡）或冷粘（热熔也可）铺贴 1～3 mm 厚改性沥青油毡，施于 20 mm 厚 1：3 水泥砂浆找平层之上。

（2）涂膜防水层，一般采用聚氨酯、硅橡胶等防水涂料。聚氨酯涂膜防水层构造的做法：在 20 mm 厚 1：3 水泥砂浆找平层表面满刷底涂一层，刷聚氨酯防水涂膜防水层两遍，厚度为 0.6 mm（第一遍）和 0.4 mm（第二遍）。

防水层在楼（地）面与墙面交接处应沿墙四周卷起 150 mm 高，以防止水体对墙面损害。对于地下室防水，一般在建筑设计中采用外包防水加以处理，如室内装饰标准较高，也可沿室内地面及四周墙体做内包防水处理，然后进行地面、墙面等装饰工程的施工。

3. 楼（地）面防水构造处理

楼（地）面防水构造处理见表 2-2。

表 2-2　楼（地）面防水构造处理

防水层类型	图　示	防水做法
防水砂浆	①②③	①刚性整体或块料面层及结合层 ②1：2 防水水泥砂浆沿墙翻起 150 mm ③混凝土垫层或楼板
油毡	①②③④	①刚性整体或块料面层及结合层 ②二毡三油上热嵌粗砂一层，沿墙翻起 150 mm ③找平层上刷冷底子油一道 ④混凝土垫层或楼板
防水涂料	①②③④	①刚性整体或块料面层及结合层 ②C20 细石混凝土 ③防水涂料一层，管道外沿及沿墙贴玻璃布一层，翻起 150 mm ④混凝土垫层或楼板上做找平层
玻璃布及 防水涂料	①②③④⑤	①刚性整体或块料面层及结合层 ②C20 细石混凝土 ③玻璃布一层、防水涂料两层沿墙翻起 150 mm ④找平层 ⑤混凝土垫层或楼板

二、防静电楼（地）面

防静电楼（地）面是指面层采用防静电材料铺设的楼（地）面，具体有防静电水磨石楼

(地)面、防静电水泥砂浆楼(地)面、防静电活动楼(地)面。其构造做法与前述内容基本相同，但有以下几点需加以说明：

(1)面层、找平层、结合层材料内需添加导电粉。

(2)导电粉材料一般为石墨粉、炭黑粉或金属粉等，这些材料需经一系列导电试验成功后方可确定配方。

(3)水磨石楼(地)面的分格条如为金属分格条，其纵、横金属条不可接触，应间隔3～5 mm，如图 2-31 所示。金属表面须涂涂料绝缘，铜分格条与接地钢筋网间的净距离不小于 10 mm。

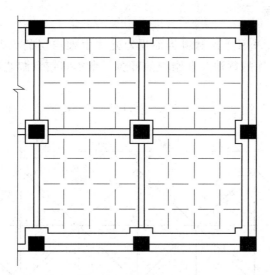

图 2-31　防静电水磨石楼(地)面金属分格条平面示意

(4)找平(找坡)层内需配置 φ4@200 mm 钢筋导电网，导电网形式如图 2-32、图 2-33所示。

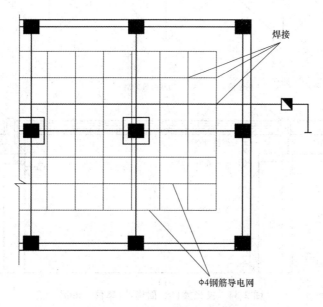

图 2-32　方格形导静电接地网

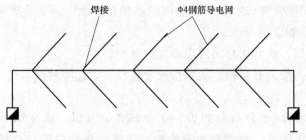

图 2-33 鱼骨形导静电接地网

三、发光楼(地)面

发光楼(地)面是指采用透光材料为面层,光线由架空层的内部向室内空间透射的楼(地)面。其主要用于舞厅的舞池、歌剧院的舞台、豪华宾馆、游艺厅、科学馆等公共建筑楼(地)面的局部重点点缀。

发光楼(地)面构造如图 2-34 所示。发光楼(地)面的构造要点如下:

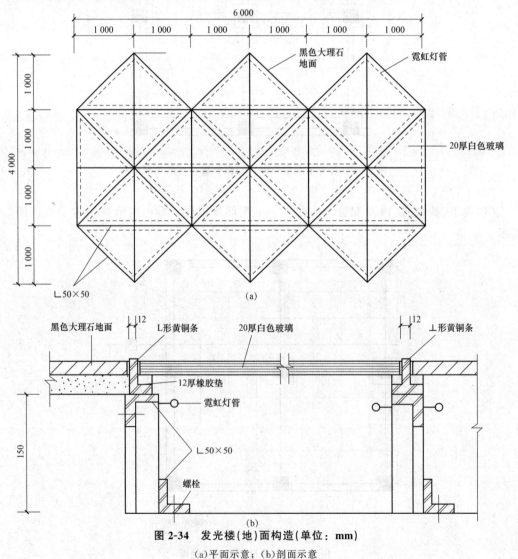

图 2-34 发光楼(地)面构造(单位:mm)

(a)平面示意;(b)剖面示意

（1）架空支承结构。一般使用的架空支承结构有砖墩、混凝土墩、钢结构支架三种。其高度要保证光线能均匀地投射到楼地面，并且预留通风散热孔洞，使架空层与外部之间有良好的通风条件。一般沿外墙每隔3～5 m开设180 mm×180 mm的孔洞，墙洞口加封钢丝网罩或与通风管相连。另外，还需要考虑维修灯具及管线的空间，要预留人孔或设置活动面板。

（2）搁栅层。搁栅的作用是固定和承托透光面板面层，可采用木搁栅、型钢、T形铝型材等。其断面尺寸应根据支承结构的间距确定，铺设找平后，将搁栅与支承结构固定。对于木搁栅，在施工前应预先进行防火处理。

（3）灯具。灯具应选用冷光源灯具，以免散发大量光热。灯具基座应固定在楼板上。灯具应避免与木构件直接接触，并采取隔绝措施，以免引发火灾事故。

（4）透光面板。透光面板多采用双层中空钢化玻璃、双层中空彩绘钢化玻璃、玻璃钢等材料。透光面板与架空支撑结构的固定连接有搁置与粘贴两种方法。搁置法节省室内使用空间，便于更换维修灯具及管线，应用广泛。粘贴法要设置专门的人孔，经常维修的空间不宜采用。

（5）发光楼（地）面接缝。发光楼（地）面构造要处理好透光材料之间的接缝及透光材料与其他楼（地）面之间的接缝。透光材料之间的接缝采用密封条嵌实、密封胶封缝，透光材料与其他楼（地）面之间的接缝可参考不同材质楼地面交接处的构造处理。

四、弹性楼（地）面构造

1. 弹性木地板楼（地）面

在舞台、练功房、比赛场地等房间地面常常需要铺设弹性木地板以满足使用功能的要求。

常见的弹性木地板分为衬垫式和弓式两种。衬垫式弹性木地板楼（地）面构造是在木搁栅下垫入弹性材料来增加搁栅弹性，如图2-35所示。弹性材料可以选用橡皮、软木、泡沫塑料或其他弹性较好的材料。衬垫可以做成块状，也可做成通长条形。

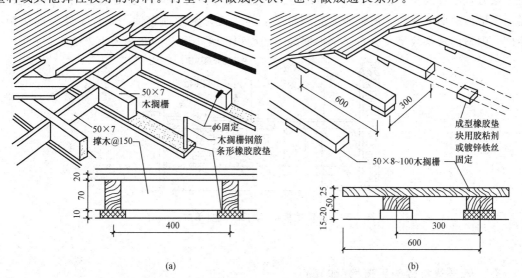

图 2-35　衬垫式弹性木地板楼（地）面构造（单位：mm）

（a）条形橡胶垫；（b）块状橡胶垫

弓式弹性木地板分为木弓式和钢弓式两种。木弓式弹性地板用木弓支托搁栅来增加搁栅弹性。搁栅上铺毛板、油纸，最后铺钉硬木地板。木弓下设通长垫木，垫木用螺栓固定在结构层上。木弓长为1 000～1 300 mm，高度可根据弹性要求，通过试验确定。钢弓式弹性地板将搁栅用螺栓固定在特制的钢弓上。弓式弹性木地板楼(地)面构造如图2-36所示。

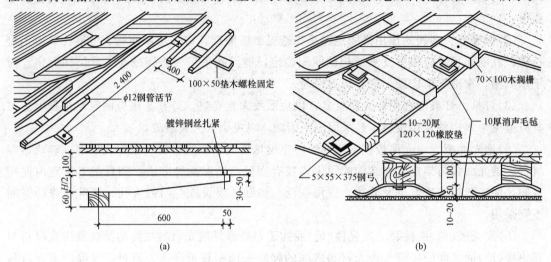

图 2-36 弓式弹性木地板楼(地)面构造(单位：mm)

(a)木弓式；(b)钢弓式

2. 弹簧地板楼(地)面

弹簧地板楼(地)面是由多个弹簧支承的整体式骨架地面。弹簧地板主要由金属弹簧钢架、厚木板、中密度板及饰面材料等几部分组成。

弹簧地板地面主要用于电话间和舞厅的舞池地面。该类地面应用于电话间是为了控制电路的并合，节省用电，如图2-37所示。弹簧地板与电气开关相连，人进去后，地板下移电流接通，电灯开启，人离开后，地板复位切断电源。将弹簧地板地面应用于舞池地面，是为了增加地面的弹性，使跳舞者感到舒适。为了使舞池地面在使用条件下整体起伏振动适度，弹簧的规格数量及分布必须根据舞池的面积的大小和动荷载的大小来确定。

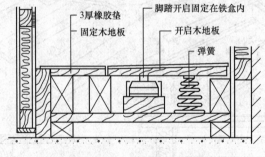

图 2-37 弹簧地板楼(地)面构造(单位：mm)

五、低温热水辐射采暖楼(地)面

低温热水辐射采暖楼(地)面是我国室内装饰工程中供暖、供冷技术发展的新趋势，是住房和城乡建设部推广的节能技术，近年来辐射供冷技术在国内得到了快速推广，并颁布了行业标准《辐射供暖供冷技术规程》(JGJ 142—2012)。

低温热水辐射采暖楼(地)面的特点是将采暖用热水管以盘管形式埋设于楼(地)面内。管材有交联铝塑复合管、聚丁烯管、交联聚乙烯管及无规共聚聚丙烯管等。

低温热水辐射采暖楼(地)面的主要构造有以下几项：

(1)垫层与结构层：底层为地面的垫层，楼层为楼面的钢筋混凝土结构楼板层。

(2)保温层：保温层一般为聚苯乙烯泡沫板，其密度不小于 20 kg/m³，导热系数不大于 0.05 W/(m·K)，压缩应力不小于 100 kPa，吸水率不大于 4%。保温层上可敷设一层真空镀铝聚酯薄膜或玻璃布铝箔，也可用微孔聚乙烯复合板，密度为 39.8 kg/m³，导热系数为 0.02 W/(m·K)，表面带铝箔，需注意防潮。

(3)填充层：一般为细石混凝土，厚度不小于 60 mm，其内埋设热水管及两层低碳钢丝网，上层网用于防止地面开裂等，下层网用于固定热水管(固定使用绑扎或专用塑料卡具)。

(4)面层：一般为散热较好的、厚度较小的材料，如地面砖、薄型木地板或水泥砂浆上做涂料面层等。

常见低温热水辐射采暖楼(地)面构造做法如图 2-38 所示。

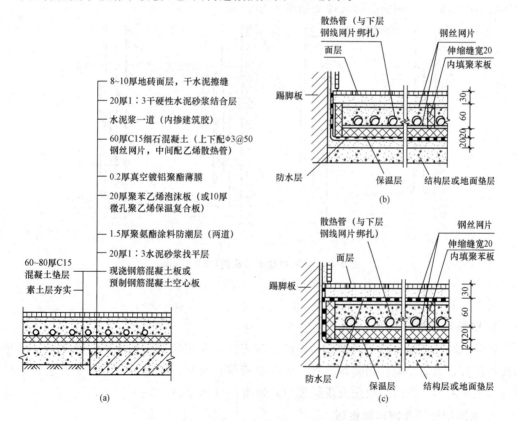

图 2-38　低温热水辐射采暖楼(地)面构造做法(单位：mm)

(a)采暖楼(地)面构造；(b)采暖楼(地)面构造大样(单道防水层)；

(c)采暖楼(地)面构造大样(双道防水层)

任务七　楼(地)面特殊部位的装饰构造

一、踢脚板装饰装修构造

踢脚板是楼(地)面和墙面相交处的构造处理。它的主要作用是遮挡楼(地)面与墙面的接缝,保护墙面根部,防止搬运东西、行走或做清洁卫生时将墙面弄脏,同时满足室内美观的要求。踢脚板的高度一般为100~200 mm。

踢脚板构造方式有与墙面相平、凸出、凹进三种,如图2-39所示。踢脚板按材料和施工方式不同,可分为抹灰类踢脚板、铺贴类踢脚板、木质踢脚板、塑料踢脚板等。

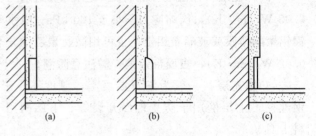

图2-39　踢脚板构造方式
(a)与墙面相平;(b)与墙面凸出;(c)与墙面凹进

1. 抹灰类踢脚板

抹灰类踢脚板的做法主要有水泥砂浆抹面、现浇水磨石、丙烯酸涂料涂刷等。其做法与楼(地)面相同。抹灰类踢脚板构造如图2-40所示。

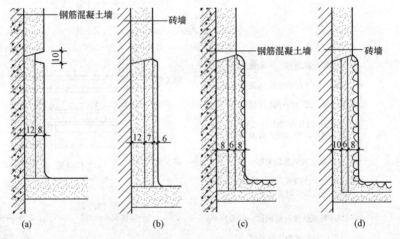

图2-40　抹灰类踢脚板构造(单位:mm)
(a)、(b)水泥砂浆踢脚板;(c)、(d)现浇水磨石踢脚板

2. 铺贴类踢脚板

铺贴类踢脚板因材料不同而有不同的处理方法,常用的有预制水磨石踢脚板、彩色釉面砖踢脚板、微晶玻璃板踢脚板、石材板踢脚板等。有时为了避免与上部墙面交接的生硬感,可做成斜角、留缝。铺贴类踢脚板构造如图2-41所示。

3. 木质踢脚板和塑料踢脚板

木质踢脚板和塑料踢脚板的做法较为复杂,多以墙体内预埋木砖来固定,塑料踢脚板还可以用胶粘剂粘贴。需要注意的是,对于踢脚板与地面的结合处,考虑到地板的伸缩及视觉效果,可有多种处理方法。此外,为了避免木质踢脚板受潮反翘而与上部墙面之间出现裂缝，应在靠近墙体一侧做凹口。木质踢脚板和塑料踢脚板构造如图 2-42 所示。

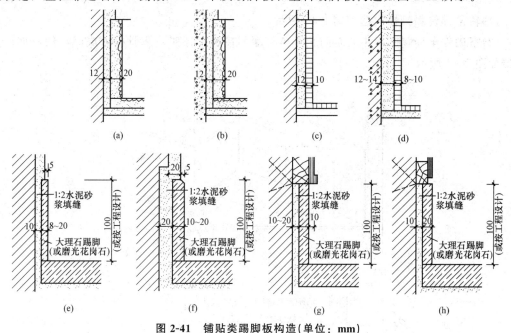

图 2-41　铺贴类踢脚板构造(单位：mm)

(a)预制水磨石踢脚板(一)；(b)预制水磨石踢脚板(二)；(c)陶板踢脚板(一)；(d)陶板踢脚板(二)

(e)大理石踢脚板(一)；(f)大理石踢脚板(二)；(g)大理石踢脚板(三)；(h)大理石踢脚板(四)

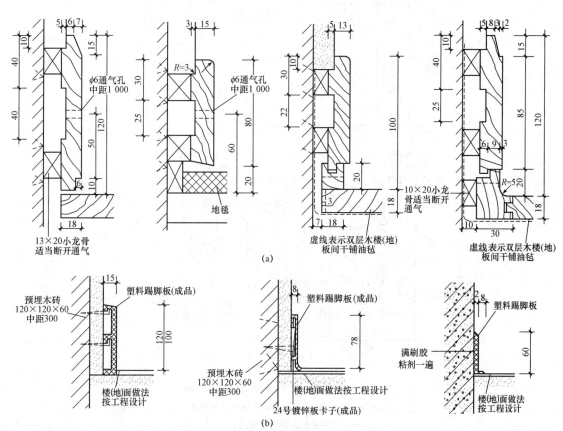

图 2-42　木质踢脚板和塑料踢脚板构造(单位：mm)

(a)木质踢脚板；(b)塑料踢脚板

4. 特殊部位踢脚板

（1）转角部位踢脚板构造如图 2-43 所示。

（2）室内停车场踢脚板主要是防止车体与墙面接触、擦碰，踢脚板做成凸出的斜面。其构造如图 2-44 所示。

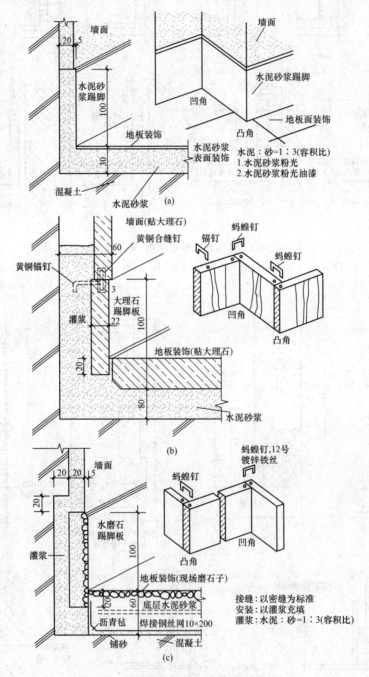

图 2-43　转角部位踢脚板构造(单位：mm)

（a）水泥砂浆踢脚板构造；（b）大理石踢脚板构造；

（c）水磨石踢脚板构造；

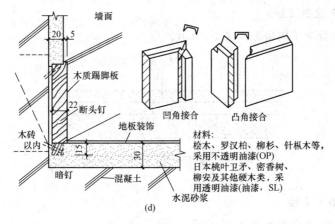

图 2-43　转角部位踢脚板构造(单位：mm)(续)

(d)木质踢脚板构造

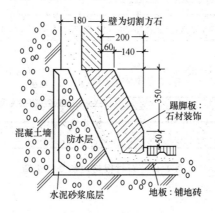

图 2-44　室内停车场踢脚板构造(单位：mm)

二、不同材质的楼(地)面交接处的过渡

使用功能不同的房间的楼(地)面所用材质不同，不同材质之间应采用坚硬材料为边缘构件做过渡处理。常见的有石材板与陶瓷地砖交接、石材板与木地板交接、石材板与地毯交接、木地板与地毯交接等。

1. 石材板与陶瓷地砖交接

石材板与陶瓷地砖交接构造如图 2-45 所示。

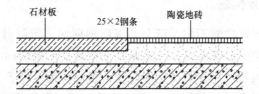

图 2-45　石材板与陶瓷地砖交接构造(单位：mm)

2. 石材板与木地板交接

石材板与木地板交接构造如图 2-46 所示。

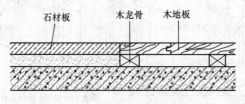

图 2-46　石材板与木地板交接构造

3. 石材板与地毯交接

石材板与地毯交接构造如图 2-47 所示。

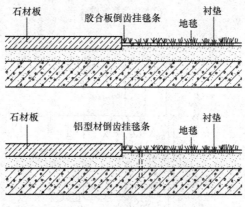

图 2-47　石材板与地毯交接构造

4. 木地板与地毯交接

木地板与地毯交接构造如图 2-48 所示。

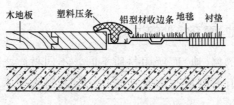

图 2-48　木地板与地毯交接构造

三、楼(地)面变形缝构造

建筑物的变形缝，因其功能不同，可分为温度伸缩缝、沉降缝和抗震缝三种。楼(地)面的变形缝应结合建筑物变形缝设置。一般混凝土垫层变形缝的间距应小于 60 m，但室温经常在 0 ℃以下或温度经常产生剧烈变化时的变形缝的间距应小于 12 m。

变形缝在构造上应要求从基层脱开，贯通地面各层。其宽度在面层不得小于 10 mm，在混凝土垫层内不小于 20 mm。楼板变形缝宽度应根据计算确定。对于沥青类材料的整体面层和铺在砂、沥青玛琋脂结合层上的板材、块材面层，可只在混凝土垫层或楼板中设置变形缝。

为了将楼（地）面基层中的变形缝封闭，常采用可以压缩变形的沥青玛琋脂、沥青木丝板、金属调节片等材料进行封缝处理。一般在面层处需覆以盖缝板，在构造上应以允许构件之间能自由伸缩、沉降为原则。但是，所有金属件均需满涂一道防锈漆，外露面加涂两道调和漆，所有盖缝板外表颜色应与地面一致。常见楼（地）面变形缝构造如图 2-49 所示。

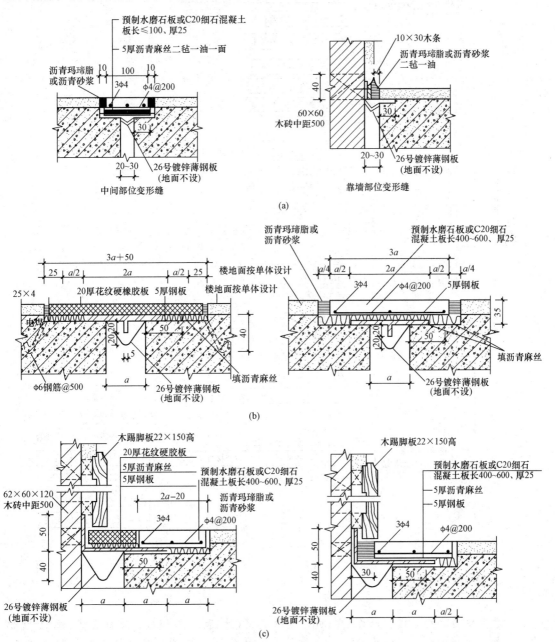

图 2-49 常见楼（地）面变形缝构造（单位：mm）

（a）楼（地）面变形缝构造；（b）中间部位变形缝构造；

（c）靠墙部位变形缝构造

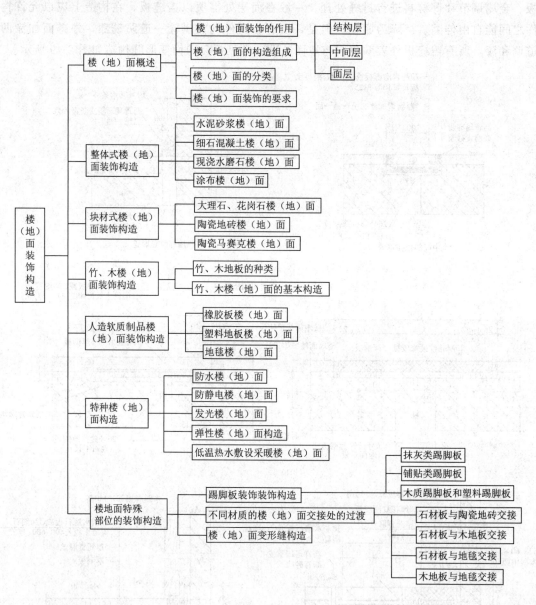

本项目主要介绍了楼（地）面的组成，整体式楼（地）面装饰构造，块材式楼（地）面装饰构造，竹、木楼（地）面装饰构造，人造软质制品楼（地）面装饰构造，特殊部位装饰构造，特种楼（地）面装饰构造等。楼（地）面一般由基层、垫层和面层组成。整体式楼（地）面包括陶瓷马赛克、瓷砖、缸砖、预制水磨石板、大理石、花岗石、碎拼大理石等。竹、木楼（地）面是指由木地板、竹地板、软木地板等铺钉或粘贴而成的楼（地）面。人造软质制品楼

(地)面一般包括塑料地板楼(地)面、地毯楼(地)面、橡胶地毡楼(地)面等。特殊部位包括踢脚板、不同材质的楼(地)面交接处理、变形缝的装饰构造等。特种楼(地)面包括防水楼(地)面、防静电楼(地)面、发光楼(地)面、弹性楼(地)面、低温热水敷设采暖楼(地)面等装饰构造。通过本项目内容的学习，学生应该了解室内外地面装饰的类型和适用范围，熟悉木材、大理石等楼(地)面的材料、构造及施工要点，掌握不同材质楼地面的交接处理。建筑装饰行业是一个高速发展的行业，伴随着新材料、新构造、新工艺、新做法的不断发展，会有更多的新型地面出现。

➤ 习　题

一、填空题

1. 楼(地)面一般由＿＿＿＿＿＿、＿＿＿＿＿＿和＿＿＿＿＿＿组成。

2. 整体式楼(地)面由＿＿＿＿＿＿、＿＿＿＿＿＿和＿＿＿＿＿＿构成。

3. 现浇水磨石楼(地)面按材料配制和表面打磨精度分为＿＿＿＿＿＿和＿＿＿＿＿＿。

4. 涂布楼(地)面根据材料不同可分为＿＿＿＿＿＿和＿＿＿＿＿＿两类。

5. 瓷砖通常分为陶瓷彩釉砖和陶瓷无釉砖，其规格一般为＿＿＿＿＿＿，或＿＿＿＿＿＿等。

6. 目前常用的竹、木地板主要分为＿＿＿＿＿＿、＿＿＿＿＿＿、＿＿＿＿＿＿、＿＿＿＿＿＿和＿＿＿＿＿＿五大类。

7. 竹、木楼地面的构造常见的有＿＿＿＿＿＿、＿＿＿＿＿＿和＿＿＿＿＿＿三种形式。

8. 常见的弹性木地板分为＿＿＿＿＿＿和＿＿＿＿＿＿两种。

9. 弹簧地板主要由＿＿＿＿＿＿、＿＿＿＿＿＿、＿＿＿＿＿＿及饰面材料等几部分组成。

10. 建筑物的变形缝，因其功能不同，可分为＿＿＿＿＿＿、＿＿＿＿＿＿和＿＿＿＿＿＿三种。

二、选择题

1. 细石混凝土是用水泥、砂和小石子级配而成，石子的粒径为(　　)mm。
   A. 0.1～0.5　　　　B. 0.5～0.8　　　　C. 0.5～1.0　　　　D. 0.8～1.2

2. 现浇水磨石楼(地)面的厚度应随着(　　)粒径的变化而变化。
   A. 石子　　　　　B. 砂子　　　　　C. 粗集料　　　　D. 细集料

3. 天然大理石通常被加工成(　　)mm厚的板材。
   A. 10～20　　　　B. 20～30　　　　C. 30～40　　　　D. 40～50

4. 大理石铺砌后，表面应粘贴纸张或覆盖麻袋加以保护，待结合层的水泥强度达到(　　)以后，方可进行细磨和打蜡。
   A. 30%　　　　　B. 40%　　　　　C. 50%　　　　　D. 60%

5. 花岗石在铺设时，相邻两行应错缝，错缝为条石长度的(　　)。
   A. 1/2～1/3　　　B. 1/3～1/4　　　C. 1/4～1/5　　　D. 1/5～1/6

6. 在铺砌缸砖前，应把砖用水浸泡(　　)h，然后取出晾干。
   A. 2～3　　　　　B. 3～4　　　　　C. 4～5　　　　　D. 5～6

7. 陶瓷马赛克地面交活后第二天应铺上干锯末养护，(　　)d后方能上人，但严禁敲击。
   A. 2～3　　　　　B. 3～4　　　　　C. 4～5　　　　　D. 5～6

8. 踢脚板的高度一般为(　　)mm。

　　A. 50～100　　　　B. 100～200　　　　C. 150～250　　　　D. 200～300

三、问答题

1. 室内楼(地)面装饰的作用是什么?

2. 楼(地)面装饰应符合哪些要求?

3. 什么是人造软质制品楼(地)面?其特点是什么?

4. 踢脚板的作用是什么?

 ▶ 项目实训

住宅建筑楼地面装饰构造设计

1. 实训目的

(1)通过设计,重点掌握陶瓷地砖、玻化砖、防水瓷砖、木地面等板块楼地面构造做法;

(2)了解防水楼(地)面的铺设方式及不同材质地面交接处连接构造;

(3)能够熟练地绘制楼地面装饰施工图。

2. 实训条件

(1)某住宅三室两厅户型平面示意图如图2-50所示,该户位于四层,各房间的使用功能、住宅地面布置如图所示。

(2)根据平面布置形式,确定各房间楼面的构造方式和交接部位连接构造。

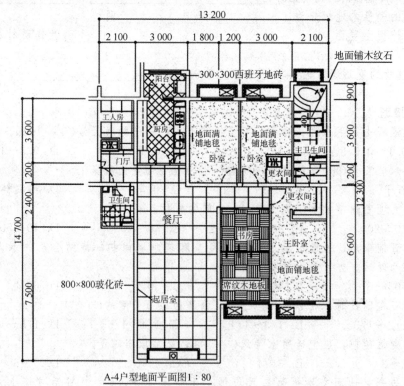

A-4户型地面平面图1:80

图2-50　某住宅建筑楼地面平面图

3. 实训作业及深度要求

(1)设计内容。

1)住宅各房间地面平面图，要求标示出地面拼花图案、分格尺寸、材料颜色的说明。

2)绘制各房间地面分层构造剖面图，并标明各分层构造具体做法。

3)绘制踢脚、门洞口的节点详图。

(2)绘图要求。

1)用 A2 幅面图纸，以铅笔或墨线笔绘制以上各图。

2)详图比例合理，学生自定。

3)图线粗细分明，字体工整。

4)要求达到装饰施工图深度，符合国家制图标准。

(3)绘图深度。

1)表示楼地面的平面位置、形状、材料、分格尺寸及工程做法。

2)表示有关部位的详图索引。

3)表示地面分层构造剖面图，并标明各分层构造具体做法。

4)不同材质地面交接处构造。

5)标注各部分尺寸、索引符号。

4. 实训成绩考评

(1)成绩考核评分方法。设计成绩主要综合考虑以下几个方面：

1)平时成绩(包括纪律表现、学习态度、出勤和安全等)，占 30%。

2)绘制图纸，占 70%。

(2)成绩评定标准(参考)。

根据以上考核项目，按优、良、中、及格、不及格等级制评定设计成绩。评分等级及标准参见表 2-3。

表 2-3　评分等级及标准

评分等级	评分标准
优	内容完整、正确； 图纸正确无误，图面整洁、有条理，图面效果美观； 图面各类标注完整、准确
良	内容完整、正确； 图纸正确无误，图面整洁、有条理，图面效果美观； 图面各类标注完整、准确
中	内容完整、正确； 图纸正确无误，图面整洁、有条理，图面效果美观； 图面各类标注较完整、准确
及格	基本达到绘图量及内容正确； 图纸设计正确，图面较整洁； 图面各类标注较完整
不及格	不能按时完成绘图量及内容的基本要求； 图面不清晰，各类标注不完整

5. 实训小结

(1)在完成实训工作后，在规定的时间内进行自评、互评、答疑后，进行最终评定；

(2)展示设计成果，相互交流。

(3)将全部设计图纸加上封面装订成册。

项目三 墙(柱)面装饰构造

项目导入

　　墙(柱)面是建筑物中围合空间的建筑构件,是建筑装饰设计的主要部位,在室内设计中起着重要作用(图3-1)。墙(柱)面装饰构造是实现墙(柱)面装饰设计的技术措施,墙(柱)面装饰构造处理得当与否,对建筑功能、建筑空间环境气氛和美观影响很大,应根据不同的使用和装饰要求选择相应的材料、构造方法,以达到设计的实用性、经济性、装饰性。在装饰设计中这些墙柱(柱)面装饰构造形式都是如何实现的呢?

图3-1 墙(柱)面装饰构造

教学目标

　　通过本项目内容的学习,了解墙体的分类、功能,熟悉墙体饰面的类型,熟悉抹灰类饰面装饰构造,掌握一般抹灰和装饰抹灰的构造做法;了解建筑涂刷类饰面的概念,掌握涂料饰面、刷浆饰面、油漆饰面的做法;了解贴面类饰面的概念,掌握直接镶贴饰面构造和贴挂类饰面构造的做法;了解裱糊类饰面装饰的概念及分类,掌握各类壁纸与墙布构造的做法;掌握罩面板饰面装饰构造等。

教学要求

知识要点	能力目标
墙(柱)面概述	学习墙体的分类、功能、类型,能够描述墙体饰面的功能及墙体饰面的各种类型
抹灰类饰面装饰构造	根据抹灰类饰面的装饰构造,能够描述一般抹灰和装饰抹灰的做法要求
涂刷类饰面构造	根据涂刷类饰面的装饰构造,能够描述涂刷类饰面的分类及其构造形式

知识要点	能力目标
贴面类饰面装饰构造	根据贴面类饰面的装饰构造，能够描述直接镶贴饰面及贴挂类饰面的构造形式，具备其设计能力
裱糊与软包类饰面构造	根据裱糊类饰面的装饰构造，能够描述裱糊类饰面的分类，具备其设计能力
罩面板类饰面装饰构造	根据罩面板类饰面的装饰构造，能描述罩面板饰面的分类，具备其设计能力

素养目标

1. 具有与时俱进的精神，爱岗敬业、奉献社会的道德风尚。
2. 善于应变、善于预测、处事果断，能对实施进行决策。
3. 尊贤爱才、宽容大度，善于组织，充分发挥每个人的才能。

任务一　墙(柱)面概述

墙、柱属于建筑物的竖向构件，对建筑物的空间起着分隔和支撑的作用。墙、柱装饰是在建筑主体结构工程的表面，为满足使用功能和营造环境的需要所进行的装潢与修饰。其中，墙面装修是建筑装饰的重要组成部分，对建筑物室内外空间环境的影响很大。

一、墙体的分类

对墙体进行装饰，首先要清楚墙体的结构类型。墙体按在建筑中的位置、受力和所用材料的不同，可以分成以下几个类型。

1. 按所处位置的不同分类

根据所处位置的不同，墙体有内墙和外墙、纵墙和横墙之分，如图 3-2 所示。

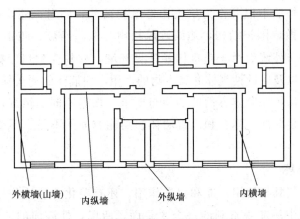

外横墙(山墙)　　内纵墙　　外纵墙　　内横墙

图 3-2　墙体按所处位置的不同分类

(1)内墙。内墙是指位于房屋内部的墙体，用来分隔建筑物的内部空间。

(2)外墙。外墙是指位于房屋周边的墙体，属于房屋的外围护结构，主要抵御风、霜、雨、雪的侵袭和保温、隔热，起保护室内空间良好环境的作用。

(3)纵墙。纵墙是指沿建筑物长轴方向布置的墙体，有内纵墙和外纵墙之分。

(4)横墙。横墙是指沿建筑物短轴方向布置的墙体，有内横墙和外横墙之分。横向外墙可以统称为山墙。

2. 按受力情况的不同分类

按受力情况的不同，墙体可分为承重墙和非承重墙。

(1)承重墙。承重墙是直接承受楼板、屋顶等传来荷载的墙。

(2)非承重墙。非承重墙是指不承受外来荷载的墙，分为自承重墙、隔墙、填充墙及幕墙。自承重墙是指不承受外来荷载，但承受自身质量，下部有基础的墙；隔墙仅起分隔房间的作用，自身质量由楼板或梁来承担；填充墙是指在框架结构中，填充在柱子之间的墙；幕墙是指悬挂于建筑物外部骨架外或楼板间的轻质外墙。

3. 按使用材料的不同分类

根据使用材料的不同，墙体可分为砖墙、砌块墙、钢筋混凝土墙、薄板钢骨墙等。由不同材料制成的墙体，对其进行装饰面时所采用的方法也不尽相同。

(1)用砌筑砂浆将砌墙砖粘合而成的墙体，称为砖墙，多用于砖混结构。

(2)砌块墙是指利用工业废料和地方材料制成的尺寸比砖大的人造块材，用以替代烧结普通砖作为砌墙材料而砌筑成的墙体。它既利用了工业废料或地方材料，又减少了对耕地的破坏。

(3)钢筋混凝土结构中的预制装配式墙或现浇整体式墙都是钢筋混凝土墙体，如大板建筑、盒子建筑、大模板建筑等。

(4)薄板钢骨墙是薄板钢骨新技术体系中采用的一种新型工厂化生产的承重墙体。其集保温、装饰、隔声、强度和耐久性于一体，是适合低层住宅、旅游度假村等项目的一种新型房屋体系。

二、墙体饰面的功能

1. 保护墙体

在建筑中，有的外墙不但要作为承重构件承担荷载，同时，还要根据生产、生活的需要做成围护结构，达到遮风挡雨、保温隔热、防止噪声及保证安全等目的。外墙面由于直接接触外界环境，容易受到风、霜、雨、雪的直接侵袭和温度剧烈变化，以及腐蚀性气体和微生物的作用，使墙体的耐久性受到严重的影响。

墙面装修构造

外墙装饰工程在保护外墙体方面的功能与要求，根据不同的情况，是有所不同的，一般应包括提高墙体的耐久性、弥补和改善墙体在功能方面的不足、不影响墙体材料正常功能的发挥三个方面。

2. 美化室内外环境

墙体装饰面层不仅具有使用功能和保护作用，还有美化和装饰作用。由于建筑物的立面是人们在正常视野中所能观赏到的一个主要面，所以，外墙面的装饰处理对烘托气氛、美化环境及体现建筑物个性都具有十分重要的作用。只有充分利用建筑装饰材料的质感、颜色和搭配，并结合构图法则，采取相应的构造措施，才能取得令人满意的效果。

3. 改善墙体物理性能

墙体装饰除具有装饰、保护墙体的作用外，还能改善墙体的物理性能。墙面经过装饰后厚度加大，饰面层若使用了一些有特殊性能的材料，可以改善墙体的保温、隔热、隔声等性能。

三、墙体饰面的类型

建筑的墙体饰面按材料和施工方法的不同可分为抹灰类、贴面类、涂刷类、板材类、卷材类、裱糊类、罩面板类、清水墙面类、幕墙类等几种类型。其中卷材类应用于室内墙面，清水墙面类、幕墙类应用于室外墙面，其他几类均可应用于室内、室外墙面。

(1)抹灰类饰面包括一般抹灰和装饰抹灰。

(2)贴面类饰面包括天然石板材和预制板材等饰面。

(3)涂刷类饰面包括涂料和刷浆等饰面。

(4)清水墙饰面包括清水砖墙和清水混凝土墙。

(5)裱糊类饰面包括壁纸和墙布饰面。

墙面装饰材料

(6)罩面板类饰面包括竹木制品、石膏板、矿棉板、金属、塑料和玻璃等饰面。

任务二　抹灰类饰面装饰构造

抹灰是墙(柱)面装饰的常用方法，被广泛用于多种饰面装饰的基层，而且其本身也具有良好的装饰效果。抹灰类饰面是用各种加色的或不加色的水泥砂浆、石灰砂浆、混合砂浆、石膏砂浆、水泥石碴浆等做成的各种饰面抹灰层。其优点是材料来源广泛，取材较易，施工方便，造价较低，与墙体粘结力强，并具有一定厚度，对保护墙体、改善和弥补墙体材料在功能上的不足有明显作用；其缺点是多数为手工操作，工效低，湿作业量大，劳动强度高，砂浆年久易产生龟裂、粉化、剥落等现象。

一、抹灰类饰面类型

根据施工部位不同，墙面抹灰可分为内墙抹灰和外墙抹灰。内墙抹灰一般是指内墙墙面、墙裙和柱体处的抹灰；外墙抹灰一般是指外墙面、屋檐、窗台、窗楣和腰线等处的抹灰。

根据面层材料及施工工艺的不同，墙面抹灰可分为一般抹灰和装饰抹灰两种。一般抹灰是指水泥砂浆、石灰砂浆、混合砂浆、聚合物水泥砂浆、麻刀石灰、纸筋石灰、石膏灰等，分普通、高级两种；装饰抹灰是指水刷石、斩假石、干粘石、假面砖等，其中水刷石、斩假石面的施工偏差要求同于一般抹灰中的高级抹灰指标。

二、抹灰类饰面的构造层次

抹灰类饰面为了避免出现裂缝，保证抹灰层牢固和表面平整，施工时须分层操作。抹灰类饰面构造一般由底层抹灰、中层抹灰和和面层抹灰组成，如图 3-3 所示。

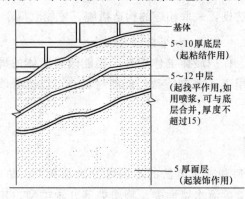

图 3-3　抹灰类饰面构造(单位：mm)

1. 底层抹灰

底层抹灰主要起与基层粘结和初步找平的作用。底层砂浆根据基本材料不同和受水浸湿情况，可分别用石灰砂浆、水泥石灰混合砂浆(简称"混合砂浆")或水泥砂浆。

抹灰工程

一般来说，室内砖墙多采用 1∶3 石灰砂浆，或掺入一些纸筋、麻刀，以增强粘结力并防止开裂；需要做涂料墙面时，底灰可用 1∶2∶9 或 1∶1∶6 水泥石灰混合砂浆；室外或室内有防水、防潮要求时，应采用 1∶3 水泥砂浆。混凝土墙体应采用混合砂浆或水泥砂浆。加气混凝土墙体内墙可用石灰砂浆或混合砂浆，外墙宜用混合砂浆。窗套、腰线等线脚应使用水泥砂浆。北方地区外墙饰面不宜用混合砂浆，一般采用的是 1∶3 水泥砂浆。底层抹灰的厚度为 5~10 mm。

2. 中层抹灰

中层抹灰主要起找平和结合的作用，另外，其还可以弥补底层抹灰的干缩裂缝。一般来说，中层抹灰所用材料与底层抹灰基本相同，厚度为 5~12 mm。在采用机械喷涂时，底层与中层可同时进行，但是厚度不宜超过 15 mm。

3. 面层抹灰

面层又称"罩面"。面层抹灰主要起装饰和保护作用。根据所选装饰材料和施工方法的不同，面层抹灰可以分为各种不同性质与外观的抹灰。例如，纸筋灰罩面，即为纸筋灰抹灰；水泥砂浆罩面，即为水泥砂浆抹灰；在水泥砂浆中掺入合成材料的罩面，即为聚合砂浆抹灰；采用木屑集料的罩面，即为吸声抹灰；采用蛭石粉或珍珠岩粉作集料的罩面，即为保温抹灰等。

由于施工操作方法的不同，抹灰表面既可以抹成平面，也可以拉毛或用斧斩成假石状，还可以采用细天然集料或人造集料(如大理石、花岗石、玻璃、陶瓷等加工成粒料)，采用手工涂抹或机械喷射成水刷石、干粘石、彩瓷粒等集石类墙面。

彩色抹灰的做法有两种：一种是在抹灰面层的灰浆中掺入各种颜料，这种做法具有色匀而耐久的优点，但颜料用量较多，适用室外；另一种是在做好的面层上进行罩面喷涂料时加入颜料，这种做法比较省颜料，但是容易出现色彩不匀或褪色现象，多用于室内。

三、一般抹灰饰面

一般抹灰饰面采用石灰砂浆、混合砂浆、聚合物水泥砂浆、麻刀灰和纸筋灰等进行施工。目前在装饰装修工程中，一般抹灰的主要作用是对建筑墙面进行找平。一般抹灰主要是满足建筑物的使用要求，对墙面进行基本的装饰处理。其按质量要求分为普通、中级、高级三级。室内外墙面一般抹灰的构造如图3-4所示。

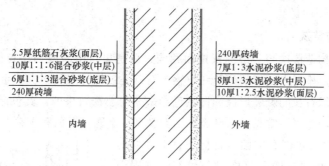

图3-4 室内外墙面一般抹灰的构造(单位：mm)

(1)普通抹灰是由一层底灰和一层面层组成的，也可不分层。普通抹灰的总厚度一般为内墙厚度18 mm、外墙厚度20 mm。其适用简易住宅、大型临时设施、仓库及高标准建筑物的附属工程等。

(2)中级抹灰是由一层底灰、一层中层和一层面层组成的。中级抹灰的总厚度一般为20 mm。其适用一般住宅、公共建筑、工业建筑以及高标准建筑物的附属工程等。

(3)高级抹灰是由一层底灰、数层中层和一层面层组成的。高级抹灰的总厚度一般为25 mm。其适用大型公共建筑、纪念性建筑以及有特殊功能要求的高级建筑物。

四、装饰抹灰饰面

装饰抹灰一般采用水泥、石灰砂浆等抹灰基本材料，除对墙面进行一般抹灰外，利用材料特点和工艺处理使抹灰面具有不同质感、纹理和色泽效果的抹灰。它除具有与一般抹灰相同的功能外，还有其本身装饰工艺的特殊性，所以，其饰面往往有鲜明的艺术特色和强烈的装饰效果。

装饰抹灰与一般抹灰的做法基本相同，根据所用材料和处理方法的不同，可分为砂浆类装饰抹灰及石砾类装饰抹灰两大类。

1. 砂浆类装饰抹灰

砂浆类装饰抹灰是指在一般抹灰的基础上，对抹灰表面进行装饰性加工。这类饰面的面层材料一般为各类砂浆，只是因工艺不同而采取不同的材料配合比，且往往需要专门的施工工具，如拉毛抹灰饰面、拉条抹灰饰面、假面砖饰面等。

(1)拉毛抹灰饰面一般采用普通水泥掺适量石灰膏的素浆或掺入适量砂子的砂浆。拉毛装饰抹灰是在水泥砂浆或水泥混合砂浆的底、中层抹灰完成后，在其上再涂抹水泥混合砂浆或纸筋石灰浆等，用抹子或硬毛刷等工具将砂浆拉出波纹或凸起的毛头而做成装饰面层。拉毛抹灰饰面适用有音响要求的礼堂、影剧院等室内墙面，也常用于外墙面、阳台栏板或围墙等饰面。

（2）拉条饰面是用专用模具把面层砂浆做出竖线条的装饰抹灰做法。利用条形模具上下拉动，使墙面抹灰呈规则的细条、粗条、半圆条、波形条、梯形条和长方形条等。拉条饰面可以代替拉毛等传统的吸声墙面，具有立体感强、线条清晰、美观大方、不易积尘及成本较低等优点，可应用于要求较高的室内装饰抹灰。

（3）假面砖饰面是采用掺氧化铁红、氧化铁黄等颜料的彩色水泥砂浆作面层，用铁梳子、铁钩子等工具，通过手工操作，在彩色水泥砂浆面层上按面砖宽度划出沟纹，达到模拟面砖装饰效果的饰面做法。

2. 石砾类装饰抹灰

石砾类饰面的构造层次与一般抹灰饰面相同，只是集料由砂改为小粒径的石粒而已，然后用其他手段处理，显露出石料的颜色和质感。石砾类装饰抹灰与砂浆类装饰抹灰效果不同，石砾类装饰抹灰是靠石粒的颗粒形象和自然色彩来获得装饰效果的，其色泽明亮，质感丰富，耐久性和耐污染性均较好。常见的石砾类饰面的类型有水刷石饰面和干粘石饰面两种。

（1）水刷石饰面。水刷石饰面是石粒类材料饰面的传统做法，制作前必须在墙面分格引条线部位先固定好木条，然后将配制的石碴浆抹在中底层上与分格木条刮平，待半凝固后，用喷枪、水壶喷水或者用硬毛蘸水，刷去表面的水泥浆，使石子半露。其主要适用外墙饰面和外墙腰线、窗套、阳台、雨篷等部位。

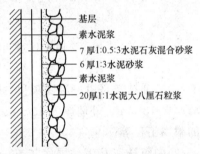

图 3-5　水刷石构造（单位：mm）

水刷石的施工方法：采用 1∶3 水泥砂浆打底刮毛，厚度为 15 mm，在其底灰上先薄抹一层 1～2 mm 厚素水泥浆，然后抹水泥石碴浆。其构造如图 3-5 所示。

（2）干粘石饰面。干粘石饰面是将彩色石粒直接粘在砂浆层上的一种装饰抹灰做法。

干粘石饰面操作简便，与水刷石相比，可提高工效 50%，节约水泥 30%，节约石子 50%，现在已基本取代了水刷石的做法。由于在粘结砂浆中掺入适量的建筑胶（108 胶），使得粘结层与基层、石粒与粘结层之间的粘结牢度大大提高。干粘石的选料一般采用小八厘（4 mm）石粒。由于石粒粒径较小，所以在粘结砂浆上易于密实排列，露出的粘结砂浆少，粘结砂浆抹平后，应立即开始撒石粒。撒石粒的方法有手工和机械两种，手甩石粒的劳动强度较大。为了解决这一难题，现在广泛使用"机喷石粒"的方法，即用压缩空气将石粒喷撒洒墙面尚未硬化的素水泥浆粘结层上。与手甩石粒相比，该方法工艺先进，效率高，且操作简单，宜于大面积施工。

任务三　涂刷类饰面构造

涂刷类饰面是指在墙面基层上，经批刮腻子处理，使墙面平整，然后将所选定的建筑涂料刷于其上所形成的一种饰面。涂刷类饰面是各种饰面做法中最为简便、经济的一种。涂刷类饰面与其他种类的饰面相比，具有工期短、工效高、材料用量少、自重轻、造价低等优点。涂刷类饰

涂饰工程施工工艺

面的耐久性略差，但维修、更新很方便，因而应用十分广泛。

一、涂刷类饰面类型

根据涂刷类材料的不同，涂刷类饰面可分为涂料饰面、刷浆饰面和油漆饰面三大类。常见各类涂料的优缺点见表 3-1。

表 3-1　常见各类涂料的优缺点

种类	优点	缺点
油脂涂料	耐候性良好，涂刷性好，可内用和外用，价低	干燥缓慢，力学性能不高，涂膜较软，不能打磨、抛光
天然树脂涂料	干燥快，短油度涂膜坚硬，易打磨；长油度涂膜柔韧性、耐候性较好	短油度涂膜耐候性差，长油度涂膜不能打磨抛光
酚醛涂料	漆膜较坚硬，耐水、耐化学腐蚀，能绝缘	漆膜干燥较慢，表面粗糙，易泛黄、变深
沥青涂料	涂膜附着力好，耐水、耐潮、耐酸碱，绝缘，价低	颜色黑，没有浅、白色漆，耐日光、耐溶剂性差
醇酸涂料	涂膜光泽和机械强度较好，耐候性优良，附着力好，能绝缘	耐光、耐热，保光泽性能差
氨基涂料	涂膜光亮、丰满，硬度高，不易泛黄，耐热、耐碱、耐磨，附着力好	烘烤干燥，烘烤过度漆膜泛黄、发脆，不适用木质表面
硝基涂料	涂膜丰满、光泽好、干燥快，耐油，坚韧耐磨，耐候性较好	易燃，清漆不耐紫外光，在潮湿或寒冷环境中涂装时，涂膜浑浊发白，涂饰工艺复杂
过氯乙烯涂料	干燥快，涂膜坚韧，耐候、耐化学腐蚀、耐水、耐油、耐燃，机械强度较好	附着力、打磨、抛光性能较差，不耐 70 ℃以上温度，固体成分低
乙烯涂料	涂膜干燥快、柔韧性好，色浅、耐水性、耐化学腐蚀性优良，附着力好	固体成分低，清漆不耐晒
丙烯酸涂料	涂膜光亮，附着力好，色浅、不泛黄，耐热、耐水、耐化学药品、耐候性优良	清漆耐溶剂性、耐热性差，固体成分低
聚酯涂料	涂膜光亮、坚硬，韧性好，耐热、耐寒、耐磨	不饱和聚酯干燥性不易掌握，对金属附着力差，施工方法复杂
环氧涂料	附着力强，涂膜坚韧，耐水、耐热、耐碱，绝缘性能好	室外使用易粉化，保光性差，色泽较深
聚氨酯涂料	涂膜干燥快、坚韧、耐磨、耐水、耐热、耐化学腐蚀，绝缘性能良好，附着力强	喷涂时遇潮起泡，漆膜易粉化、泛黄，有一定毒性
有机硅涂料	耐高温、耐化学性好，绝缘性能优良，涂膜附着力强	个别品种漆膜较脆，附着力较差
橡胶涂料	耐酸、碱腐蚀，耐水、耐磨、耐大气性好，附着力和绝缘性能好	易变色，清漆不耐晒，施工性能不太好

二、涂刷类饰面构造层次

涂刷类饰面的涂层构造一般可分为底涂层、中间涂层和面涂层三层。

1. 底涂层

底涂层俗称刷底漆，其主要作用是增加涂层与基层之间的黏附力，进一步清理基层表面的灰尘，使一部分悬浮的灰尘颗粒固定于基层。底层涂层还具有基层封闭剂(封底)的作用，可以防止木脂、水泥砂浆抹灰层中的可溶性盐等物质渗出表面，造成对涂饰饰面的破坏。

涂料施工

2. 中间涂层

中间涂层即中间层，也称主层涂料，是整个涂层构造中的成形层。其目的是通过适当的工艺，形成具有一定厚度、匀实饱满的涂层，既能保护基层，又能通过这一涂层形成所需的装饰效果。中间层的质量好，不仅可以保证涂层的耐久性、耐水性和强度，在某些情况下还可对基层起到补强的作用。主层涂料主要采用以合成树脂为基料的厚质涂料。

3. 面涂层

面涂层即罩面层。其作用是体现涂层的色彩和光感，提高饰面层的耐久性和耐污染能力。为了保证色彩均匀，并满足耐久性、耐磨性等方面的要求，面层最低限度应涂饰两遍。一般来说，油性漆、溶剂型涂料的光泽度普遍要高一些。采用适当的涂料生产工艺、施工工艺，水性涂料和无机涂料的光泽度可以赶上或超过油性涂料、溶剂型涂料的光泽度。

三、涂料饰面

涂料饰面在现代建筑装饰工程中，因其具有施工较简单，更新较容易，费用较低，构造层较轻薄，效果多样性等特点而得到广泛的应用。但是现代建筑涂料存在着品种多、生产厂家多、质量差异大、价格竞争大，施工质量控制难度大的问题。

建筑装饰涂料的选择在满足装饰效果及功能要求的前提下，应考虑耐久性、经济性和环保要求，另外，要考虑使用部位、基底材料、施工季节等。

建筑涂料施涂的主要方法包括刷涂、喷涂、滚涂和弹涂、抹涂、批刮法、印章法、扫刷法、搭毛法、静电植绒法及复合施工法。具体施涂方法主要视涂料品种和装饰效果要求而定。

四、刷浆饰面

刷浆饰面是指在建筑物抹灰层或基体等表面上喷刷水质涂料。饰面浆料主要有大白浆、可赛银浆。

(1)大白浆是以大白粉、胶结料为原料，用水调和混合而成的涂料。一般在局部或满刮腻子后，喷刷 2 遍或 3 遍。大白浆的盖底能力较强，涂层外观较石灰浆细腻、洁白，而且货源充足，价格很低，施工和维修更新都比较方便，适用室内墙面及顶棚饰面。

(2)可赛银浆是以硫酸钙、滑石粉为填料，以酪素为粘结料，掺入颜料混合而成的粉末状材料。可赛银浆饰面一般在已做好的墙面基层上刷两遍。可赛银浆与大白浆相比，质地更细腻，色彩更均匀，与基层的粘结力也更强。另外，它的耐碱和耐磨性也较好。

五、油漆饰面

油漆是指涂刷在材料表面能够干结成膜，以干性或半干性植物油脂、树脂、合成树脂为基本成膜原料的有机涂料。

墙面油漆可以有多种色彩，既可以是平涂漆，也可做成各种图案、纹理和拉毛。用油漆做墙面装饰时，要求基层平整，充分干燥，且无任何细小裂纹。油漆墙面一般构造做法是，先在墙面上用水泥砂浆打底，再用混合砂浆粉面两层，总厚度为 20 mm 左右，最后涂刷一底二度油漆。

木墙面的油漆可根据木材品种和质量的不同，选择不同的油漆和施工方法。如水曲柳、椴木、桦木等浅白色木材涂饰清漆，可以显示其本身的天然纹理，而一些色泽较重或有虫眼、疤疖的木材则需用色漆涂饰。

建筑墙面装饰用的油漆一般都为调和漆。调和漆就是将基料、填料、颜料及其他辅料经调和而制成的漆。油漆用于室内有较好的装饰效果，易保持清洁，但涂层的耐光性差，对墙面基层要求较高，且施工工序繁多，工期长。

任务四 贴面类饰面装饰构造

贴面类饰面通常是指把规格和厚度都比较小的块料面层粘贴到墙体底面上的一种装饰方法。常用的贴面材料有各种人工烧成的陶瓷制品，如瓷砖、面砖和马赛克，也有规则或不规则的小规格天然花岗石及大理石薄板。

贴面类饰面具有坚固耐用、色泽稳定、易清洗、耐腐蚀、防水、装饰效果丰富的特点，可用于室内外墙体，是目前墙面装饰经常用到的饰面。但这类饰面铺贴技术要求高，有的品种块材色差和尺寸误差大，质量较差的釉面砖还存在釉层易脱落等缺点。

一、直接镶贴饰面

直接镶贴饰面大体上由底层砂浆、粘结层砂浆和块状贴面材料面层组成。底层砂浆具有使饰面层与墙体基层之间黏附和找平的双重作用；粘结层砂浆与底层形成良好的连接，并将贴面材料黏附在底层上；块状贴面材料面层的作用是装饰和保护墙体，延长其使用年限。

常用于直接镶贴的材料有釉面砖、陶瓷马赛克、玻璃马赛克、人造大理石板、小块天然石材板、碎拼石材等。

1. 釉面砖饰面

釉面砖表面光滑，色泽柔和典雅，朴素大方，主要用作厨房、浴室、卫生间、实验室、医院等场所的室内墙面饰面材料。它具有热稳定性好、防火、防潮、耐酸碱腐蚀、坚固耐用、易于清洁等特点。

常用的釉面砖属薄型精陶制品，其由多孔坯体表面施釉，再经过一定温度烧制而成。釉面砖表面是光滑的釉层，背面为带凹凸纹的陶质坯体，有较大的吸水率，施工时多采用水泥砂浆铺贴。背面的凹槽可以增强面砖与砂浆之间的结合力。釉面砖按釉面色彩分，有单色、花色和图案砖；按性质分，有正方形、长方形和异形配件砖。

2. 陶瓷马赛克饰面

陶瓷马赛克是以优质瓷土烧制成的片状小瓷砖拼成各种图案贴在纸上的饰面材料，有挂釉和不挂釉两类。它具有质地坚硬、经久耐用、色泽多样、耐酸碱、耐火、耐磨、不渗水、抗压力强、吸水率小等特点。随着现代建筑的发展，陶瓷马赛克被广泛用于地面和内、外墙饰面。

陶瓷马赛克饰面做法：一般用 1∶3 水泥砂浆作底灰，厚度为 15 mm，然后用厚度为 2～3 mm、配合比为纸筋∶石灰膏∶水泥＝1∶1∶8 的水泥浆粘贴，或用掺水泥量为 5％～10％的 108 胶或聚醋酸乙烯乳胶的水泥浆粘贴。

3. 玻璃马赛克饰面

玻璃马赛克是以玻璃烧制而成的小块贴于纸上的饰面材料，有透明、乳白色、灰色和蓝色等多种花色。其特点是质地坚硬、性能稳定、耐热、耐寒、耐大气、耐酸碱、不龟裂、表面光滑。因为吸水性差，故为了加强同砂浆的粘结力，其几何形状做成正面为平面、反面略向内凹并有沟槽、断面呈梯形。这样，既增大了单块背后的粘结面，同时也加大了块与块之间的粘结力(图 3-6)。

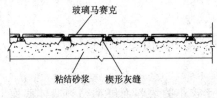

图 3-6　玻璃马赛克的粘结状况

室内装饰材料
饰面板（面板）

玻璃马赛克粘贴工艺与面砖不同，通常其依靠做成的纸板，一板一板地贴(图 3-7)。由于玻璃马赛克块小片薄，所以在墙体的转角部位、门窗洞口和弧形墙上处理极为方便。

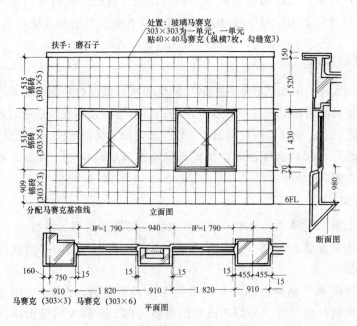

图 3-7　玻璃马赛克粘贴工艺示意（单位：mm）

玻璃马赛克的粘贴有以下几个步骤(图 3-8):

(1)在墙体弹出分板垂直和水平线。

(2)纸板的玻璃马赛克上满刮 1～2 mm 厚的白水泥胶水浆。

(3)在弹好线的墙面上喷水湿润。

(4)将纸版贴上去后,用泥板轻拍,直至胶浆挤满块缝。

(5)初凝后,喷水湿润纸面,揭纸,拨正斜块。

(6)凝结后,擦洗玻璃马赛克表面。

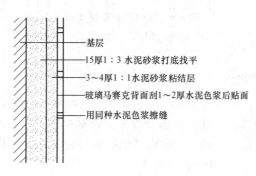

图 3-8　玻璃马赛克的粘贴方法(单位:mm)

4. 人造大理石板饰面

人造大理石板饰面是仿天然大理石的纹理预制生产的一种墙面装饰材料,大致可分为聚酯型人造大理石、烧结型人造大理石、无机胶结型人造大理石和复合型人造大理石四种。这四种类型的人造大理石板,在物理力学性能、与水有关的性能、黏附性能等方面各不相同。其固定方法也不同。目前采用的与之相适应的构造固定方式有水泥砂浆粘贴、聚酯砂浆粘贴、有机胶粘剂粘贴和贴挂法。

(1)聚酯型人造大理石可以用水泥砂浆或聚酯砂浆粘贴。其最理想的胶粘剂是有机胶粘剂,但是成本太高。为了降低成本,可以采用与人造大理石成分相同的不饱和聚酯树脂作为胶粘剂,可在树脂中掺用一定量的中砂,并掺入适量的引发剂和促进剂,用这样的有机粘结砂浆粘贴,能取得较好的效果。

(2)烧结型人造大理石粘贴构造和釉面砖相近。一般可采用 1:3 水泥砂浆作底层,厚度为 12～15 mm。粘结层可采用 2～3 mm 厚的水泥砂浆,配合比为 1:2,并加入水泥质量的 5%的 108 胶。

(3)无机胶结型人造大理石和复合型人造大理石,主要根据其板厚来确定构造做法。常用人造大理石饰面板的厚度主要有两种:一种为厚板,板厚为 8～12 mm,板材重为 17～25 kg/m²;另一种为薄板,板厚为 4～6 mm,板材重为 8.5～12 kg/m²。

薄型板粘贴的构造方法是用 1:3 的水泥砂浆打底,以 1:0.3:2 的水泥石灰混合砂浆或 10:0.5:2.6(水泥:108 胶:水)的 108 胶水泥浆作为胶粘剂,做成粘结层,然后粘贴人造大理石板材;厚型板粘贴宜采用聚酯砂浆粘贴的方法。聚酯砂浆的胶砂比一般为 1:(4.5～5),并掺入一定量的固化剂。聚酯砂浆的耗量为 4～6 kg/m²,由于这种砂浆费用高,目前多采用聚酯砂浆作边角粘贴和水泥砂浆作平面粘贴相结合的方法,以达到粘贴牢固和降低成本的目的。其构造如图 3-9 所示。

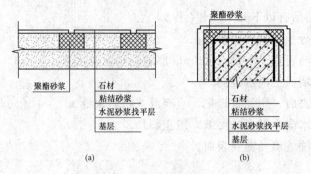

图 3-9　聚酯砂浆粘贴构造

(a)墙面；(b)柱面

5. 小块天然石材板饰面

小块天然石材规格面板的一般尺寸为 300 mm×300 mm×20 mm。这类板、块材饰面的构造做法和面砖粘贴方法相同。有时在大理石板边刻槽捆扎钢丝，在水磨石板背面埋 24 号铝丝、铜丝和铅丝，将其甩头 40～60 mm 埋入粘结层砂浆内，以增加面板粘贴的牢固性。砂浆厚度一般为 10～12 mm，如图 3-10 所示。

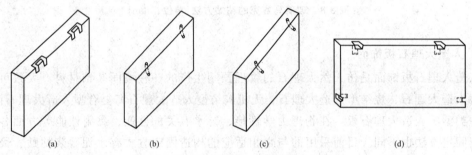

图 3-10　小规格石板刻槽埋铅丝孔示意

(a)刻浅槽；(b)直角孔；(c)45°斜孔；(d)开直孔

6. 碎拼石材饰面

碎拼石材饰面利用石材的边角废料进行装饰，为不规则的板材，颜色有多种，厚薄也不一致，薄板有 10～12 mm，厚板有 15～30 mm，粘贴层砂浆的厚度为 12～20 mm。

碎拼石材饰面的粘贴顺序是由下而上，每贴 500 mm 高度间歇 1～2 h，待水泥砂浆结硬后再继续粘贴，粘贴时要注意构图和色彩搭配。板缝之间的填缝砂浆要饱满，拼缝可以做平缝或凹缝，缝宽可以不规则但收边要整齐，如图 3-11 所示。

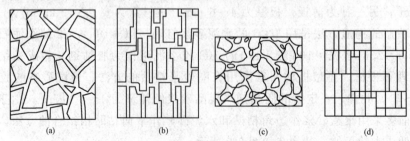

图 3-11　碎拼石材饰面

(a)折线纹；(b)竖线纹；(c)曲线纹；(d)垂直纹

二、贴挂类饰面

贴挂类饰图的构造层次是基层、浇筑层(找平层和粘结层)、饰面层。在饰面层与基层之间用挂接件连接固定。这是因为饰面的板材、块材尺度大，质量大，铺贴高度过高。为了加强饰面材料与基层的连接牢固，应将板材与基层绑或挂后，再灌浆固定。

贴挂类饰面构造与贴面饰面基本相同，它分为湿法挂贴(或称贴挂整体法构造)和干挂法固定(或称钩挂件固定法构造)两种。

1. 天然石材饰面湿法挂贴

天然石材可以加工成板材、块材和面砖而用作饰面材料。它具有强度高、质地密实、坚硬和色泽雅致等优点。由于其货源少、价格高，故常用于高级建筑装饰。天然石材按其厚度可分为厚型和薄型两种。通常厚度在 40 mm 以下的称为板材，即薄型；厚度在 40 mm 以上的称为块材，即厚型。常用的饰面石材有大理石、花岗石等。

(1)大理石饰面。大理石饰面板墙面湿法挂贴的构造层次分为基层、浇筑层、饰面层。大理石饰面对大理石的要求：光洁程度高、石质细密、棱角无损坏、色泽美观、无腐蚀斑点等。其构造过程如下：

①在施工前必须对饰面板在墙面和柱面上的分布进行排列设计。一般要考虑墙面的凹凸部位、门窗等开口部位的尺寸，应尽量均匀分配块面，并将饰面板的接缝宽度考虑在内。对于复杂的造型面，还应实测后放足尺大样进行校对，最后计算出板块的排布，并按安装顺序编号，绘制分块大样详图，作为加工订货及安装的依据。

②剔凿出结构施工时预埋的钢筋环或其他形式的预设铁件，然后插入 φ8 的竖向钢筋，在竖向钢筋的外侧绑扎横向钢筋，其位置应低于饰面板缝 2～3 mm，如图 3-12 所示。钢筋网必须按施工大样图要求的横竖距离焊接或绑扎，间距为 300～500 mm。钢筋骨架必须固定牢靠，不得有颤动和弯曲现象。如果结构基体未设预埋件，可在基体上用电钻打孔，并插入金属膨胀螺栓，将钢筋网焊接于螺栓的外露部分，并焊接横向钢筋。

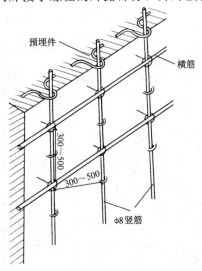

图 3-12　固定钢筋网(单位：mm)

③将饰面板预拼排号后，按顺序将板材侧面钻孔打眼。常见的孔有直孔斜孔、和牛鼻子孔。为使金属丝绑扎通过时不占饰面水平缝位置，应在板端边孔壁处用合金钢錾子剔凿一道深 5 mm 的凹槽，以便嵌入金属丝，如图 3-13 所示。

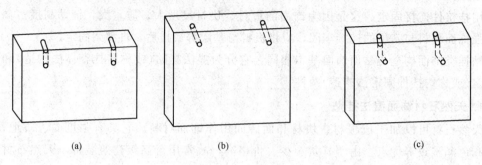

(a)　　　　　　　　　　(b)　　　　　　　　　　(c)

图 3-13　石板钻孔形式

(a)直孔；(b)斜孔；(c)牛鼻子孔

④绑扎固定饰面石板时，将 16 号不锈钢钢丝或铜丝穿入孔内，石板就位，然后将不锈钢钢丝或铜丝绑扎在墙体横筋上。从墙的最下一层饰面板开始安装，并用托线板靠直靠平，用木楔垫稳，然后在板块横竖接缝处每隔 100~500 mm 用糊状石膏浆做临时固定，待石膏灰浆凝结硬化后进行灌浆。灌浆时用 1:2.5 水泥砂浆分层灌注。每安装好一层饰面石板灌注一层，先灌至板高的 1/3，插捣密实，待其初凝后，再灌上部的浆，直至灌到板材上口以下 50~100 mm 处为止，余量作为上层板材灌浆接缝。如此依次逐层(排)向上绑扎并灌浆。在全部大理石板安装完毕后，再按饰面板的颜色调制水泥色浆嵌缝。其安装固定示意如图 3-14所示。

石板的接缝常用的有对接、分块、有规则、不规则、冰纹等几种形式。除破碎大理石面外，一般大理石接缝为 1~2 mm。大理石板的阴角、阳角的拼接，如图 3-15 所示。

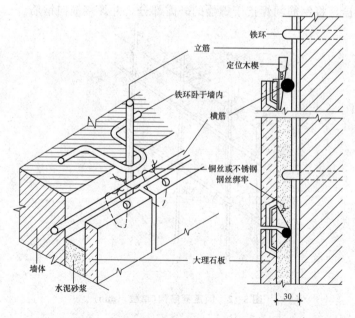

图 3-14　大理石墙面安装固定示意(单位：mm)

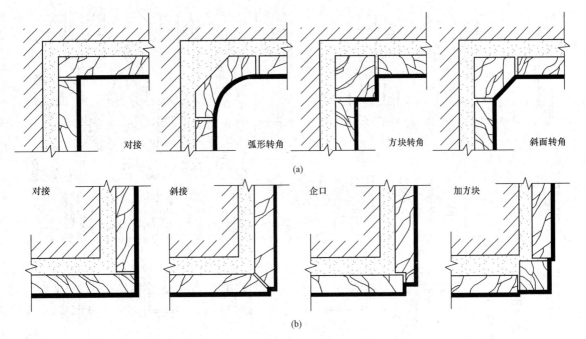

图 3-15　大理石墙面阴、阳角的拼接

(a)阴角拼接；(b)阳角拼接

(2)花岗石饰面。花岗石是火成岩中分布最广的岩石，是一种典型的深成岩，属于硬石。它由长石、石英和云母组成。其构造密实、抗压强度较高、孔隙率及吸水率较小、抗冻性和耐磨性能均好，并具有良好的抗风化性能。花岗石有不同的色彩，如墨、白、灰、粉红等，纹理多呈斑点状，其外观色泽可以保持百年以上，因而多用于重要建筑的外墙饰面。

由于花岗石石材较厚，质量大，钢丝绑扎的做法已不能适用，应采用连接件搭钩等方法，即板与板之间应通过钢销、扒钉等相连。在石材较厚的情况下，也可以采用嵌块、石榫，还可以开口灌铅或用水泥砂浆等加固。板材与墙体一般通过镀锌锚固件连接锚固，锚固件有扁条锚件、圆杆锚件和线形锚件等。因此，根据其采用的锚固件的不同，所采用板材的开口形式也各不相同。花岗石板材的开口形式如图 3-16 所示。锚固件的形式如图 3-17所示。

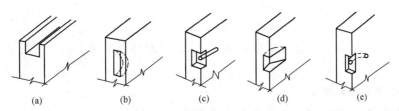

图 3-16　花岗石板材的开口形式

(a)扁条形；(b)片状形；(c)销钉形；(d)角钢形；(e)金属丝开口形

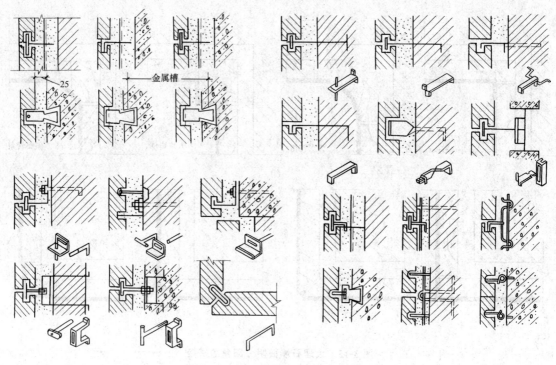

图 3-17 锚固件的形式(单位：mm)

用镀锌钢锚固件将细琢面花岗石板与基体锚固后，缝中分层灌注 1：2.5 的水泥砂浆，灌浆层的厚度为 25～40 mm，其他做法和大理石板材相同，如图 3-18 所示。

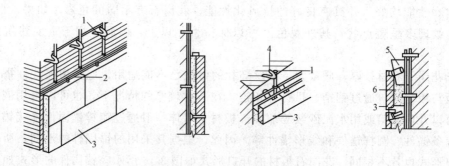

图 3-18　花岗石安装固定示意
1—钢筋；2—钻孔；3—石板；4—预埋筋；5—木楔；6—灌浆

较厚的板块材拐角，可做成 L 形错缝或 45°斜口对接、平接、搭接等形式，如图 3-19 所示。

2. 预制板块材湿法挂贴

常用的预制板块材料主要有水磨石、水刷石、斩假石、人造大理石等。它们要经过分块设计、制模型、浇捣制品、表面加工等步骤才能制成预制板。在预制板达到预定强度后，才能进行安装。预制板材有厚型和薄型之分。厚型厚度为 40～130 mm；薄型厚度为 30～40 mm。预制板的尺寸一般为长、宽各 1 m。

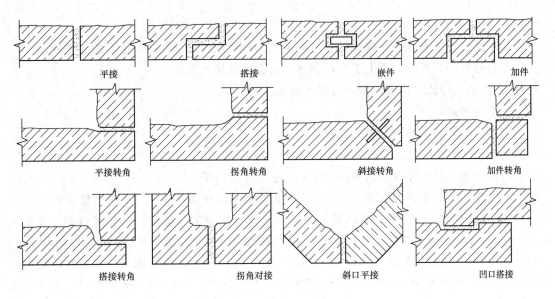

图 3-19　花岗石石板拼接

　　预制板材饰面的固定方法和天然大理石饰面相同。其通常先在墙体内预埋铁件,然后绑扎钢筋网,再通过预埋在预制板背后的钢丝甩头与钢筋网固定牢,与墙之间留 20 mm 左右空隙,最后灌缝。块材的固定与石材墙面相同,一般采用搭钩或锚固。块体的上、下两面留有孔槽作铁件固定和上、下行块材的接榫之用。块材的两个边缘都做成凹线,安装后可使墙面呈现出较宽的分块缝,而块材的实际拼缝宽约为 5 mm。

3. 外墙花岗石板材干挂法固定

　　干挂法是用不锈钢型材或连接件将板块支托并锚固在墙面上,将连接件用膨胀螺栓固定在墙面上,上、下两层之间的间距等于板块的高度。板块上的凹槽应在板厚中心线上,且应和连接件的位置相吻合。石材干挂安装构造如图 3-20 所示。

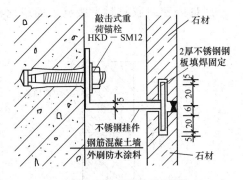

图 3-20　石材干挂安装构造(单位：mm)

干挂法较湿法挂贴有以下优点：

　　(1)石板与墙面形成的空腔内不灌水泥砂浆,避免了由水泥化学作用所造成的饰面石板表面发生花脸、变色、锈斑等严重问题,以及由于挂贴不牢而产生的空鼓、裂缝、脱落等问题。

　　(2)饰面石板分块独立地吊挂于墙面之上,每块石块的质量不会传给其他石板,且无水泥砂浆质量，减轻墙体负荷。

（3）干挂法施工进度快，周期短，且减少了工地现场的污染及清理现场的人工费用。

（4）吊挂件轻巧灵活，可上下左右调整，装修质量易于保证。

干挂法的工序比较简单，但也有以下缺点：

（1）造价较高。

（2）增大了外墙的装饰面积。

（3）必须由熟练的技术工人操作。

（4）对一些几何形体复杂的墙体或柱面，施工比较困难。

（5）干挂法只适用钢筋混凝土墙体，不适用烧结普通砖墙体和加气混凝土块墙体。

干挂法安装时，首先根据具体设计在墙体上按不锈钢膨胀螺栓位置钻孔打洞。孔径为 4.5 mm，洞深 65 mm（以 M10 mm×110 mm 膨胀螺栓为准），水平及垂直间距可见设计图。洞打好后，将不锈钢膨胀螺栓满涂“大力胶”一道，安入洞内，拧紧胀牢。然后在饰面石板顶边及底边距两侧边各 1/4 板长处，居于板厚中心，各开一个深 21 mm 的槽口。对质地疏松的石材，还要在板块背面刷胶粘剂，贴玻璃纤维网格布，并给予一定的固化时间，在此期间要防止受潮。

将不锈钢角钢挂件临时安装在 M10 mm×110 mm 的不锈钢膨胀螺栓上（螺母不要拧紧），再将不锈钢平板挂件用 φ8 mm 不锈钢螺栓临时固定在不锈钢角钢挂件上。

板材安装顺序自下而上分层进行。根据已选定的饰面石板编号，将石板临时就位，并将不锈钢板销插入石板孔，利用角钢挂件及平板挂件上的调整孔，对石板位置的准确度、垂直度及平整度等进行调整。

螺纹连接要牢固、可靠，板材与承托钢板装配连接后，在螺栓四周与挂件接触处及销钉孔隙等处，满涂“大力胶”一道（快干型）。

用干挂法施工工艺所装修的饰面石板墙面，其板缝应根据吊挂件的厚度来定，一般为 8 mm 左右。花岗石板材安装完毕后，可清扫拼接缝，填入泡沫聚乙烯嵌条，然后用打胶机进行硅酮密封胶涂封。一般硅酮密封胶只封平接缝表面或比板面稍凹些即可。石材干挂嵌缝处理如图 3-21 所示。

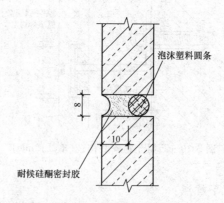

图 3-21　石材干挂嵌缝处理（单位：mm）

任务五　裱糊与软包类饰面构造

一、裱糊类饰面

　　裱糊类饰面是指采用建筑装饰卷材，通过裱贴或铺钉等方法覆盖于室内墙、柱、顶面及各种装饰造型构件表面的装潢饰面工程。在现在室内装饰中，经常使用的有壁纸、墙布、皮革及微薄木等。由于壁纸、墙布色彩和图案丰富，装饰效果好，因此被广泛应用于宾馆、酒店的标准房间及各种会议、展览和住宅卧室等场所。

裱糊工程施工工艺

(一)裱糊类饰面类型

　　裱糊类饰面按材料的特点和适用范围可分为表 3-2 中的几类。

表 3-2　裱糊类饰面的分类

品种	特点	适用范围
纸面纸基墙纸	在纸面上有各种压制和印制的压花或印花花纹图案的饰面材料。其透气性好，价格低，但不耐水、不耐擦洗，耐久性差且容易破裂	居住和公共建筑内墙面
塑料墙纸	以纸为基层，用高分子乳液涂布面层，经印花、压纹等工序制成的一种墙面装饰材料。它具有防水、耐磨、透气性良好，颜色、花纹、质感丰富多彩等优点，使用方便、操作简单、功效高、成本低	一般的公共建筑、民用住宅的内墙、顶棚、梁、柱等贴面装饰
天然材料墙纸	用草、麻、木材、草席、芦苇等材料制作而成。用它来装饰墙面，会营造出返璞归真、情趣自然的生活氛围	民用住宅
金属墙纸	在基层上涂金属膜制成的墙纸，具有不锈钢面和黄铜面的质感与光泽，可以给人一种金碧辉煌、豪华贵重的感觉	大厅、大堂等气氛热烈的场所
装饰墙布	以纯棉平纹布经前期处理、印花、涂层等工序制作而成。此种墙布的特点是强度大、静电小、蠕变形小、无光、吸声、无毒、无味，对施工人员和用户均无害，其花纹、色泽美观大方	宾馆、饭店、公共建筑和高级民用建筑中的装饰
无纺贴墙布	用棉、麻等天然纤维或涤纶、腈纶等合成纤维，经过无纺成形上树脂、印制花纹而成。它具有挺括、富有弹性、不易折断、纤维不老化的特点，对皮肤无刺激作用。其色彩鲜艳、图案雅致、粘贴方便，同时还具有一定的透气性和防潮性，可擦洗、不褪色	各种建筑物的室内墙面装饰，特别适用于高级宾馆、高级住宅
玻璃纤维贴墙布	以玻璃纤维布为基材，表面涂以耐磨树脂，印上彩色图案而制成。其色彩鲜艳、花色繁多，不褪色、不老化、防火、耐潮性较强，可用肥皂直接刷洗，施工简单、粘贴方便	宾馆、饭店、商店、展览馆、会议室、餐厅、民用住宅等建筑

(二)壁纸的裱糊构造

1. 基层处理

(1)裱糊前刮腻子,用砂纸磨平,使表面平整、光洁、干净,不疏松掉粉,并有一定强度。

(2)为了避免基层吸水过快,应进行封闭处理,即在基层表面满刷清漆一遍。

2. 壁纸预处理

为防止壁纸遇水后膨胀变形,壁纸裱糊前应做预处理。各种壁纸预处理方法见表3-3。

表3-3 各种壁纸预处理方法

类别	预处理方法
无毒塑料壁纸	裱糊前应先在壁纸背面刷清水一遍,立即刷胶;或将壁纸浸入水中3~5 min后,取出将水抖净,静置约15 min后,再进行刷胶
复合壁纸	不得浸水,裱糊前应先在壁纸背面涂刷胶粘剂,放置数分钟;裱糊时,应在基层表面涂刷胶粘剂
纺织纤维壁纸	不宜在水中浸泡,裱糊前宜用湿布清洁背面
金属壁纸	裱糊前浸水1~2 min,阴干5~8 min后在其背面刷胶

3. 裱糊壁纸

裱糊使用的胶粘剂可刷于基层,也可刷于壁纸背面,对于较厚的壁纸,应同时在纸背面和基层上刷胶粘剂。常用的胶粘剂有聚氨酯胶、粉状壁纸胶粘剂和压敏剂三种。

(1)聚氨酯胶粘贴强度高,耐水性好,固化快。

(2)粉状壁纸胶粘剂溶水速度快,溶水后无结块,胶液完全透明,易涂刷,不污染壁纸。

(3)压敏剂在粘贴时由于大量溶剂挥发受阻,会逐渐产生大量气泡,使用时应及时排除。

粘贴壁纸时要注意保持纸面平整,防止出现气泡,并对拼缝处压实。对于开关插座等凸出墙面的电气盒,裱糊前应先卸去盒盖。

(三)玻璃纤维墙布和无纺墙布裱糊构造

玻璃纤维墙布和无纺墙布都属于布基涂塑壁纸。不同的是玻璃纤维墙布是以玻璃纤维布作为基材,表面涂树脂,经染色、印花等工艺制成。玻璃纤维墙布强度大,韧性好,可用水擦洗,本身有布纹质感,经套色印花后有较好的装饰效果。但盖色力较差,当基层颜色有深有浅时,易在裱糊面上显现出来,且涂层一旦磨损破碎时,有可能散落出少量的玻璃纤维;无纺墙布是采用棉、麻等天然纤维或涤纶等合成纤维,经过无纺成形上树脂、印制彩色花纹而成的一种新型高级饰面材料。无纺墙布的优点是挺括,富有弹性,不易折断,表面光洁而又有羊绒质感,色彩鲜艳,图案雅致,不褪色,具有一定的透气性,可擦洗,施工简便。

玻璃纤维墙布和无纺墙布裱糊构造与壁纸裱糊构造基本相同,只是玻璃纤维墙布和无纺墙布不需做胀水处理。胶粘剂宜用聚醋酸乙烯乳液(俗称白乳胶)和羟甲纤维素溶液调配而成的胶液,如基层表面颜色较深时,可在胶液中掺入 10％(质量分数)白色涂料。且玻璃纤维布和无纺布背面不能刷胶粘剂,而应将胶粘剂刷在基层上。

(四)微薄木饰面构造

用微薄木装饰内墙具有护壁板的效果,价格也相对较低。微薄木是由天然名贵木材经机械旋切加工而成的薄木片,厚度只有 1 mm。其特点是厚薄均匀、木纹清晰、材质优良,并且保持了天然木材的真实质感。

微薄木的基本构造与裱贴墙纸相似。

(1)粘贴前用清水喷洒,然后晾至九成干,待受潮卷曲的微薄木基本展开后方可粘贴。

(2)微薄木要在绝对平整的墙面上粘贴,墙面上如有鼓包则不能贴,通常在基层上以化学糯糊加老粉调成腻子,满刷两遍,干后以 0 号砂纸打磨平整,再满涂清油一道。然后在微薄木背面和基层表面同时均匀涂刷胶液(聚醋酸乙烯乳液：108 胶＝7：3),不宜有漏胶的部位。涂胶后放置 15 min,当被粘贴表面胶液呈半干状态时,即可开始粘贴。

(3)接缝处采用衔接拼缝,在拼缝后立即用电熨斗熨平,直至墙面胶水随蒸汽渗入木质纤维后才会牢固。

(4)微薄木贴完后,若须进行漆饰处理,可按木材饰面的常规或设计要求进行。应需注意,无论采用何种漆饰工艺,要尽可能地将木材纹理显露出来。

二、软包类饰面

软包类饰面是以纺织物、皮革及人造革等与海绵复合而成的软包布饰面面层粘贴、固定在墙体基面上的装饰做法。由于可用作软包布的纺织物品很多,所以软包饰面绚丽多彩,或古朴典雅或高贵华丽,可以满足不同场合的装饰需求。软包布背面复合的海绵可厚可薄,这就使软包饰面具有不同的装饰效果,可根据装饰需要进行选择。

软包饰面具有质地柔软、保温性能好、消声消振、易清洁等特点,常被用于健身房、练功房、练习室、幼儿园等要求防止碰撞的房间的凸出墙面或柱面。在咖啡厅、酒吧、餐厅等公共场合,用皮革或人造革作墙裙显得舒适宜人,并容易保持清洁卫生。在录音室、小型影剧院或电话亭等处,有一定消声要求的墙面也经常会用到皮革或人造革。

1. 软包饰面构造

软包饰面由底层、吸声层、面层三大部分组成。其底层采用阻燃型胶合板、FC 板、埃特尼板等。FC 板或埃特尼板是以天然纤维、人造纤维或植物纤维与水泥等为主要原料,经烧结成型、加压、养护而成,比阻燃型胶合板的耐火性能高一级；吸声层采用轻质不燃、多孔材料,如玻璃棉、超细玻璃棉、自熄型泡沫塑料等；面层采用阻燃型高档豪华软包面料,常用的有各种人造皮革、特维拉 CS 豪华防火装饰布、针刺超绒、背面深胶阻燃型豪华装饰及其他全棉、涤棉阻燃型豪华软质面料。

其构造方法如下：对墙面应先进行防潮处理,先抹防潮砂浆,粘贴油毡。然后通过预埋木砖立墙筋,钉胶合板衬底,墙筋间距按皮革面分块,用钉子将皮革按设计要求固定在木筋上。皮革里面可衬泡沫塑料做成硬底,或衬棕丝、玻璃棉、矿棉等柔软材料做成软底。其构造如图 3-22 所示。

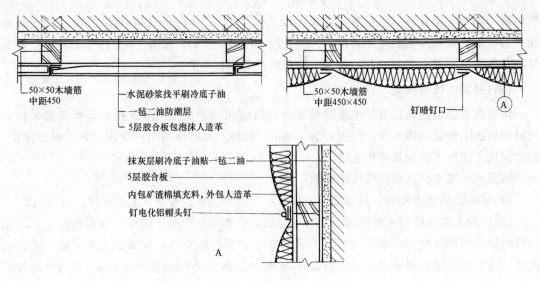

图 3-22　软包饰面构造(单位：mm)

2. 软包饰面的固定方法

软包面层常见的做法有两种：一是固定式软包；二是活动式软包。固定式软包做法也有两种：一种方法是采用暗钉将软包固定在骨架上，最后用电化铝帽头钉按划分的分格尺寸在每一分块的四角钉入固定；另一种方法是木装饰线条或金属装饰线条沿分格线位置固定。活动式软包做法是分件(块)采用胶合板衬板及软质填充材料分别包覆制作成单体，然后卡嵌于装饰线脚之间。皮革或人造革饰面的软包构造如图 3-23 所示。

软硬包施工工艺流程

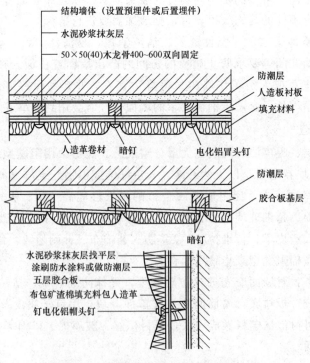

图 3-23　皮革或人造革饰面构造(单位：mm)

任务六　罩面板类饰面装饰构造

罩面板类饰面也称镶板类饰面，是指将各种饰面板，通过镶、钉、拼、贴等方法固定于墙面的墙体饰面做法。罩面板的品种繁多，通常包括木板、塑料板、铝合金板、铜合金板、彩色镀锌钢板、镜面不锈钢钢板、玻璃等。罩面板类饰面能改善墙体在保温、隔热、隔声、吸声、防潮、防火等方面的性能，具有耐久性好、装饰性强等优点，且施工方便，得到了广泛应用。

罩面板类饰面一般由龙骨和装饰面板(有的情况由龙骨、安装底板和装饰面板)组成。具体构造应视饰面板的材料特点及装饰设计要求而定。首先在基层上固定龙骨，然后在骨架上固定安装底板形成饰面板的结构层，利用粘贴、紧固件连接、嵌条定位等方法将饰面板固定在骨架上。

一、木质罩面板构造

木质罩面板是内墙装饰中常用的类型，其特点是使人感到温暖、舒适。若保持木材本身的纹理和色彩，其更显高贵、典雅。其一般适用宾馆、会议室和住宅等人们容易接触的部位。

常见木质罩面板的类型见表 3-4。

表 3-4　常见木质罩面板的类型

序号	类别	特征
1	胶合板	是将原木蒸煮软化，经旋切或刨切成薄片，由 3 层或多层(一般为 3～12 层)单板组合，并使相邻单板的纤维方向垂直胶合而成的一种木质人造板。胶合板幅面大，变形小，不易翘曲，各向同性，抗拉强度大，易于施工。其按夹板层数分为三夹板(厚 5 mm)和五夹板(厚 9 mm)。胶合板的常用幅面尺寸为 1 220 mm×2 440 mm、1 220 mm×2 135 mm
2	细木工板	又称大芯板，是由木条或木块组成板芯，两面贴合单板或胶合板的一种木质人造板。细木工板具有一定的强度，且易于加工，胀缩率小，是细木工装修的主要结构材料。细木工板的常用幅面尺寸为 1 220 mm×2 440 mm、1 220 mm×2 135 mm，常用厚度为 12 mm、15 mm、18 mm
3	纤维板	是以木本植物纤维或非木本植物纤维为原料，经施胶、加热、加压而制成的人造板，是替代木材及胶合板的最佳产品之一。纤维板的常用幅面尺寸为 1 220 mm×2 440 mm、915 mm×1 830 mm，常用厚度为 3 mm、5 mm
4	刨花板	是将木材加工剩余物、采伐剩余物、小径木或非木本植物纤维原料加工成刨花，加胶压制而成的人造板材，是替代木材、胶合板的理想产品。刨花板的常用幅面尺寸为 1 220 mm×2 440 mm、1 000 mm×2 000 mm，常用厚度为 13～20 mm
5	木线条材料	是装饰工程中各平接面、相交面、分界面、层次面、对接面的衔接口、交换条的收边封口材料，如木墙裙的压顶线、墙面装饰造型线、家具及隔断的收口线、装饰线等。木线条材料对装饰工程的质量、装饰效果有着举足轻重的影响。在装饰结构上起着固定、连接、加强装饰的作用，同时，也是平面构成和线形构成的重要角色

木质罩面板的基本构造有局部和全高两种构造形式。局部构造是指 0.9～1.2 m 的木墙裙；全高构造是指一直到顶的木护壁。影响其构造的因素主要有以下几点：

（1）木质饰面板的板缝处理。木质饰面板板缝的处理方法很多，主要有斜接密缝、平接留缝和压条盖缝。当采用硬木装饰条板为罩面板时，板缝多为企口缝。木质饰面板板缝构造如图 3-24 所示。

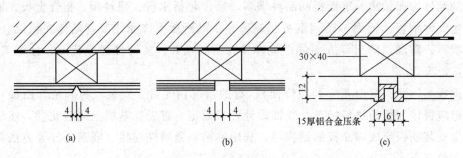

图 3-24　木质饰面板板缝构造（单位：mm）

(a)斜接密缝；(b)平接留缝；(c)压条盖缝

（2）踢脚板的处理。踢脚板的处理方式多种多样：一种是板直接到地留出线脚凹口；另一种是木质踢脚板与壁板做平，但上下留线脚。用得最多的还是外凸式与内凹式两种。踢脚板处理的具体做法如图 3-25 所示。

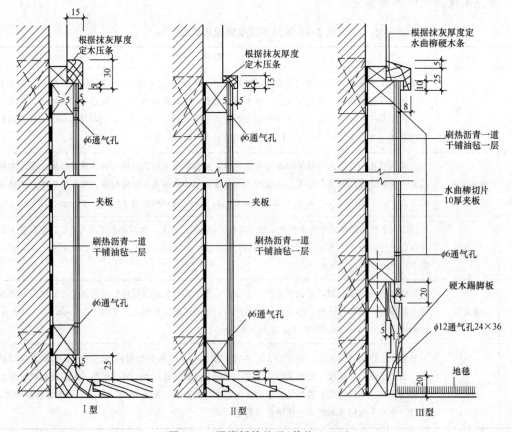

图 3-25　踢脚板的处理（单位：mm）

（3）木饰面板上部压顶处理。护墙板和木墙裙的上部压顶做法基本相同，只是护墙板通常是做到顶，上面的压顶可以与顶角的木制线条相结合；而木墙裙一般比较低，通常上部的压顶条与内窗的窗台线拉齐，也可做到 1 600 mm 以上，这样压顶条就位于一般人的视线以上，比较美观，如图 3-26 所示。

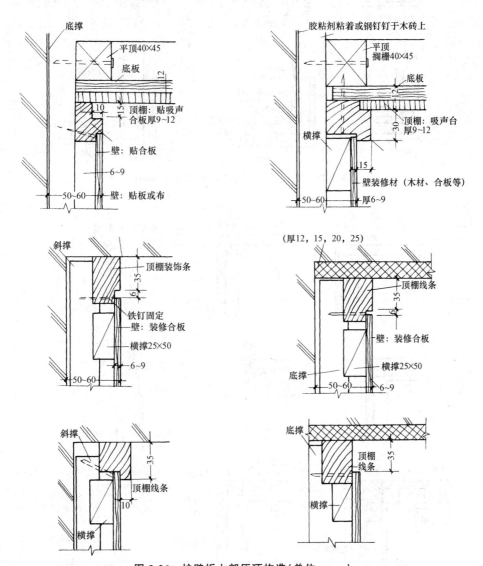

图 3-26　护壁板上部压顶构造(单位：mm)

（4）阴、阳角处理。阴角处理可采用对接、填块等方法，如图 3-27 所示；阳角处理可采用对接、斜口对接、企口对接、填块等方法，如图 3-28 所示。

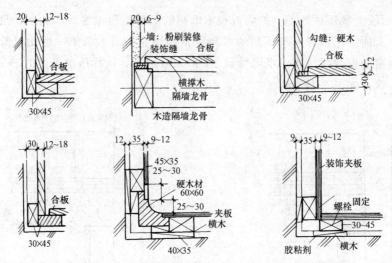

图 3-27 护壁板阴角装饰构造(单位：mm)

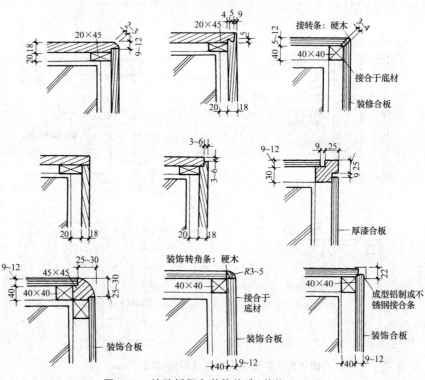

图 3-28 护壁板阳角装饰构造(单位：mm)

二、镜面玻璃饰面构造

镜面墙的构造有两种：一种是像面砖一样，直接用强力胶带将小块的镜面贴在砂浆找平层上，可以用金属或木制压条粘结，如图 3-29 所示；另一种是大型镜面玻璃墙，构造如图 3-30 所示。

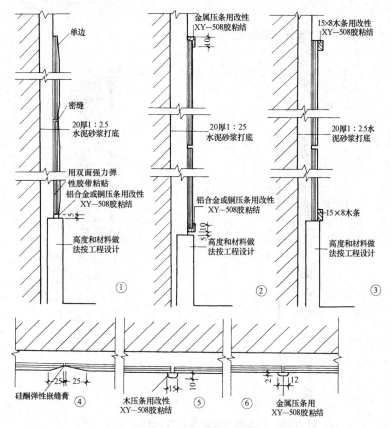

图 3-29　小块镜面墙装饰节点结构(单位：mm)

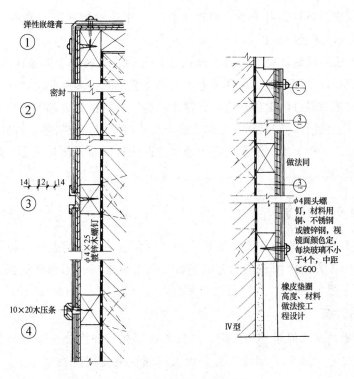

图 3-30　大型镜面玻璃墙构造(单位：mm)

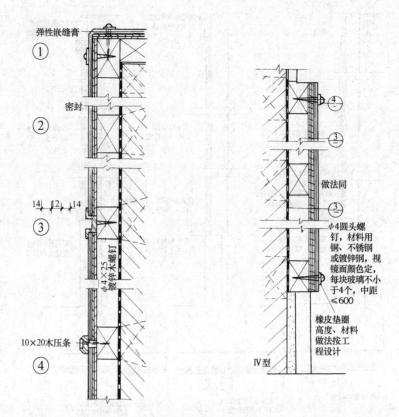

图 3-30　大型镜面玻璃墙构造(单位：mm)(续)

镜面玻璃墙的固定方法有以下几种：

(1)螺钉固定法。螺钉固定法是在玻璃上钻孔，用不锈钢螺钉直接把玻璃固定在墙筋(或衬板)上的方法，其适用面积为 1 m² 以下的小镜。

(2)粘贴固定法。粘贴法是将镜面玻璃用环氧树脂、玻璃胶直接粘在木衬板(镜垫)上，其适用面积为 1 m² 以下的镜面。在柱子上进行镜面装饰时，多用此法，比较方便。

(3)嵌钉固定法。嵌钉固定法是将嵌钉钉在墙筋上，将镜面玻璃的 4 个角压紧固定。玻璃安装时，从下往上进行，安装第 1 排时，嵌钉应临时固定，装好第 2 排后再拧紧。

(4)托压固定法。托压固定法主要靠压条和边框托将镜面托压在墙上。压条和边框有木材、塑料和金属型材。

三、金属薄板饰面构造

金属饰面板是利用一些轻金属，如铝、铜、铝合金、不锈钢或钢材等，经加工制成各类压型薄板。装饰工程中应用较多的有铝塑板、铝合金单板、不锈钢钢板、钛金板、彩色搪瓷钢板和铜合金板等。

1. 铝合金饰面板

铝合金饰面板根据几何尺寸的不同，可分为条形扣板和铝合金单板。其构造连接方式通常有两种：一是直接固定，即将铝合金板块用螺栓直接固定在型钢上，因其耐久性好，常用于外墙饰面工程，如图 3-31 所示；二是利用铝合金板材压延、拉伸、冲压成型的特点，做成各种形状，然后将其压卡在特制的龙骨上，这种连接方式适用内墙装饰，如图 3-32 所示。

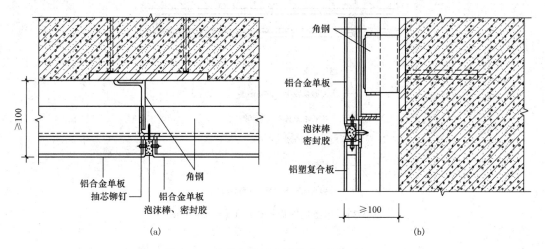

图 3-31　铝合金单板连接构造(单位：mm)
(a)横向截面；(b)纵向截面

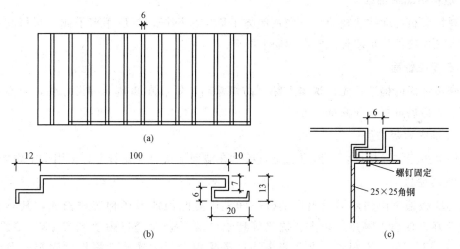

图 3-32　铝合金扣板构造(单位：mm)
(a)墙立面；(b)条板断面；(c)条板固定构造

2. 铝塑板饰面

铝塑板是两面均很薄的铝板，中间层为塑料的复合板材。铝塑板的墙(柱)面构造，与其他饰面板构造极为相似，都是在木或金属骨架上以多层胶合板或密度板作衬板找平，然后在衬板上固定铝塑板。

在室内，一般是将按设计尺寸裁切好的铝塑板块，直接用万能胶粘于衬板表面，饰面板分格缝以玻璃胶勾嵌；在室外，为保证铝塑板安装牢固，在按照设计的分格尺寸裁切铝塑板时，一般只将其面层铝皮及塑料夹层切断，而不断开底层铝皮，安装时，先用万能胶将铝塑板粘在衬板上，再用拉铆钉在未完全切断的板缝内将铝塑板的底层铝皮钉固定在衬板上，最后用玻璃胶勾嵌板分格板缝，如图 3-33 所示。

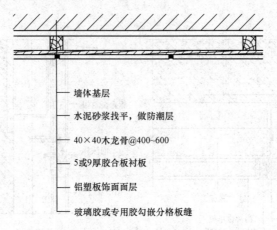

- 墙体基层
- 水泥砂浆找平，做防潮层
- 40×40木龙骨@400~600
- 5或9厚胶合板衬板
- 铝塑板饰面面层
- 玻璃胶或专用胶勾嵌分格板缝

图 3-33　铝塑板饰面构造墙面(单位：mm)

四、其他罩面板饰面构造

1. 塑料护墙板饰面

塑料护墙板饰面构造较简单，先在墙体上固定好搁栅，然后用卡子或与板材配套的专门的卡入式连接件将护墙板固定在搁栅上即可。

2. 石膏板饰面

石膏板饰面的构造首先在墙体上涂刷防潮涂料，然后在墙体上铺设龙骨，将石膏板钉在龙骨上，最后进行板面修饰。

3. 装饰吸声板饰面

装饰吸声板饰面构造，一般方法是直接贴在墙面上或钉在龙骨上，多用于室内墙面。

4. 夹芯墙板

夹芯墙板通常由两层铝或铝合金板中间夹聚氨酯泡沫或矿棉芯材构成，其具有强度高、韧性好、保温、隔热、防火、抗震等特点。墙板表面经过耐色光或 PVF 滚涂处理，颜色丰富，不变色、不褪色。夹芯墙板构造是采用专门的连接件将板材固定于龙骨或墙体上。

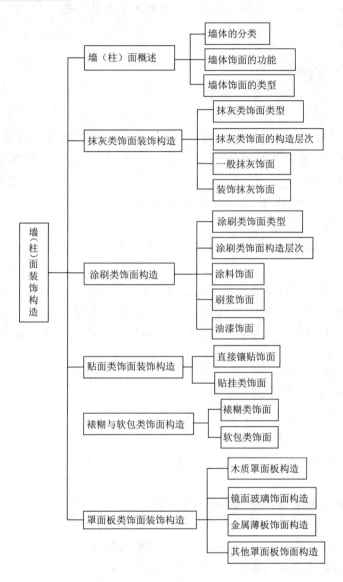

本项目主要介绍了抹灰类、涂刷类、贴面类、裱糊软包类、罩面板类墙（柱）面的构造形式。墙（柱）面装饰的基本功能是保护墙（柱）体，美化室内外环境，改善墙体的物理性能并更好地满足使用要求。墙体饰面类型，其中罩面板类和卷材类适用室内装饰，其他装饰方法在室、内外装饰中均适用。根据抹灰面层所用材料和施工方式的不同，抹灰类型有一般饰面抹灰和装饰抹灰两种类型。根据涂刷类材料的不同，涂刷类饰面可分为涂料饰面、

刷浆饰面和油漆饰面三大类。贴面类饰面可分为直接镶贴饰面和贴挂饰面。裱糊软包类饰面一般是指将各种墙纸、织物、金属墙纸、微薄木等卷材粘贴在内墙面的一种饰面。罩面板类饰面也称镶板类饰面，是指将各种饰面板，通过镶、钉、拼、贴等方法固定于墙面的墙体饰面做法。常见的清水墙体构造有清水砖墙和清水混凝土墙。

➤ 习　题

一、填空题

1. 抹灰类饰面包括_____和_____；贴面类饰面包括_____和_____等饰面；涂刷类饰面包括_____和_____等饰面。

2. 抹灰类饰面一般由_____、_____和_____组成。

3. 根据涂刷类材料的不同，涂刷类饰面可分为_____、_____和_____三大类。

4. 涂刷类饰面的涂层构造，一般可分为三层，即_____、_____和_____。

5. 建筑墙面装饰用的油漆一般都为_____。

6. 直接镶贴饰面大体上由_____、_____和_____组成。

7. 人造大理石饰面板是仿天然大理石的纹理预制生产的一种墙面装饰材料，大致可分为_____、_____、_____和_____四种。

8. 贴挂类饰面构造分为_____和_____两种。

9. 石板的接缝常用的有_____、_____、_____、_____等几种形式。

10. 裱糊壁纸时，常用的胶粘剂有_____、_____和_____三种。

11. 罩面板类饰面一般由_____和_____组成。

二、选择题

1. 对墙体进行装饰装修，首先要清楚墙体的（　　）。
   A. 高度　　　　　　　　　　　　B. 厚度
   C. 砌筑方法　　　　　　　　　　D. 结构类型

2. 抹灰类饰面的底层抹灰的厚度为（　　）mm。
   A. 1～5　　　　　　　　　　　　B. 5～10
   C. 10～15　　　　　　　　　　　D. 15～20

3. 一般来说，抹灰类饰面的中层抹灰所用材料与底层抹灰基本相同，厚度为（　　）mm。
   A. 1～5　　　　　　　　　　　　B. 5～12
   C. 10～15　　　　　　　　　　　D. 15～20

4. 小块天然石材规格面板的一般尺寸为（　　）。
   A. 300 mm×300 mm×20 mm　　　B. 500 mm×500 mm×20 mm
   C. 300 mm×300 mm×50 mm　　　D. 500 mm×500 mm×50 mm

5. 除破碎大理石面外，一般大理石接缝为（　　）mm。

  A. 0.5～1   B. 1～2

  C. 1.5～3   D. 2～3

三、问答题

1. 按受力情况不同，墙体是如何分类的？

2. 墙体饰面的功能是什么？

3. 简述抹灰饰面的优缺点。

4. 如何进行彩色抹灰？

5. 一般抹灰饰面是如何分级的？

6. 建筑涂料的施涂方法有哪些？

7. 简述陶瓷马赛克饰面的做法。

8. 简述玻璃马赛克的镶贴步骤。

9. 与湿法挂贴相比较，干挂法的优、缺点各是什么？

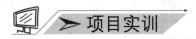

项目实训

住宅内墙面装饰构造设计

1. 实训目的

(1)通过本设计，掌握住宅建筑内墙面构造做法；

(2)训练识读和绘制住宅建筑内墙面各种装饰施工图的能力；

(3)根据不同的使用功能环境，合理选择墙面装饰类型，会正确处理不同材质相应处的细部构造。

2. 实训设计条件

(1)图 3-34～图 3-38 所示分别为某三室两厅住宅建筑装饰设计的平面布置图、客厅内墙立面图、卧室平面图和墙立面图、书房平面布置图和墙立面图、卫生间平面布置图和墙立面图，进行各房间墙面装饰构造施工图识读与绘制。

(2)根据立面图墙面装饰类型，选择饰面材料种类、色彩、规格，确定连接构造。

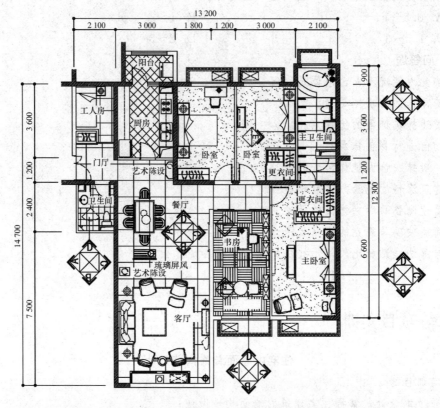

图 3-34　某住宅建筑装饰平面布置图(A—4 户型平面布置图)1：80(单位：mm)

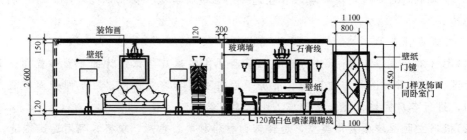

客厅A立面图1：100

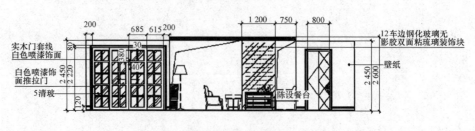

客厅B立面图1：100

图 3-35　某住宅建筑客厅内墙面装饰施工图(单位：mm)

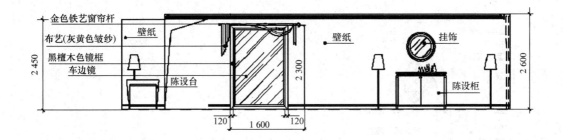

金色铁艺窗帘杆
布艺(灰黄色皱纱)
壁纸
壁纸
挂饰
黑檀木色镜框
车边镜
陈设台
陈设柜
2 450
2 300
2 600
120   1 600   120

客厅C立面图1:100

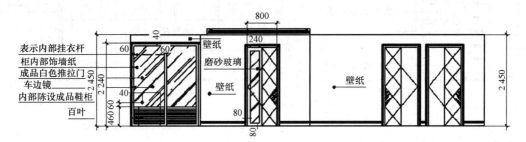

表示内部挂衣杆
柜内部饰墙纸
成品白色推拉门
车边镜
内部陈设成品鞋柜
百叶
壁纸
磨砂玻璃
壁纸
壁纸
800
240
40
60
60
2 240
2 450
40
460 60
80
80
2 450

客厅D立面图1:100

图3-35　某住宅建筑客厅内墙面装饰施工图(单位：mm)(续)

主卧室A立面图1:100　　主卧室B立面图1:100　　主卧室C立面图1:100　　主卧室D立面图1:100

图3-36　主卧室内墙立面装饰施工图(单位：mm)

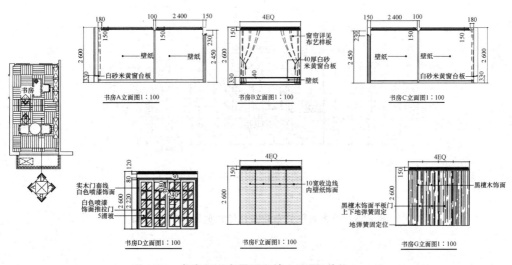

书房A立面图1:100　　书房B立面图1:100　　书房C立面图1:100

书房D立面图1:100　　书房F立面图1:100　　书房G立面图1:100

图3-37　书房平面布置图和墙立面图(单位：mm)

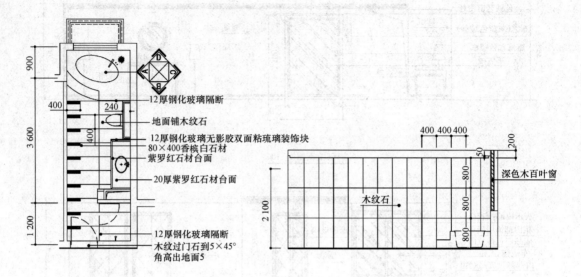

主卫生间 1:100

主卫生间A立面图 1:100

12厚钢化玻璃隔断
地面铺木纹石
12厚钢化玻璃无影胶双面粘琉璃装饰块
80×400香槟白石材
紫罗红石材台面
20厚紫罗红石材台面

12厚钢化玻璃隔断
木纹过门石到5×45°
角高出地面5

深色木百叶窗
木纹石

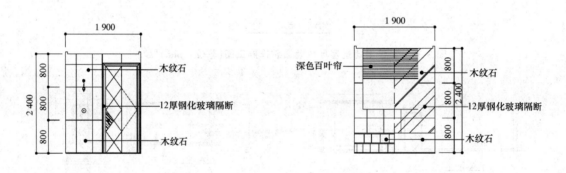

主卫生间B立面图 1:100

木纹石
12厚钢化玻璃隔断
木纹石

深色百叶帘
木纹石
12厚钢化玻璃隔断
木纹石

主卫生间D立面图 1:100

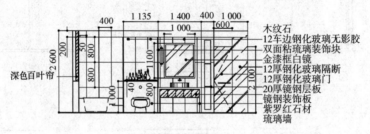

主卫生间C立面图 1:100

木纹石
12车边钢化玻璃无影胶
双面粘琉璃装饰块
金漆框白镜
12厚钢化玻璃隔断
12厚钢化玻璃门
20厚镜钢层板
镜钢装饰板
紫罗红石材
琉璃墙

深色百叶帘

图3-38 卫生间平面布置图及墙立面图(单位：mm)

3. 实训作业完成成果

(1)客厅、卧室平面布置图和立面图(比例 1∶50)。

(2)客厅、书房平面布置图和立面图(比例 1∶50)。

(3)客厅、卫生间平面布置图和立面图(比例 1∶50)。

(4)客厅、卧室、书房、卫生间墙立面节点详图(比例 1∶5～1∶10)。

4. 实训作业深度及绘图要求

(1)设计内容。

1)装饰平面施工图。装饰平面施工图主要说明在原有建筑图基础上进行平面功能组合及家具设备布置的图样。

2)装饰立面施工图。

3)装饰剖面施工图和详图。

(2)绘图要求。

1)用 A2 绘图纸,以铅笔或墨线笔绘制。

2)构造详图选择合适比例,学生自定。

3)图线粗细分明,字体工整。

4)要求达到装饰施工图深度,符合国家制图标准。

(3)图纸深度。

1)装饰平面施工图。

①标明室内平面功能的组织、房间的布局;

②原有建筑的轴线、编号及尺寸;

③标明建筑平面布置、空间的划分及分隔尺寸;

④标明家具、设备布局及尺寸、数量、材质;

⑤标明楼地面的平面位置、形状、材料、分格尺寸及工程做法;

⑥标明有关部位的详图索引;

⑦标明平面中各立面图内视符号;

⑧标明门、窗的位置尺寸和开启方向及走道、楼梯、防火通道、安全门、防火门或其他流动空间的位置和尺寸。

2)装饰立面施工图。

①标明室内轮廓线,墙面与吊顶的收口形式,可见的灯具的形式等;

②标明墙面装饰造型及陈设(如壁挂、工艺品等)、门窗、墙面造型壁灯、暖气罩等内容;

③标明饰面材料、造型及分格等(做法的标注采用细实线引出;图外标注 1 或 2 道竖向及水平向尺寸,以及楼地面、顶棚等的装饰标高;图内应标注主要装饰造型尺寸);

④标明立面装饰的造型、饰面材料的品名、规格、色彩和工艺要求;

⑤标明依附墙体的固定家具及造型;

⑥标明各种饰面材料的连接收口形式;

⑦标明索引符号、说明文字、图名及比例等。

3)装饰剖面施工图和详图。

①标明剖开部位的构造层次;

②标明造型材料之间的连接方法;

③标明构造做法和造型尺寸;

④标明装饰结构和装饰面上的设备安装方式和固定方法;

⑤标明装饰造型材料和建筑主体结构之间的连接方式与衔接尺寸;

⑥标明节点和构配件的详图索引。

5. 实训成绩考评

(1)成绩考核评分方法。设计成绩主要综合考虑以下几个方面:

1)平时成绩(包括纪律表现、学习态度、出勤和安全等),占30%。

2)绘制图纸,占70%。

(2)成绩评定标准(参考)。

根据以上考核项目,按优、良、中、及格、不及格等级制评定设计成绩。评分等级及标准参见表3-5。

表3-5 评分等级及标准

评分等级	评分标准
优	内容完整,正确; 图纸正确无误,图面整洁、有条理,图面效果美观; 图面各类标注完整、准确
良	内容完整,正确; 图纸正确无误,图面整洁、有条理,图面效果美观; 图面各类标注完整、准确
中	内容完整,正确; 图纸正确无误,图面整洁、有条理,图面效果美观; 图面各类标注较完整、准确
及格	基本达到绘图量及内容正确; 图纸设计正确,图面较整洁; 图面各类标注较完整
不及格	不能按时完成绘图量及内容的基本要求; 图面不清晰,各类标注不完整

6. 实训小结

(1)本实训主要要求掌握墙面饰面的构造设计,要求设计图纸规范,深度达到装饰施工图要求,同时,对不同材料之间相交处的细部构造表达清楚。

(2)在完成实现工作以后,组织自评、互评等方式,进行最终评定。

(3)展示设计成果,相互交流。

项目四　顶棚装饰构造

项目导入

　　建筑内部空间相对于生活在其中的人来说是一个六面体，除了地面和四面墙壁外，剩下的只有上部的界面——顶棚。顶棚是室内装饰的一个重要组成部分。对顶棚形式及构造方法的选择，应从使用要求、安全要求、经济条件和美观等多个方面综合考虑(图 4-1)。那么，顶棚装饰都有哪些形式？其装饰构件组成和装饰是怎样来实现呢？

图 4-1　顶棚装饰

教学目标

　　通过本项目内容的学习，能够认识和了解顶棚的分类，熟悉各种顶棚装饰的目的和要求；掌握顶棚结构和顶棚构造设计；熟悉直接喷刷、粘贴、裱糊类顶棚构造的做法，掌握直接固定装饰板顶棚的构造与装饰线脚的固定方法；熟悉悬吊式顶棚的构造组成，掌握悬吊式顶棚的基本构造及其做法；掌握木龙骨吊顶、金属龙骨吊顶的构造及其做法；了解开敞式悬吊式顶棚和软质发光顶棚的构造；掌握顶棚与窗帘盒、灯具、空调风口等相关部位的装饰构造做法。

教学要求

知识要点	能力目标
顶棚概述	学习顶棚的概念，能够描述顶棚的分类、顶棚的装饰目的及要求
直接式顶棚装饰构造	根据直接式顶棚的装饰构造，能够描述直接喷刷、粘贴、裱糊类顶棚和直接固定装饰板顶棚的构造

知识要点	能力目标
悬吊式顶棚装饰构造	根据悬吊式顶棚的装饰构造，能够描述悬吊式顶棚的组成，具备悬吊式顶棚的构造设计能力
木龙骨吊顶装饰构造	根据木龙骨吊顶骨架构造设计，具备木龙骨吊顶设计能力
金属龙骨吊顶装饰构造	根据金属龙骨吊顶骨架构造设计，具备金属龙骨吊顶设计能力
其他吊顶构造	根据开敞式顶棚的装饰构造，能进行开敞式吊顶的装饰构造设计
吊顶特殊部位及细部构造	根据顶棚与其他部位相关的装饰构造，能进行窗帘盒、灯具、空调口等部位的构造设计

素养目标

1. 具有吃苦耐劳、爱岗敬业的职业精神。
2. 有效地计划并实施各种活动。
3. 查阅及整理资料，具有分析问题、解决问题的能力。

任务一　顶棚概述

顶棚是指位于建筑物楼盖和屋盖下的装饰构件又称天棚，是建筑室内空间的顶界面，在室内空间中占据十分重要的位置。

一、顶棚的分类

顶棚按其饰面与基层的关系可分为直接式顶棚与悬吊式顶棚两大类。

(1)直接式顶棚是在屋面板或楼板结构底面直接做饰面材料的顶棚(图4-2)。其构造简单、构造层厚度小、施工方便，不但可取得较高的室内净空，而且造价较低。其没有隐蔽管线、设备的内部空间，只适用普通建筑或空间高度受到限制的房间。

直接式顶棚按施工方法可分为直接式抹灰顶棚、直接式喷刷顶棚、直接式裱糊顶棚、直接固定装饰板顶棚及结构顶棚。

(2)悬吊式顶棚是指顶棚的装饰表面悬吊于屋面板或

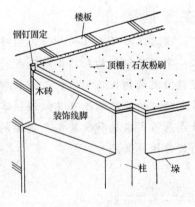

图4-2　直接式顶棚

楼板下，并与屋面板或楼板留有一定距离的顶棚(图4-3)。悬吊式顶棚可结合灯具、通风口、音响、喷淋、消防设施等进行整体设计，形成变化丰富的立体造型，以改善室内环境，进而满足不同的使用要求。悬吊式顶棚的类型很多，主要有以下几种：

1)按外观分为平滑式顶棚、井格式顶棚、叠落式顶棚、悬浮式顶棚。

2)按龙骨材料分为木龙骨悬吊式顶棚、轻钢龙骨悬吊式顶棚、铝合金龙骨悬吊式顶棚。

3)按饰面层和龙骨的关系分为活动装配式悬吊式顶棚、固定式悬吊式顶棚。

4)按顶棚结构层的显露状况分为开敞式悬吊式顶棚、封闭式悬吊式顶棚。

5)按顶棚面层材料分为木质悬吊式顶棚、石膏板悬吊式顶棚、矿棉板悬吊式顶棚、金属板悬吊式顶棚、玻璃发光悬吊式顶棚、软质悬吊式顶棚。

6)按顶棚受力大小分为上人悬吊式顶棚、不上人悬吊式顶棚。

7)按施工工艺分为暗龙骨悬吊式顶棚、明龙骨悬吊式顶棚。

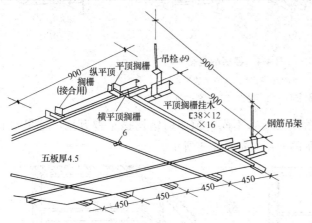

图 4-3 悬吊式顶棚(单位:mm)

顶棚装饰工程施工

吊顶工程

二、顶棚装饰的目的及要求

1. 顶棚装饰的目的

(1)从空间、光影、材质等方面渲染室内环境、烘托气氛,改善室内环境。

(2)隐蔽各种设备管道和装置,并便于安装与检修。

2. 顶棚装饰的要求

(1)保证室内空间的舒适,包括有足够的高度和合适的色彩。

(2)燃烧性能和耐火极限应满足防火规范的要求。

(3)构造应充分考虑对室内光、声、热等环境的改善。

(4)必须有足够的安全性。

(5)装饰材料的选用应满足无毒、无环境污染的"绿色"要求。

三、顶棚结构

1. 楼板下层的顶棚结构

楼板可分为砖拱楼板、木楼板、现浇钢筋混凝土楼板和预制钢筋混凝土楼板四种,如图 4-4 所示。

(1)木楼板由木质梁和木质地板构成,这种楼板目前工程上很少采用。砖拱楼板的自重大、抗震性能差,目前很少使用。

(2)钢筋混凝土楼板目前在工程上得到了广泛采用,它又可分为现浇钢筋混凝土楼板和预制钢筋混凝土楼板。

（3）现浇钢筋混凝土楼板的整体性好、抗震性能强，能适应各种建筑平面构件形状的变化，常用的有板式和梁板式两种。

（4）预制钢筋混凝土楼板，常见的有预制实心板、空心板、槽形板、T形板等，其中空心板又有圆孔和方孔两种。需要注意的是，在空心板上不能随便开洞。

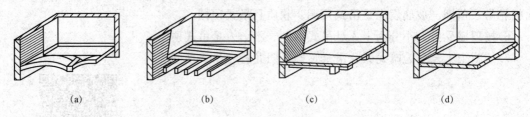

（a） （b） （c） （d）

图 4-4　楼板的类型

（a）砖拱楼板；（b）木楼板；

（c）现浇钢筋混凝土楼板；（d）预制钢筋混凝土楼板

由于各种楼板的结构不同，吊顶的要求不同，顶棚的结构也千差万别，这里对直接式顶棚结构和悬吊式顶棚结构做简单的介绍，如图 4-5 所示。

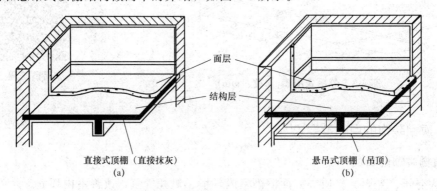

直接式顶棚（直接抹灰）　　　　悬吊式顶棚（吊顶）
（a）　　　　　　　　　　　　（b）

图 4-5　楼板层的顶棚处理方式

（a）直接式顶棚结构；（b）悬吊式顶棚结构

2. 屋顶下面的顶棚结构

屋顶按承重结构形式和屋面材料的不同，主要分为平屋顶、坡屋顶和曲面屋顶等。屋顶不同，顶棚结构也不同，如图 4-6 所示。

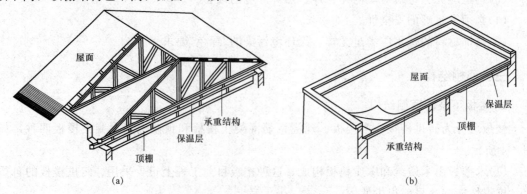

（a）　　　　　　　　　　　　　（b）

图 4-6　屋顶的顶棚组成

（a）坡屋顶顶棚结构；（b）平屋顶顶棚结构

坡屋顶下面的顶棚处理绝大多数采用悬吊式顶棚，而平屋顶顶棚采用直接式或悬吊式都可以。

四、顶棚构造设计注意事项

顶棚装饰是技术要求比较复杂、难度较大的装饰工程项目，必须结合建筑内部的体量、装饰效果的要求、经济条件、设备安装情况、技术要求及安全问题等各方面来综合考虑。

在吊顶构造设计中应注意下列事项：

(1)顶棚的装饰必须满足装饰美观的要求，注意饰面板的拼缝处理。

(2)根据顶棚的荷载或特殊要求，选择相应的吊顶构造，确保吊点、吊杆、龙骨、面板的连接要牢固。

(3)吊顶材料和型号需满足耐燃防火性能的要求；满足质量轻，光反射率高，较高隔声、吸声、保暖、隔热的要求，同时，还必须满足耐久性及使用期限的要求。

(4)注意结合实际处理特殊部位的装饰构造。

(5)吊顶构造应易制作安装施工，便于更新。

(6)满足相应的经济要求等。

任务二　直接式顶棚装饰构造

直接式顶棚是在屋面板、楼板等底面直接进行喷浆、抹灰、粘贴壁砖、粘贴面砖、粘贴或钉接石膏板条与其他板材等的饰面材料。有时，不使用吊杆直接在楼板底面铺设固定龙骨做成的结构顶棚也归于此类，如直接粘贴石膏装饰板顶棚。

直接式顶棚一般具有构造简单，构造层厚度小，可以充分利用空间获得多种装饰效果，材料用量少，施工方便，造价较低等特点。这类顶棚没有供隐藏管线等设备、设施的内部空间。故小口径的管线应预埋在楼屋盖结构及其构造层内，而大口径的管道无法解决。这一类顶棚通常用于普通建筑或室内建筑空间高度受到限制的场所。

一、直接抹灰、喷刷、裱糊类顶棚构造

此类顶棚构造主要由基层处理、中间层和饰面面层组成。其中，基层处理是为了保证饰面的平整，增加抹灰层与基层粘结力。中间层主要是为了找平和粘结，还可以弥补底层砂浆的干缩裂缝。其厚度一般不超过 10 mm。中间层抹灰材料与基层相同。饰面面层为了满足装饰和使用功能要求，应平整、无裂纹。图 4-7～图 4-9 所示为直接抹灰、裱糊、喷刷类顶棚构造示意。

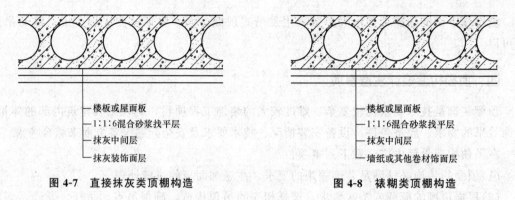

图 4-7　直接抹灰类顶棚构造

楼板或屋面板
1:1:6混合砂浆找平层
抹灰中间层
抹灰装饰面层

图 4-8　裱糊类顶棚构造

楼板或屋面板
1:1:6混合砂浆找平层
抹灰中间层
墙纸或其他卷材饰面层

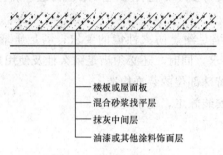

楼板或屋面板
混合砂浆找平层
抹灰中间层
油漆或其他涂料饰面层

图 4-9　喷刷类顶棚构造

二、直接贴面类顶棚构造

直接贴面类顶棚即在房屋顶面找平层上直接粘贴装饰材料。常见的有粘贴面砖等块材和粘贴固定石膏板或石膏条等。此类顶棚构造中基层处理、中间层与抹灰、喷刷、裱糊类，面层粘贴面砖均与墙面装饰构造相同。粘贴固定石膏板或条时，宜采用钉粘配合。具体做法是在结构和抹灰层上钻孔，并埋置锥形木楔或塑料胀管；在板或条上钻孔，粘贴板或条时，用木螺钉辅助固定。

三、直接固定装饰板顶棚构造

直接固定装饰板顶棚构造不同于悬吊式顶棚，这类顶棚不使用吊杆，直接将龙骨固定在结构楼板底面。固定龙骨多采用方木做龙骨，断面尺寸宜为 40 mm×(40~50)mm。龙骨的固定方法一般采用胀管螺栓或射钉将连接件固定在楼板上。顶棚较轻时，也可采用冲击钻打孔，埋设锥形木楔的方法固定。装饰面板常用胶合板、石膏板等板材直接与木龙骨钉接。图 4-10 所示为直接固定装饰板顶棚构造示意。

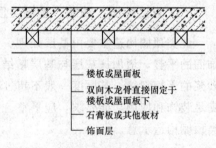

楼板或屋面板
双向木龙骨直接固定于楼板或屋面板下
石膏板或其他板材
饰面层

图 4-10　直接固定装饰板顶棚构造示意

四、直接式顶棚的装饰线脚

直接式顶棚的装饰线脚是安装在顶棚与墙顶交界部位的线材，简称装饰线。其作用是满足室内的艺术装饰效果和接缝处理的构造要求。直接式顶棚的装饰线可采用粘贴法或直接钉固法与顶棚固定。下面分别介绍木线、石膏线、金属线的构造方法。

（1）木线是采用质硬、木质较细的木料经定型加工而成，其构造方法是在墙内预埋木砖，再用直钉固定，要求线条挺直、接缝严密。

（2）石膏线是采用石膏为主的材料经定型加工而成，其正面具有各种花纹图案，其构造方法是用粘贴法固定。要求在墙面与顶棚交接处联系紧密，避免因产生缝隙而影响美观。

（3）金属线包括不锈钢线条、铜线条、铝合金线条等，常用于办公室、会议室、电梯间、楼梯间、走道及过厅等场所，其装饰效果给人以轻松之感。金属线的断面形状很多，在选用时要和墙面与顶棚的规格及尺寸配合好，其构造方法是用木衬条镶嵌、万能胶粘固。

任务三 悬吊式顶棚装饰构造

悬吊式顶棚是指顶棚的装饰表面与上层楼板（屋面板）之间留有一定的距离。在这一空间中，通常要布置各种管道和设备，如灯具、空调、风道、灭火系统管线、烟感器等。悬吊式顶棚内部空间的高度在没有功能要求以及室内空间体量无特殊要求时，宜小不宜大，以节约材料和造价。如有管道和设备敷设，必要时应铺设检修走道以便检修，防止踩坏面层。悬吊式顶棚通常还利用这段悬挂距离，以及悬吊式顶棚的布设形式不必与结构层形式相同这一特点，使顶棚在空间高度上产生变化，形成一定的立体外观。一般来说，悬吊式顶棚的装饰效果较好，形式变化丰富，适用中、高档次的建筑顶棚装饰。

一、悬吊式顶棚构造组成

悬吊式顶棚一般由基层、面层、吊筋三大基本组成部分组成。

1. 基层

基层即顶棚骨架层，包括由主龙骨、次龙骨、小龙骨（或称为主搁栅、次搁栅）所形成的网格骨架体系。其作用主要是承受顶棚的荷载，并由它将这一荷载通过吊筋传递给楼板或屋顶的承载结构。常用的基层有木基层和金属基层两大类。

吊顶工程

（1）木基层由主龙骨、次龙骨组成。其中，主龙骨断面一般为 50 mm×70 mm，钉接或拴接在吊杆上，主龙骨间距一般为 1.2～1.5 m。次龙骨断面一般为 50 mm×50 mm，再用 50 mm×50 mm 的木方吊挂钉牢在主龙骨的底部，并采用金属连接加固。次龙骨的间距按板材规格及板材间缝隙大小确定，一般不大于 600 mm。

固定板材的次龙骨通常双向垂直布置，其中一个方向的次龙骨断面为 50 mm×50 mm，钉接在主龙骨上；另一个方向的次龙骨一般为 30 mm×50 mm，可直接钉接在 50 mm×50 mm 的次龙骨上。

（2）常见的金属基层有轻钢基层和铝合金基层两种。铝合金基层龙骨是目前在各种吊顶中用得较多的一种吊顶龙骨，常用的有 T 形、U 形、LT 形以及采用嵌条式构造的各种特制龙骨。LT 形龙骨主要由大龙骨、中龙骨、小龙骨、边龙骨及各种连接件组成。大龙骨又分为轻型系列、中型系列、重型系列。轻型系列龙骨高度为 30 mm 和 38 mm；中型系列龙骨高度为 45 mm 和 50 mm；重型系列龙骨高度为 60 mm。中部中龙骨的截面为倒 T 形，边部中龙骨的截面为 L 形。中龙骨的截面高度为 32 mm 和 35 mm。小龙骨的截面为倒 T 形，其截面高度为 22 mm 和 23 mm。

轻钢基层主龙骨一般用特制的型材，截面多为 U 形，故又称 U 形龙骨系列。U 形龙骨系列由大龙骨、中龙骨、小龙骨、横撑龙骨及各种连接件组成。其中大龙骨，按其承载能力分为轻型、中型、重型三级，轻型大龙骨不能承受上人荷载；中型大龙骨，能承受偶然上人荷载，也可在其上铺设简易检修走道；重型大龙骨能承受 800 N 的上人检修集中荷载，并可在其上铺设永久性检修走道。大龙骨的高度分别为 30～38 mm、45～50 mm、60～100 mm；中龙骨的截面宽度为 50 mm 或 60 mm；小龙骨的截面宽度为 25 mm。

2. 面层

面层的作用是装饰室内空间，其还具有吸声、光反射等功能。另外，面层的构造设计还要结合灯具、风口布置等一起进行。

顶棚饰面面层一般分为板材类及格栅类。常用顶棚饰面板材及特点见表 4-1。

表 4-1　常用顶棚饰面板材及特点

序号	类别	特点及适用范围
1	纸面石膏板、石膏装饰板	具有质量轻、强度高、阻燃防火、保温隔热等特点，其加工性能好，可锯、钉、粘贴，施工方便
2	矿棉吸声板	具有质量轻、吸声、防火、保温隔热、美观、施工方便等特点，适用各类公共建筑的顶棚
3	珍珠岩吸声板	具有质量轻、装饰效果好、防火、防潮、防蛀、耐酸、可锯、可割、施工方便等特点，多用于公共建筑的顶棚
4	钙塑泡沫吸声板	具有质量轻、吸声、隔热、耐水及施工方便等特点，适用公共建筑的顶棚
5	金属微穿孔吸声板	利用各种不同穿孔率的金属板来达到降低噪声的目的。选用材料有不锈钢、防锈铝合金板、彩色镀锌钢板等。这类板材具有质量轻、强度高、耐高温、耐腐蚀、防火、防潮、化学稳定性好、组装方便等特点，适用各类公共建筑的顶棚
6	穿孔吸声石棉水泥板	这种板材的图案种类很多，还可根据要求进行板面设计。其质量稍大，但防火、耐腐蚀、吸声效果好，适用地下建筑、需要降低噪声的公共建筑和工业厂房的顶棚
7	贴塑吸声板	这种板材具有热导率低、难燃、吸声性能好等特点，适用各类公共建筑的顶棚
8	珍珠岩植物复合板	这种板材具有防火、防水、防霉、防蛀、吸声、隔热等特点，并可锯、可钉，加工方便，适用公共建筑的顶棚
9	铝制格栅板	为条状，质量轻，可横纵交叉安装形成网格状。其视觉效果通透，一般用于大型公共空间，如商业、娱乐健身场所

3. 吊筋

吊筋是连接龙骨和承载结构的承载传力构件。吊筋的作用主要有以下两个：

(1)承受顶棚的荷载，并将这一荷载传递给屋面板、楼板、屋顶梁、屋架等部位。

(2)用来调整、确定悬吊式顶棚的空间高度，以适应不同场合、不同功能的需要。

吊筋的形式和材料的选用，与吊顶的自重及吊顶所承受的灯具、风口等设备荷载的大小有关，也与龙骨的形式、材料，屋顶承载结构的形式、材料等有关。吊筋一般分为木制吊筋和金属吊筋两大类。其中，木质吊筋用木方制作，金属吊筋常用钢筋和型钢制作。木方一般用于木基层顶棚，并采用金属连接件加固。

型钢用于重型顶棚或整体刚度要求高的顶棚；钢筋用于一般顶棚。若采用钢筋做吊筋，

直径一般不小于 φ8 mm，吊筋应与屋顶或楼板结构连接牢固。钢筋与骨架可采用螺栓连接，挂牢、焊接在结构楼板中的预埋铁件上。木骨架也可以用 50 mm×50 mm 的木方做吊筋。

二、悬吊式顶棚的构造做法

悬吊式顶棚的结构构造如图 4-11 所示。

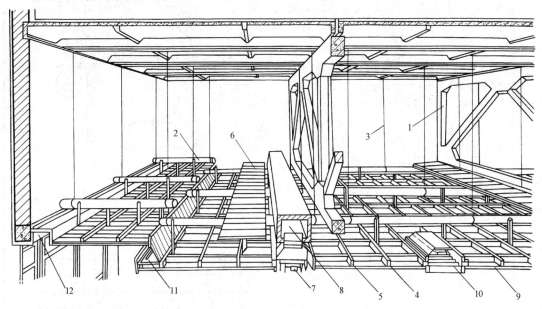

图 4-11 悬吊式顶棚的结构构造

1—屋架；2—主龙骨；3—吊筋；4—次龙骨；5—间距龙骨；6—检修走道；

7—出风口；8—风道；9—吊顶面层；10—灯具；11—灯槽；12—窗帘盒

(一)吊杆与吊点的设置

吊点应按设计要求均匀设置，若荷载没有变化时应增设吊点。吊杆与楼板的连接方式见表 4-2。

表 4-2 吊杆与楼板的连接方式　　　　　　　　　　　　　　　　　　mm

序号	方法	图例
1	将吊杆直接插入预制板的板缝，并用 C20 细石混凝土将板缝灌实	缝宽 100 100 φ10钢筋 φ10钢筋 焊接 C20细石混凝土灌缝 φ10钢筋吊钩 >100 焊接 >30 φ6或φ8钢筋吊杆

序号	方法	图例
2	将吊杆钩于钢筋混凝土板底预埋件焊接的铁制半圆环上	
3	将吊杆钩于焊有半圆环的钢板上，并将此钢板用射钉固定于钢筋混凝土板底	
4	在预制板的板缝中先埋下 Φ10 钢筋，并将顶棚的吊杆焊于钢筋上，板缝用 C20 细石混凝土灌实	

序号	方法	图例
5	在钢筋混凝土板底预埋件上，焊 φ10 连接钢筋，并把吊杆焊在连接钢筋上	
6	将吊杆钩于板底附加的∟50×5上，角钢用射钉固定于钢筋混凝土板底	
注		

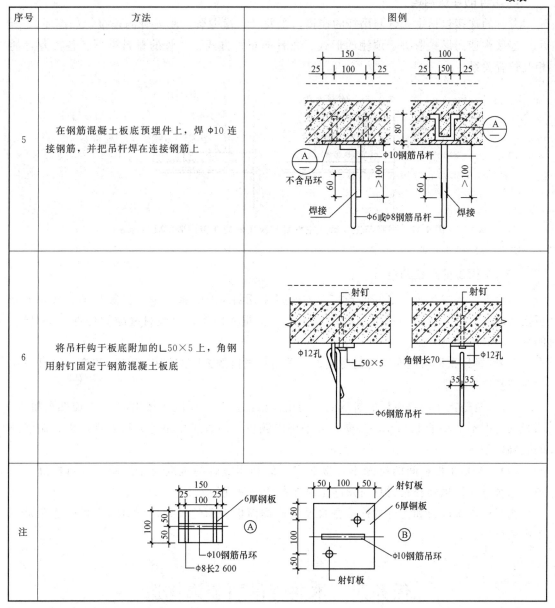

(二)龙骨的布置与连接构造

1. 龙骨的布置

龙骨的布置主要是控制其刚度、标高和水平度。顶棚的整体刚度与主龙骨和吊杆有关，主要通过龙骨的材质、截面尺寸和吊杆的材质、间距来综合考虑控制。为保证顶棚的平度，消除视觉误差，当顶棚的跨度较大时，顶棚的中部应适当起拱，起拱的幅度一般对于7～10 m 的跨度，按 3/1 000 起拱；对于 10～15 m 的跨度，按 5/1 000 起拱。

顶棚的龙骨布置宜遵循以下原则：主龙骨的布设应与次龙骨及饰面板的短边方向垂直，主龙骨与次龙骨、次龙骨与小龙骨，以及小龙骨与横撑龙骨之间互为垂直关系。有特殊要求时还应满足装饰造型的需要和设备布置的需要。

2. 龙骨的连接构造

龙骨的连接包括主龙骨与吊杆的连接，主龙骨与次龙骨、小龙骨的连接，如图4-12所示。连接构造的形式取决于顶棚的形式、龙骨的布置方式、龙骨的材料类型、各类龙骨的相互位置关系。

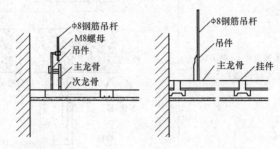

图4-12　吊杆与主龙骨、主龙骨与次龙骨的连接构造(单位：mm)

(三)饰面层的连接构造

顶棚饰面板材与龙骨之间的连接，通常可采用钉、粘、搁、卡、挂等几种方式。饰面板之间的缝隙，是影响顶棚面层装饰效果的一个重要因素。对板材缝隙的处理，有对缝、凹缝、盖缝等几种方式。

(1)对缝是指板与板在龙骨处对接，多采用粘或钉的方法对饰面板进行固定。这种方法的拼缝易产生不平。

(2)凹缝是指在两块面板的拼缝处，利用面板的形状、厚度等做出的V形或凹形拼缝。凹缝的宽度不应小于10 mm，必要时应采用涂颜色、加金属压条等方法处理，以强调线条的装饰效果。

(3)盖缝是指板材间的拼缝不直接显露，即利用龙骨的宽度或专门的压条将拼缝盖起来。这种方法可以弥补板材自身及施工时在拼缝处呈现的不足。

为了修饰饰面板和龙骨的连接方式及突出饰面板表面的效果，可对饰面板的边角进行不同的处理。

任务四　木龙骨吊顶装饰构造

木龙骨吊顶构造简单，施工方便，具有自然、亲切、温暖及舒适的感觉。实木顶棚无污染，有天然芳香，可以营造理想的绿色居住生活环境。

一、木龙骨吊顶骨架

木龙骨吊顶的骨架层采用木材制作，由主龙骨、次龙骨及小龙骨三部分组成。主龙骨的规格一般为50 mm×70 mm，钉接或者拴接在吊杆上。次龙骨断面一般为30 mm×40 mm、50 mm×50 mm或40 mm×60 mm，并用50 mm×50 mm的方木吊挂在主龙骨的底部，且用8号镀锌钢丝绑扎。主龙骨间距一般为1.2～1.6 m，次龙骨的间距一般为400～600 mm，对板材面层按板材规格及板材间缝隙大小确定，一般不大于600 mm。

对于平面顶棚，其吊点一般每平方米 1 个，在顶棚上均匀布置；对于有
叠级造型的顶棚，应在分层交界处设置吊点，间距为 0.8~1.2 m；对于
较大的灯具，也应采用吊点来进行吊挂。木龙骨与吊筋的连接构造如图
4-13 所示；木龙骨构造如图 4-14 所示；木龙骨接长可以通过在其上方或
两侧钉方木完成，如图 4-15 所示。

木龙骨吊顶

图 4-13　木龙骨与吊筋连接构造

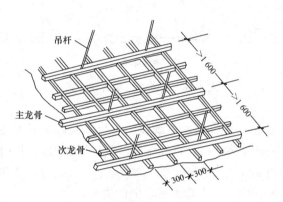

图 4-14　木龙骨构造(单位：mm)

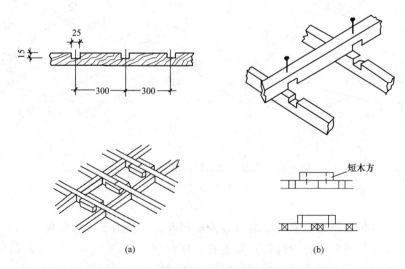

图 4-15　木龙骨对接固定构造(单位：mm)

(a)短木方固定于龙骨侧面；(b)短木方固定于龙骨上面

二、木龙骨吊顶饰面板构造及接缝

木龙骨吊顶的饰面板常采用实木条板和各种人造木板（如胶合板、木丝板、刨花板及填芯板等）。

1. 木龙骨饰面板构造

实木条板的常用规格为 90 mm 宽、1.5～6 m 长，成品有光边、企口和双面槽缝等种类，其结合形式长采用离缝平缝、企口嵌榫、嵌缝平铺和鱼鳞斜铺等多种形式，如图 4-16 所示。

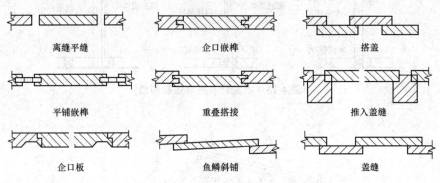

离缝平缝　　　　　　企口嵌榫　　　　　　搭盖

平铺嵌榫　　　　　　重叠搭接　　　　　　推入盖缝

企口板　　　　　　鱼鳞斜铺　　　　　　盖缝

图 4-16　实木条板的结合形式

胶合板饰面具有易加工，有多种木材纹理，能与木龙骨很好地连接，可以做出各种顶棚造型等优点。常用的有 3 层和 5 层，俗称三合板和五合板。胶合板的规格通常有 915 mm× 915 mm、915 mm×1 830 mm、1 220 mm×1 220 mm、1 220 mm×1 830 mm 及 1 220 mm× 2 440 mm 等。图 4-17 所示为一般人造木板顶棚的构造。

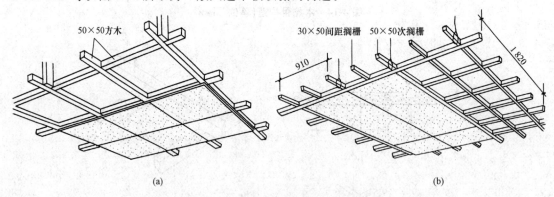

图 4-17　人造木板顶棚构造（单位：mm）

（a）小板块；（b）大板块

吊顶罩面石膏板有纸面石膏板、装饰石膏板和嵌装式装饰石膏板三种。

石膏板与木龙骨可采用自攻螺钉直接连接，螺母沉入板内 2～3 mm，钉帽刷防锈漆一道，再用腻子找平。石膏板表面的接缝可用接缝胶带粘好，再刮腻子 2～3 遍，然后刷乳胶漆，形成乳胶漆顶棚饰面；也可裱糊壁纸或墙布。

顶棚的金属饰面板品种很多，目前较多使用的有金属微穿孔吸声板和金属装饰板。

（1）金属微穿孔吸声板具有轻质高强、耐腐蚀、防火防潮、色彩艳丽、立体感强、造型美观、装饰效果好及拼装简单等特点。常用的金属微穿孔吸声板有不锈钢钢板、防锈铝板、电化铝板及镀锌钢板等。

（2）金属装饰板有铝合金扣板、彩色钢扣板（简称彩钢板）。其具有轻质高强、色泽明快、色彩丰富、防潮、耐污染、易清理、造型美观、不易变形、安装方便及价格适中等优点。目前，其常用于写字楼、商场、银行及机场等公共场所的顶棚装饰，也可用于住宅中的厨房及卫生间等部位的顶棚装饰。

（3）其他顶棚饰面板（如 PVC 扣板、铝塑复合板等）。根据结构不同，PVC 扣板可分为单层结构和中空结构两种。单层 PVC 扣板一般宽为 100～200 mm，长为 4～6 m，厚为 1.0～1.5 mm。中空 PVC 扣板为栅格状薄壁异型断面，具有良好的隔热、隔声性能和较大的刚度。

（4）铝塑复合板是常用于卫生间、厨房等潮湿房间的顶棚饰面。铝塑复合板有单层板和双层板，其耐蚀性、耐污性和耐候性好，板面颜色有红、黄、白、蓝等，装饰效果好，加工方便灵活。与铝合金板相比，具有轻质、造价低且施工方便等特点。

2. 木龙骨饰面板接缝

木龙骨吊顶常用饰面板材接缝有对缝（密缝）、凹缝（离缝）和盖缝（离缝）三种。其构造如图 4-18 所示。

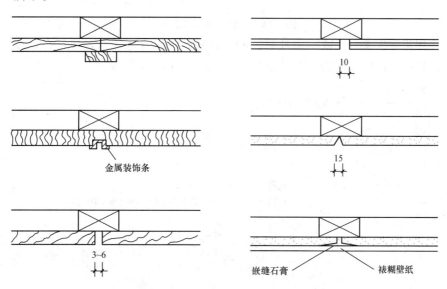

图 4-18 木龙骨吊顶常用饰面板材接缝形式（单位：mm）

任务五 金属龙骨吊顶装饰构造

金属龙骨吊顶施工简便、安装牢固。在满足吊顶构造力学的前提下，可以选用大规格板材进行铺装，既节约了吊顶材料又加快了施工速度，而且防火性能良好，是目前普遍使用的吊顶形式。

一、轻钢龙骨吊顶构造

1. 吊顶骨架组成

轻钢龙骨吊顶骨架一般由主龙骨及次龙骨组成，一般采用特制的型材，按其截面形状分为 U 形、C 形和 L 形，如图 4-19 所示。主龙骨为吊顶龙骨的主要受力构件；次龙骨是吊顶龙骨中固定饰面层的构件，边龙骨通常为吊顶边部固定饰面的龙骨。

金属吊顶

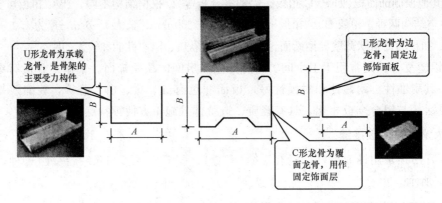

图 4-19　轻钢龙骨截面形式

连接件用来连接龙骨组成一个骨架。由于各生产厂家自成体系，所以在连接上有不同的连接件。目前，使用较多的轻钢吊顶龙骨连接件如图 4-20 所示。

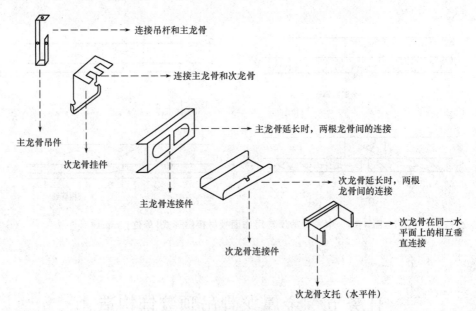

图 4-20　轻钢龙骨吊顶常用连接件

2. 吊杆(吊筋)固定

在承重结构上预设吊杆(吊筋)，或用膨胀螺栓固定吊杆(吊筋)，吊杆(吊筋)间距即为主龙骨的间距。

3. 龙骨连接与固定

吊杆(吊筋)下端安装调节挂件，通过调节挂件与主龙骨连接。主龙骨(大龙骨)是轻钢吊顶体系中的主要受力构件，整个吊顶的荷载通过主龙骨传给吊杆(吊筋)，主龙骨也称承载龙骨，其间距取决于吊顶的荷载，一般为 900～1 200 mm。图 4-21 所示为轻钢龙骨装配图。

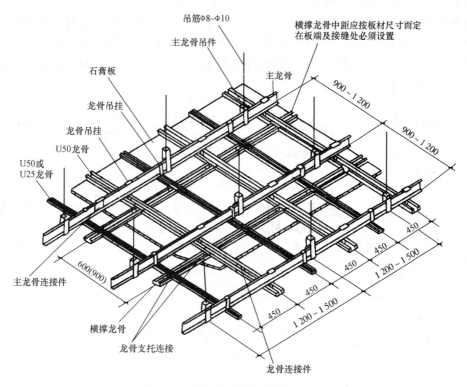

图 4-21　轻钢龙骨构造(单位：mm)

次龙骨(中小龙骨)的主要作用是与饰面板固定，次龙骨间距由石膏板规格决定，一般为 400～600 mm，次龙骨通过专用连接件固定到主龙骨上。龙骨的连接包括主龙骨与吊杆的连接及主龙骨与次龙骨的连接，如图 4-22 所示。

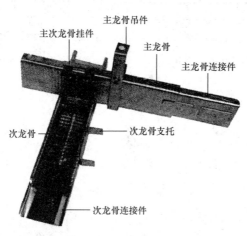

图 4-22　龙骨间连接构造

4. 轻钢龙骨吊顶的面层

轻钢龙骨吊顶常用纸面石膏板作为基层板，常用自攻螺钉固定于次龙骨上。自攻螺钉与纸面石膏板边距离：面板包封的板边 10～15 mm，切割的板边以 15～20 mm 为宜，钉距以 150～200 mm 为宜。其上再以其他饰面材料作为面层，以获得满意的装饰效果。

5. 吊顶剖面及节点细部构造

随着新材料、新工艺、新技术的日新月异，建筑装饰构造的方法也有了不同程度的变化，但无论如何变化，安全、牢固总是第一位的。吊顶工程常隐蔽各种设备、设施管线及各种灯具、通风口等，所以，顶棚的构造更需引起高度重视。常见吊顶剖面及节点细部构造如图 4-23～图 4-28 所示。

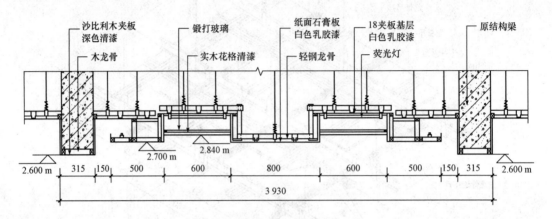

图 4-23 轻钢龙骨吊顶剖面(单位：mm)

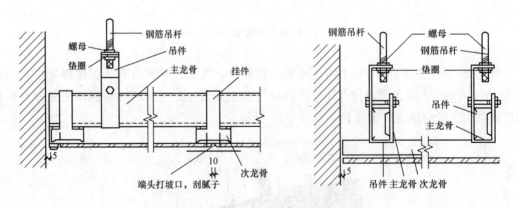

图 4-24 吊顶节点(单位：mm)

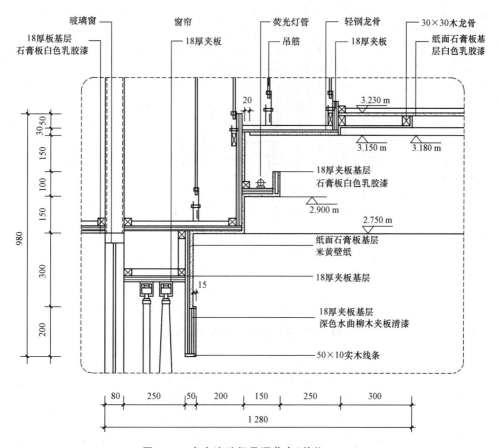

图 4-25　窗帘边跌级吊顶节点(单位: mm)

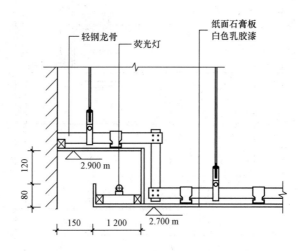

图 4-26　带灯槽边节点(单位: mm)

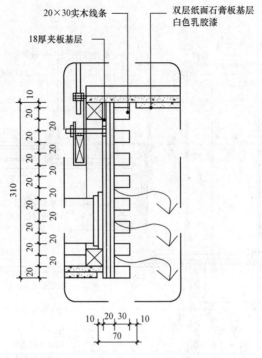

图 4-27　通风口出节点(单位：mm)

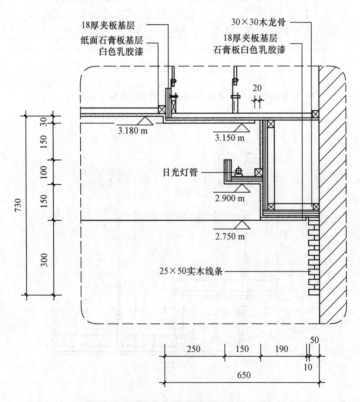

图 4-28　与墙装饰衔接节点(单位：mm)

二、铝合金龙骨吊顶构造

铝合金龙骨也是目前吊顶中用得较多的一种。铝合金龙骨吊顶常采用装饰石膏板、硅钙板、矿棉纤维板等作为面板。

1. 铝合金龙骨构造组成

常用的铝合金龙骨有 T 形、U 形、L 形龙骨。其主要由大龙骨、中龙骨、小龙骨、边龙骨及各种连接件组成。大龙骨也分为轻型系列、中型系列及重型系列。轻型系列龙骨高为 30 mm 和 38 mm，中型系列龙骨高为 45 mm 和 50 mm，重型系列龙骨高为 60 mm。中部中龙骨的截面为倒 T 形，边部中龙骨为 L 形。中龙骨的截面高度为 32 mm 和 35 mm，小龙骨的截面为倒 T 形，截面高度为 22 mm 和 23 mm。图 4-29 所示为 U 形和 C 形吊顶龙骨主、配件装配图；图 4-30 所示为 T 形金属龙骨的连接构造。

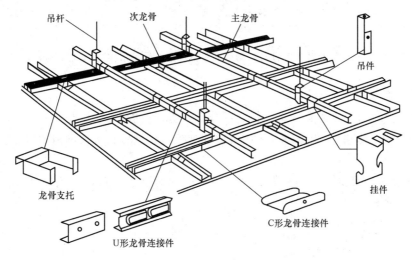

图 4-29　U 形和 C 形吊顶龙骨主、配件装配图

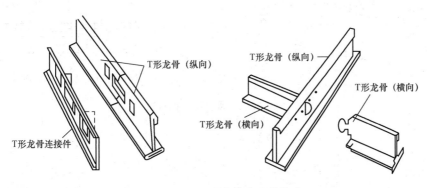

图 4-30　T 形金属龙骨的连接构造

当顶棚的荷载较大，或悬吊点间距很大，或在其他特殊环境下使用时，必须采用普通型钢做基层，如角钢、槽钢及工字钢等。图 4-31 所示为以 U 形轻钢龙骨为主龙骨与 L 形、T 形铝合金龙骨顶棚配件装配图。

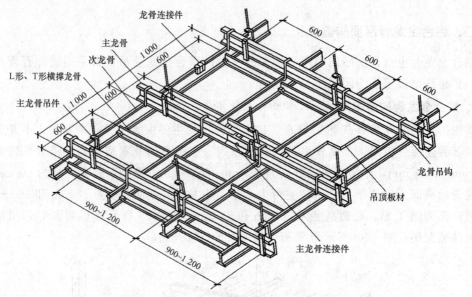

图 4-31 U 形轻钢龙骨与 L 形、T 形铝合金龙骨吊顶构造(单位：mm)

2. 铝合金龙骨吊顶面板构造

铝合金龙骨的构造方式有暴露骨架、部分暴露骨架及隐藏式骨架三种。

(1)暴露骨架顶棚的构造是将方形或矩形纤维板直接搁置在骨架网格的倒 T 形龙骨的翼缘上，如图 4-32 所示。

(2)部分暴露骨架顶棚的构造做法是将板材的两边制成卡口，卡入倒 T 形龙骨的翼缘中，如图 4-33 所示。

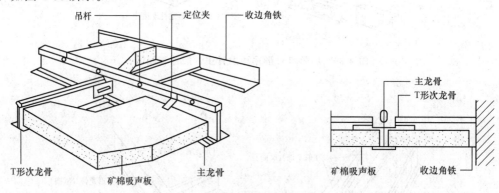

图 4-32 暴露骨架顶棚构造

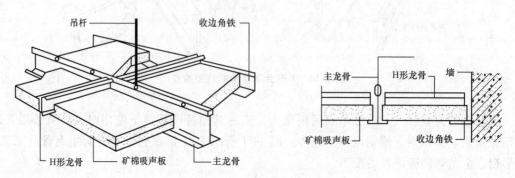

图 4-33 部分暴露骨架顶棚构造

（3）隐蔽式骨架顶棚的做法是将板的侧面都制成卡口，卡入骨架网格的倒 T 形龙骨翼缘之中，如图 4-34 所示。

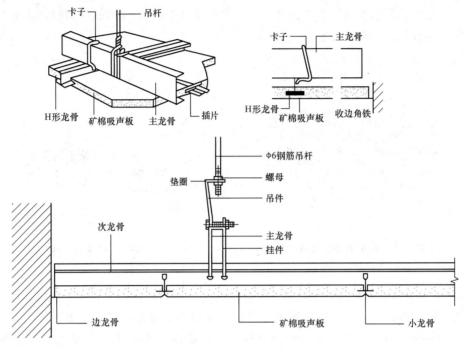

图 4-34 隐蔽式骨架顶棚构造

任务六 其他吊顶构造

一、开敞式悬吊式顶棚构造

开敞式悬吊式顶棚是指悬吊式顶棚的饰面不封闭，而通过单体构件有规律地排列组合而成的顶棚，也称格栅式悬吊式顶棚。这种悬吊式顶棚的特点是既遮又透，能减少空间的压抑感，并富有节奏和韵律，与室内灯具结合起来布置，可增加悬吊式顶棚构件和灯具的艺术效果。

开敞式悬吊式顶棚不需要单独设置龙骨，悬吊式顶棚的单体构件既是装饰构件，又是承重构件。其构造方法是先将单体构件用卡具连成整体，再通过钢管与吊杆相连。这种方式施工简单，节约悬吊式顶棚材料。目前，常用的单体构件有木质单体构件、铝合金单体构件。

1. 木质单体构件

常见的单体结构有单板方框式、骨架单板方框式及单条板式。它们的拼装方法如下：

（1）单板方框式拼装。单板方框通常是用 9～15 mm 厚的木夹板开成一定宽度的板条（宽为 120～200 mm），在板条上按方框尺寸的间隔画线，然后开槽，槽深为板条宽度的一半。开槽加工时要注意保证开槽的垂直度，开槽完成后用1号木砂纸清除边口的毛刺。在槽口处涂刷白乳胶后进行对拼插接，如图4-35所示。插接后随即将挤出的胶液擦净。将与其他分片接合的单板端头安装上连接件，连接件可用厚1~2 mm的铁片制作，如图4-36所示。安装连接件可用木螺钉固定。

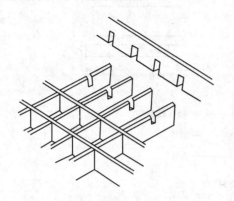

图4-35 单板方框式单体构件拼装

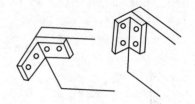

图4-36 端头连接件

(2)骨架单板方框式拼装。先用木方按骨架制作方法组装成方框骨架片，再用厚木夹板开片成规定宽度的板条，并按方框的尺寸将板条锯成所需短板，最后将短板与木方骨架固定，将短板对缝处用胶加钉固定。骨架单板方框式单体构件安装方式如图4-37和图4-38所示。

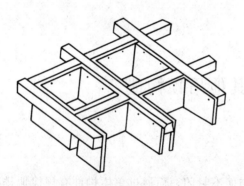

图4-37 骨架单板方框式单体构件拼装

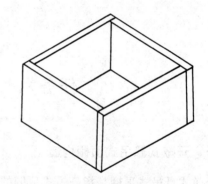

图4-38 短板对缝固定

(3)单条板式拼装。首先，用实木或厚夹板开成木条板，并在木条板上按规定位置开出方孔或长方孔；然后，用实木加工成截面尺寸与开孔尺寸相同的木条，或用与开孔尺寸相同的轻钢龙骨，作为支承单条板的主龙骨；最后，将单条板逐个穿入作为支承龙骨的木方或轻钢龙骨内，并按规定的间隔进行固定。木龙骨用木螺钉固定，轻钢龙骨用自攻螺钉固定。其拼装方式如图4-39所示。

2. 铝合金单体构件

铝合金单体构件有直线形、曲线片形、方块形、多边形、三角形、圆形、挂片等。

铝合金格栅式标准单体构件的拼装，通常是指将预拼安装的单体构件插接、挂接或榫接在一起的方法，如图4-40所示。

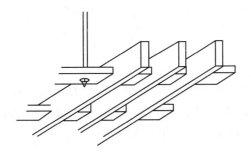

图 4-39　单条板式单体构件拼装

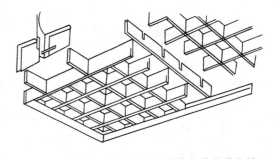

图 4-40　铝合金格栅式标准单体构件拼装构件

对于挂板式吊顶，拼装方法与上述有些不同。当吊顶形式为格片式时，挂板与特别的龙骨以卡的方式连接。图 4-41 所示为挂板式吊顶拼装。当这种挂板式吊顶要求采取十字格栅形式时，则需要采用一种十字连接件，如图 4-42 所示。当然，这种连接件适用有龙骨的情况，其连接如图 4-43 所示。

格栅式吊顶利用普通铝合金板条，通过一定的托架和专用的连接件，也可构成开敞式格栅吊顶，如图 4-44 所示。

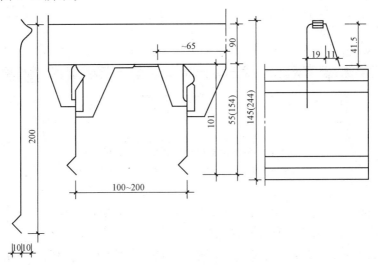

图 4-41　挂板式吊顶拼装（单位：mm）

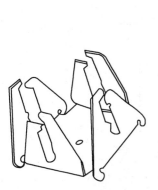

图 4-42　十字连接件

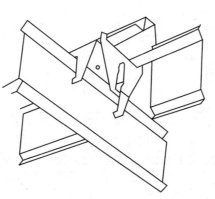

图 4-43　挂板式十字连接

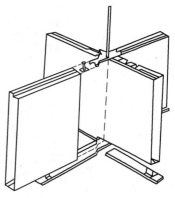

图 4-44　开敞式格栅吊顶

二、软质及发光顶棚构造

1. 软质顶棚

软质顶棚是指用灯箱布、绢纱等软质织物做饰面层的悬吊式顶棚。这种悬吊式顶棚可以自由改变顶棚形状，其曲面造型优美、色彩丰富。软质顶棚的构造做法：选用不上人的吊筋，与铝合金、方钢管龙骨连接，阻燃型织物用螺钉、压条固定在龙骨上。

2. 发光顶棚

发光顶棚是指饰面板采用磨砂玻璃、夹丝玻璃、有机玻璃、彩绘玻璃等透光材料，内部布置灯具的顶棚。这种顶棚具有整体透亮，光线均匀，可减少室内空间压抑感，装饰效果好的优点。发光顶棚的主要构造与做法如下：

(1)面层透光材料的固定。面层透光材料一般采用搁置金属、压条 T 形龙骨承托或螺钉固定的方式与龙骨连接，如图 4-45 所示。如果采用粘贴的方式，则应设置人孔和检修走道，并将灯座做成活动式，以便拆卸检修。

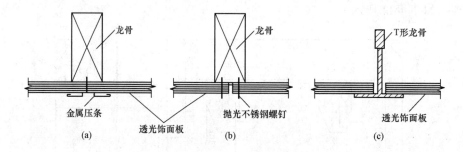

图 4-45 发光顶棚透光饰面板与龙骨的连接

(a)搁置成型金属压条承托；(b)螺钉固定；(c)T 形龙骨承托

(2)顶棚骨架的布置。由于顶棚的骨架需支承灯座和面层透光板两部分，所以，骨架必须双层设置。其上、下层之间通过吊杆连接。

(3)顶棚骨架与主体结构的连接。一般将上层骨架通过吊杆连接到主体结构上，具体构造同一般顶棚。

发光顶棚构造如图 4-46 所示。

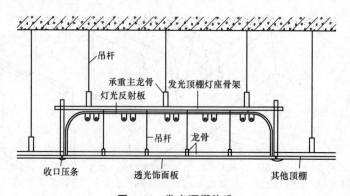

图 4-46 发光顶棚构造

任务七　吊顶特殊部位及细部构造

一、顶棚与窗帘盒的构造处理

1. 窗帘盒的作用

窗帘盒设在窗口的上方，主要用来吊挂窗帘，并对窗帘导轨等构件起遮挡作用，它也有美化房间的作用。

室内装饰中，遇到顶棚与窗帘盒在一起时，窗帘暗盒与悬吊式顶棚应同时施工。这时要处理好悬吊式顶棚龙骨与窗帘盒的关系，其关系如图 4-47 所示。

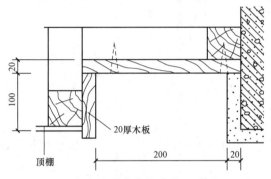

图 4-47　顶棚与窗帘盒的构造关系(单位：mm)

2. 顶棚与窗帘盒的连接

窗帘盒的长度一般比窗口宽长 200～300 mm(洞口两侧各为 100～150 mm)，深度(出挑尺寸)与所选用的窗帘材料的厚薄和窗帘的层数有关，一般单轨时深度为 140 mm，双轨时为 200 mm，窗帘盒的净高为 120 mm 左右，一般采用 20 mm 厚的木板制作。它既可以通过角钢与木螺钉固定后，焊在结构的预埋件上，也可以通过特制铁件并用木螺钉固定后，用射钉枪固定于主体结构上。

3. 窗帘盒分类

吊顶中的窗口部位多做窗帘盒。常见的做法有以下三种：

(1)独立式。独立式只在窗口部位有。

(2)连通式。连通式即在窗口所在墙上连续布置不间断。

(3)周边式。无论有无窗口，在房间所有的墙面上均设窗帘盒。

窗帘盒与顶棚的连接构造如图 4-48 所示。

二、顶棚与灯具的构造处理

在顶棚上安装灯具，一般有与顶棚直接结合和与顶棚不直接结合两种。

1. 顶棚与吊灯的关系

(1)吊灯是指通过吊杆或吊索悬挂在顶棚下面，与顶棚有一定距离的灯具。当灯具的质量不大于 8 kg 时，可将灯具固定在附加的主龙骨上，附加主龙骨焊于悬吊式顶棚的主龙骨

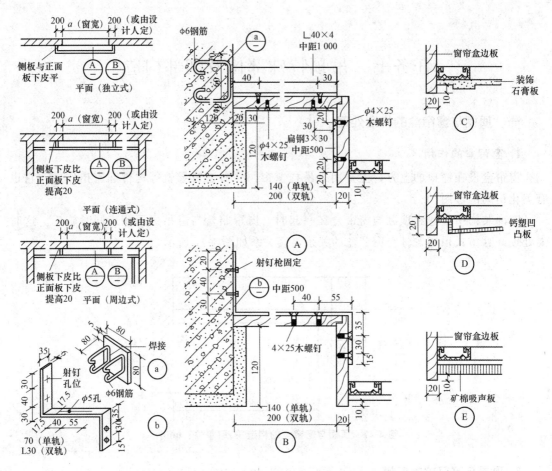

图 4-48 窗帘盒与顶棚的连接构造(单位：mm)

上；当灯具质量在 8 kg 以上时，应采用特制吊杆，并将吊杆直接焊在楼板或屋面板预埋件上或板缝中，如楼板、屋架下弦或梁上。具体步骤，先在结构层中预埋铁件或木砖，然后在铁件或木砖上设过渡连接件，吊杆或吊索可与过渡连接件用钉、焊、穿等方法连接。

(2)若顶棚为吊顶棚时，可在安装顶棚的同时安装吊灯，这样可以以吊顶为依据，调整灯的位置和高低。吊杆出顶棚板可采用直接伸出法和加套管法。吊杆或吊索可直接钉、拧在顶棚次龙骨上，或吊于次龙骨间另加的十字龙骨上，如图 4-49 所示。

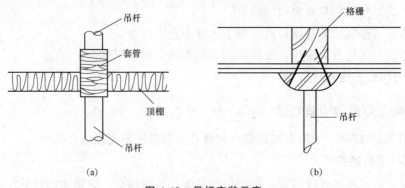

图 4-49 吊杆安装示意

(a)吊杆出顶棚板示意；(b)吊杆与格栅连接

2. 顶棚与吸顶灯的关系

吸顶灯是指直接固定在顶棚平面上的灯具。

小吸顶灯直接与龙骨连接即可，大吸顶灯要从结构层单设吊筋，在楼板施工时就应把吊筋埋上，方法同吊顶埋筋一致。吸顶灯开口将小龙骨围合成孔洞边框，边框一般为矩形。此边框既可作为灯具提供连接点，也可作为抹灰间层收头和板材面层的连接点。大吸顶灯可以在局部补强部位加斜撑做成圆开口或方开口，吸顶灯的边缘构件应压住面板或遮盖面板缝，如图 4-50 所示。

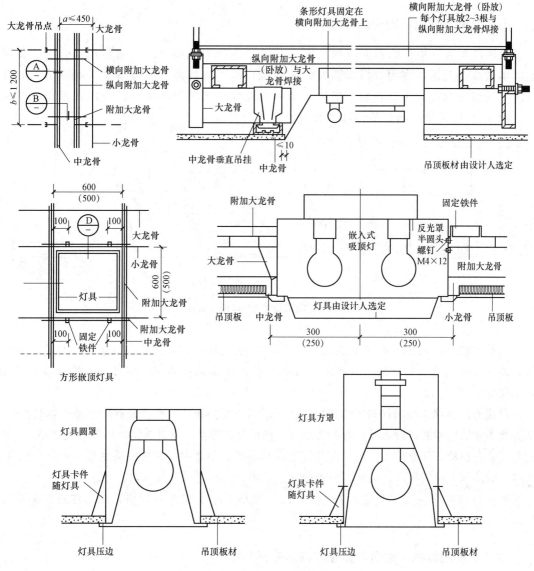

图 4-50 吸顶灯安装构造(单位：mm)

3. 顶棚与嵌入式灯具的关系

嵌入式灯具有筒体灯、格栅灯和发光顶棚灯等几种。灯具镶嵌在顶棚内，灯具面与吊顶面齐平或略有凸出，筒体有方形、圆形多种，其直径或边长有 140 mm、165 mm、180 mm 等多种。格栅灯和发光顶棚灯一般多做成方形。这些灯具大多可直接和顶棚面层相连接，也可直接与龙骨相连，或用补强龙骨作为固定边框。

4. 光带

采用普通荧光灯或白炽灯作光源，光带宽度按设计要求制作。遮光板采用格板玻璃、有机玻璃、聚苯乙烯塑料晶体片等。光带灯槽通过附加龙骨固定于主龙骨上。

除以上关系外，当灯具质量≤1 kg 时，可直接将灯具安装在悬吊式顶棚的饰面板上；当灯具质量＞1 kg、≤4 kg 时，应将灯具安装在龙骨上。

三、顶棚与通风口的构造处理

通风口布置于吊顶的表面或侧立面上。风口一般为定型产品，通常用铝合金、塑料或实木做成，其形状多为方形或圆形。安装风口需要装饰施工与设备施工相配合，在其位置上预留木框以便风口安装。送风口也可利用发光顶棚的折光片、开敞式吊顶作送风口。图 4-51 所示的是结合吊顶端部处理做成的一种暗风口。

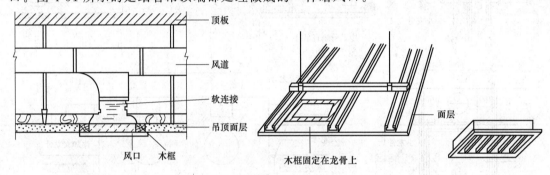

图 4-51　暗风口构造(单位：mm)

这种方法不仅避免了在吊顶表面设风口，有利于保证吊顶的装饰效果，而且将端部处理、通气和效果三者有机地结合起来。有些顶棚在此还设置暗槽反射灯光，使顶棚的装饰效果更加丰富。

顶棚通风口除上述两种布置方式外，还可以利用龙骨送风，主要是利用槽形或双歧龙骨，从夹缝中安装空调盒进行通风，有些还组成方格形龙骨体系，龙骨的间距一般为 1.2 m。空调盒可安装在顶棚的任意位置，由空调总管道将风送到空调盒中。这种体系使龙骨和风口结合，顶棚上看不到专用的风口，使顶棚显得简洁、明快，同时送风也较均匀、舒适。

通风口通常安装在附加龙骨边框上，边框规格不小于次龙骨规格，并用橡皮垫做减噪处理。

四、顶棚内管线、管道与顶棚的构造处理

在安装吊顶时，应处理好顶棚与顶棚内管线、管道的关系。安装吊顶时应注意以下问题：

(1)管线、管道的安装位置应放线抄平，并反复核查确认。

(2)用膨胀螺栓固定支架、线槽，放置管线、管道及设备，并做水压、电压试验。

(3)在悬吊式顶棚饰面板上，留灯具、送风口、烟感器的自动喷淋头的安装口。

（4）自动喷淋头必须与自动喷淋系统的水管相接。在有吊顶的室内安装自动喷淋头、火灾报警器时，自动喷淋系统的支管、火灾报警器的线管敷设在吊顶内，自动喷淋头和火灾报警器必须露在吊顶表面上，如图4-52所示。其构造处理应注意三种情况：一是水管伸出吊顶面，造成喷淋头安装不符合设计要求；二是水管预留不到位，自动喷淋头不能在吊顶面与水管连接，如图4-53所示；三是喷淋头周围不能有遮挡物，如图4-54所示。

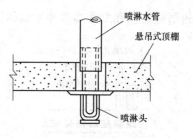

图4-52　自动喷淋系统

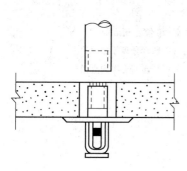

图4-53　水管预留不到位

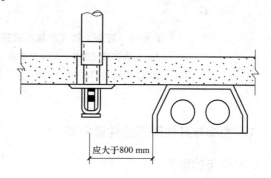

图4-54　喷淋头周围不能有遮挡物

先安装消防给水管道，水压试验合格后，安装顶棚龙骨和顶棚面板，留置自动喷淋头、烟感器安装口。

五、顶棚与墙体装饰的构造处理

顶棚与墙体相交处的构造形式主要有凹角、直角和斜角三种，如图4-55所示。

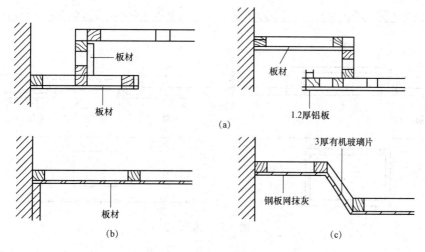

图4-55　顶棚与墙体相交处理形式（单位：mm）

(a)凹角处理；(b)直角处理；(c)斜角处理

在顶棚与墙体交接处，顶棚边缘与墙体的固定方式因吊顶形式和类型的不同而不同。一般来说，可以采用在墙内预埋铁件或螺栓[图4-56(a)]、预埋木砖[图4-56(b)]，以及通过射钉连接和龙骨端部伸入墙体[图 4-56(c)]等构造方法。

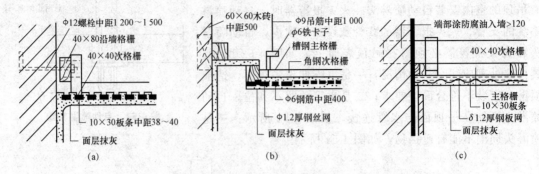

图 4-56　板条、钢板网抹灰吊顶与墙的固定(单位：mm)

(a)墙内预埋铁件或螺栓，吊顶与墙面交接为弧角；(b)墙内预埋木砖，
吊顶与墙面交接处有窗帘盒；(c)龙骨端部伸入墙体，吊顶与墙面交接为直角

六、顶棚与其他部位的构造处理

1. 顶棚与检修孔

顶棚检修孔的设置与构造，既要考虑检修吊顶及吊顶内的各类设备的方便，又要尽量隐蔽，以保持顶棚的完整性。一般采用活动板做吊顶人孔，使用时可以打开，合上后又与周围保持一致。人孔的尺寸一般不小于 600 mm×600 mm，如图 4-57 所示。如果能将人孔与灯饰结合则更为理想。其中的格栅或折光板可以被顶开，其上面的罩白漆钢板灯罩也是活动式的，需要时可掀开。如果能利用吊顶侧面设人孔，效果更佳。

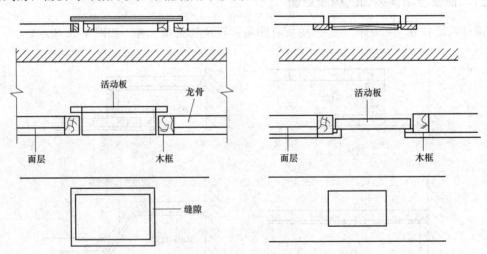

图 4-57　人孔

吊顶上的检修门一般用作对设备中一些容易出故障的节点进行检修，因此，它的尺寸相对较小，只要能操作即可。检修孔与吊顶棚的相交处，应按设备口的尺寸围成框子，将框子固定于龙骨上，然后将检修门固定于框子上。

2. 不同高度顶棚连接

为了满足特定的功能要求，使顶棚在空间高度上产生变化，形成一定的立体感，在现代化建筑的装饰中，往往通过吊顶的高低差变化来达到空间限定，丰富造型，满足音响、照明设备的安装及对特殊效果的要求。因此，高低差的处理也就成为现代建筑吊顶中的一个十分重要的问题，如图 4-58 所示。

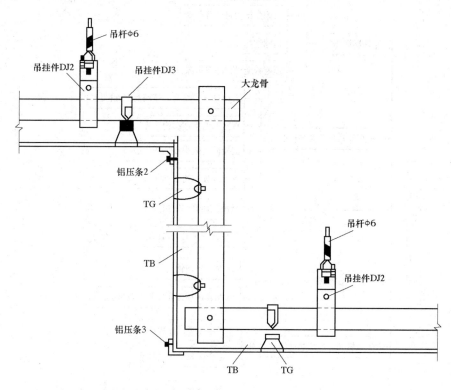

图 4-58 铝合金吊顶高低的做法(单位：mm)

3. 不同材质顶棚交接处理

同一顶棚上采用不同材质装饰材料的相交部位收口的做法如图 4-59 所示。

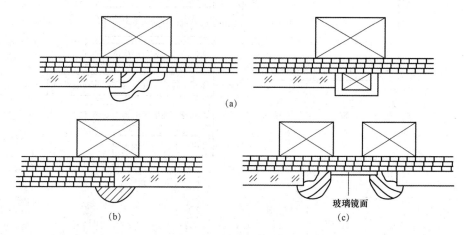

图 4-59 同一顶棚上采用不同材质装饰材料的相交部位收口的做法

(a)过渡收口；(b)不同饰面材料收口；(c)既是过渡收口，又是不同饰面材料收口

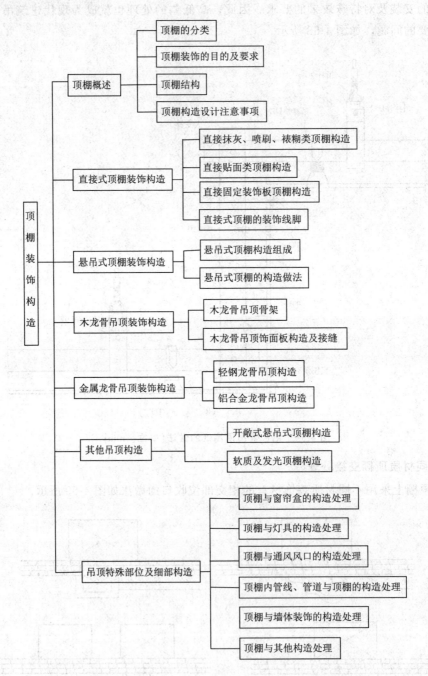

项目小结

　　本项目主要介绍了顶棚的概念、分类、装饰目的、要求，顶棚构造设计等内容。顶棚的作用是满足使用功能的要求，协调室内空间环境，同时美化室内空间，满足人们的精神需求。顶棚按构造分为直接式顶棚和悬吊式顶棚。直接式顶棚一般具有构造简单、构造层厚度小、可以充分利用空间、采用适当处理手法可获得多种装饰效果、材料用量少、施工方便、造价较低等特点；悬吊式顶棚在装饰表面与上层楼板（屋面板）之间留有一定距离，可在此空间布置各种管道和设备。其形式变化丰富，装饰效果较好，适用中、高档次的建筑顶棚装饰。木龙骨吊顶的骨架层采用木材制作，由主龙骨、次龙骨及小龙骨三部分组成。金属龙骨吊顶施工简便、安装牢固，是目前普遍使用的吊顶形式。开敞式悬吊顶棚是指悬吊式顶棚的饰面不封闭，而通过单体构件有规律地排列组合而成的顶棚。其能减少空间的压抑感，并富有节奏和韵律。顶棚构造应处理好顶棚与窗帘盒、灯具、通风口、墙体装饰等部位的连接关系。悬吊式顶棚的细部构造包括顶棚与墙体的交接处理、分层式顶棚高低交接处的构造处理、顶棚灯具的安装构造、顶棚人孔与检修走道的构造和顶棚通风口、消防设备、音响与通信设备等的安装构造。

习　　题

一、填空题

1. 顶棚按其饰面与基层的关系可分为_____与_____两大类。

2. 钢筋混凝土楼板可分为_____和_____。

3. 屋顶按承重结构形式和屋面材料的不同，主要分为_____、_____和_____等。

4. 固定龙骨多采用方木做龙骨，断面尺寸宜为_____。

5. 装饰面板常用_____、_____等板材直接与木龙骨钉接。

6. 悬吊式顶棚一般由_____、_____、_____三大基本组成部分组成。

7. 顶棚饰面面层一般分为_____及_____。

8. 吊筋一般分为_____和_____两大类。

9. 木龙骨吊顶的骨架层采用木材制作，由_____、_____及_____三部分组成。

10. 吊顶罩面石膏板有_____、_____和_____三种。

11. 铝合金龙骨吊顶常采用_____、_____、_____等作为面板。

二、选择题

1. 次龙骨的间距按板材规格及板材间缝隙大小确定，一般不大于(　　)mm。

    A. 300   B. 400   C. 500   D. 600

2. 小龙骨的截面为倒（　　　）形。

   A. T

   B. U

   C. LT

   D. LU

3. 木龙骨吊顶中，小龙骨的截面宽度为（　　　）mm。

   A. 15

   B. 25

   C. 35

   D. 45

4. 木龙骨吊顶安装时，主龙骨间距一般为（　　　）m。

   A. 1.0～1.2

   B. 1.2～1.6

   C. 1.5～1.8

   D. 1.6～2.0

5. 对于有叠级造型的顶棚，应在分层交界处设置吊点，间距为（　　　）m。

   A. 0.8～1.2

   B. 1.2～1.6

   C. 1.5～1.8

   D. 1.6～2.0

6. 吸顶灯开口将小龙骨围合成孔洞边框，边框一般为（　　　）。

   A. 正方形

   B. 圆形

   C. 矩形

   D. 环形

三、问答题

1. 悬吊式顶棚有哪些类型？

2. 顶棚装修应符合哪些要求？

3. 吊顶设计应注意哪些事项？

4. 直接式顶棚装饰线有哪几种？构造做法如何？

5. 顶棚的龙骨布置应遵循哪些原则？

6. 板材缝隙有哪些处理方式？

➤ 项目实训

某宾馆多功能厅顶棚装饰构造设计

1. 实训目标

(1)通过设计，重点掌握轻钢龙骨纸面石膏板悬吊式顶棚、发光顶棚的基本构造。

(2)熟练地绘制顶棚平面图、剖面图及节点详图。

2. 设计条件

(1)已知某星级宾馆多功能厅的顶棚平面图如图 4-60 所示。

(2)根据要求进行悬吊式顶棚构造设计。

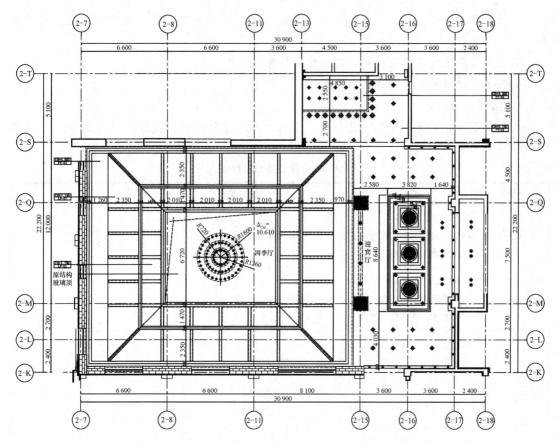

图 4-60 某星级宾馆多功能厅的顶棚平面图(单位：mm)

3. 实训设计要求及深度

(1)设计内容。

1)轻钢龙骨纸面石膏板悬吊式顶棚平面图。

2)轻钢龙骨纸面石膏板悬吊式顶棚剖面图。

3)发光顶棚剖面图。

4)顶棚与墙面相交处的节点详图。

5)顶棚与灯具连接的节点详图。

6)不同材质饰面连接过渡节点详图。

(2)绘图要求。

1)用 A2 幅面图纸，以铅笔或墨线笔绘制以上各图。

2)比例合理，学生自定。

3)图线粗细分明，字体工整。

4)要求达到装饰施工图深度，符合国家制图标准。

(3)图纸深度。

1)原有建筑平面图和轴线编号及尺寸。

2)表示顶棚造型的位置、形状及尺寸。

3)表示顶棚灯具的形式、位置及尺寸。

4)表示顶棚空调、通风、消防等设备的位置及空调出风口、通风回风口及设备形状与尺寸。

5)表示吊顶龙骨规格及材料、饰面材料颜色及品质。

6)表示有造型复杂部位的详图索引。

4. 实训成绩考评

根据以上考核项目，按优、良、中、及格、不及格等级制评定设计成绩。评分等级及标准参见表 4-3。

表 4-3　评分等级及标准

评分等级	评分标准
优	内容完整、正确； 图纸正确无误，图面整洁、有条理，图面效果美观； 图面各类标注完整、准确
良	内容完整、正确； 图纸正确无误，图面整洁、有条理，图面效果美观； 图面各类标注完整、准确
中	内容完整、正确； 图纸正确无误，图面整洁、有条理，图面效果美观； 图面各类标注较完整、准确
及格	基本达到绘图量及内容正确； 图纸设计正确，图面较整洁； 图面各类标注较完整
不及格	不能按时完成绘图量及内容的基本要求； 图面不清晰，各类标注不完整

5. 实训小结

(1)对绘制的顶棚构造图进行自评、互评、相互交流等，进行最终评定。

(2)展示实训项目成果，相互交流。

项目五　隔墙与隔断装饰构造

项目导入

　　隔墙和隔断具有分隔室内外空间的功能(图5-1)。由于隔墙和隔断均为非承重构件，其自身质量由其他构件承受，因而对其基本要求可概括为轻质、薄壁、高强、隔声、防火、防潮。为了满足使用功能需求，空间分隔的隔墙与隔断都有哪些形式？这些隔墙与隔断装饰构造又是如何实现的呢？

图5-1　隔断

教学目标

　　通过本项目内容的学习，了解隔墙与隔断的区别，掌握各类隔墙与隔断的基本构造及主要特征。

教学要求

知识要点	能力目标
隔墙与隔断概述	学习隔墙与隔断装饰构造，能详述隔墙与隔断的区别、设计要求
隔墙装饰构造	掌握轻质隔墙的构造做法，能绘制其节点构造图
隔断装饰构造	掌握轻质隔断的构造做法，能绘制其节点构造图

素养目标

　　1. 具有做事的干劲，对于本职工作要能用心投入。

2. 拥有充沛的体力，拥有一个健康的身体，在工作中充满活力。

3. 具有与时俱进的精神，爱岗敬业、奉献社会的道德风尚，做好本职工作。

任务一　隔墙与隔断概述

隔墙是分隔室内空间的非承重构件。隔断顾名思义是"隔而不断"的建筑构件，其特点是透风或不隔视线。

一、隔墙与隔断的区别

隔墙与隔断的区别见表 5-1。

表 5-1　隔墙与隔断的区别

项目	隔墙	隔断
高度	隔墙高度为通顶	隔断高度可通顶或不通顶
分隔程度	完全分隔空间	似隔非隔
分隔要求	隔声、阻隔视线，且防潮、防火	有一定通透性，并有空间的视线交流
灵活性	一经设置便不可更改，不能经常变动	容易拆除、灵活性大、可随时分隔空间

二、隔墙与隔断的设计要求

在现代建筑中，大量采用隔墙与隔断以适应建筑功能的变化。由于隔墙（隔断）不承受任何外来荷载，且本身质量还要由楼板或次梁来承受，因此有以下要求：

(1)自重轻，有利于减轻楼板的荷载。

(2)厚度薄，增加建筑的有效空间。

(3)便于拆卸，能随使用要求的改变而变化。

(4)有一定的隔声能力，使各个使用空间互不干扰。

(5)满足使用部位的要求，如卫生间的隔墙要求防水、防潮，厨房的隔墙要求防潮、防火等。

任务二　隔墙装饰构造

隔墙按构造方式可分为砌块式隔墙、立筋式隔墙和板材隔墙三种。

一、砌块式隔墙

砌块式隔墙是指用加气混凝土砌块、空心砌块及各种小型砌块等砌筑而成的非承重墙，其具有防潮、防火、隔声、取材方便、造价低等特点。砌块式隔墙在构造上与烧结普通砖的砌筑要点相似。应注意块材之间的结合、墙体的稳定性及其对楼盖与主体结构的影响。传统砌块式隔墙由于自重大、墙体厚、需现场湿作业、拆装不方便，在工程中已逐渐少用。

1. 加气混凝土砌块隔墙

由于加气混凝土砌块质量轻、造价低，且施工方便，所以其被广泛应用。砌块的标准尺寸为 190 mm×190 mm×390 mm。小型砌块分为 3 种，即标准块、2/3 块和 1/2 块，分别用于长墙、转角和交叉处。由于加气混凝土砌块质地松软、多孔，吸湿性大，故其不宜用于浴室、厕所等有水的房间；如使用，则须在墙面加设防水层。在干燥房间，应在底部砌筑 2～3 皮厚(1 皮标准烧结普通砖厚约为 63 mm)烧结普通砖，为的是防止楼(地)面潮气上升且便于与踢脚水泥砂浆粘结。

此外，为保证加气混凝土砌块隔墙的稳定，应沿墙高度每 1 m 左右的水平灰缝中置入两根 Φ6 的钢筋，并伸入两端主体墙内。

加气混凝土块隔墙在底层抹灰前，应先满刷 TG 胶浆一道，并用 TG 砂浆打底，或在砌块墙上满钉镀锌钢丝网，然后做混合砂浆底层抹灰。

2. 空心砖隔墙

空心砖(图 5-2)有承重空心砖和非承重空心砖两大类。承重空心砖为竖孔砌筑，非承重空心砖可竖孔也可横孔砌筑。用在隔墙的空心砖多由矿渣、炉渣或灰砂制成，其质量轻、造价低且施工方便。

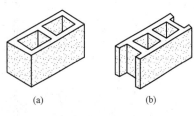

图 5-2　空心砖

(a)外形 1；(b)外形 2

空心砖隔墙的施工方法与加气混凝土砌块隔墙相似，不同的是在门窗洞口处应用烧结砖包角，过梁宜采用钢筋砖过梁，墙面抹灰可直接用石灰膏砂浆或混合砂浆打底，如图 5-3 所示。

空心砖隔墙可减轻自重，一般以整砖砌筑，不足整砖的部位用实心砖填充。空心砖的孔一般上下可贯通，以利于插入钢筋，横向插筋需要用过梁砖，上面或下面有凹槽。空心砖插筋后可灌细石混凝土或水泥砂浆，使插筋部位有类似构造柱和构造梁的功能。

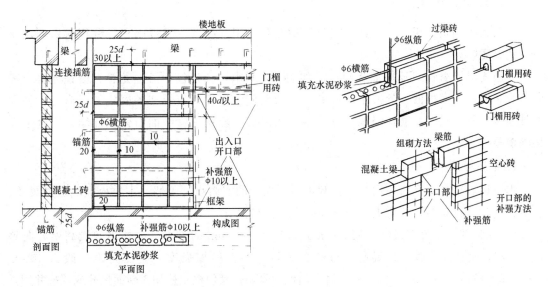

图 5-3　空心砖隔墙构造(单位：mm)

3. 玻璃砖隔墙

目前，装饰工程中采用的玻璃砖砌筑的隔墙，是一种强度高，外观整洁、美丽而光滑，易清洗，保温、隔热、隔声性能好的优质砖块隔墙。它不仅能分隔空间，而且可以作为一种采光的墙壁，具有较强的装饰效果。

玻璃砖常用的规格有 150 mm×150 mm×40 mm、200 mm×200 mm×90 mm、220 mm×220 mm×90 mm 等。玻璃砖隔墙的高度宜控制在 4.5 m 以下，长度不宜过长，其四周要镶框，最好是金属框，也可以是木质框。

砌筑时一边铺水泥砂浆，一边将玻璃砖砌上，而且上、下、左、右每三块或四块要放置 Φ6 钢筋，以增强稳定性。纵向砖缝内一定要灌满水泥砂浆。玻璃砖之间的缝宽视玻璃砖的排列调整而定，一般为 10～20 mm。待水泥砂浆硬化后，用白水泥勾缝，白水泥中可掺入一些胶水，以避免龟裂。玻璃砖隔墙构造如图 5-4 所示。

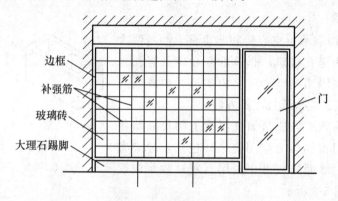

图 5-4　玻璃砖隔墙构造

二、立筋式隔墙

立筋式隔墙是指用木材、金属型材等做龙骨，用灰板条、钢板网和各种板材做面层所组成的轻质隔墙。

立筋式隔墙由骨架及罩面板组成。如图 5-5 所示，骨架包括沿地龙骨、沿顶龙骨、竖向龙骨和横撑。面板嵌于骨架中间或贴于骨架两侧，罩面板与骨架的固定方式有钉、粘和卡具连接三种方式。立筋式隔墙可分为木质板隔墙、轻钢龙骨纸面石膏板隔墙、铝合金框架隔墙等。

1. 木质板隔墙

木质板隔墙主要是指采用木龙骨和木质罩面板的室内小型隔墙。木质板隔墙造型灵活、装拆方便、取材容易，但防火、防潮及隔声性能较差。

(1)木骨架。木骨架通常采用 50 mm×(70～100)mm 的方木。立柱之间沿高度方向每 1.5 m 左右设横撑一道，两端与立柱撑紧、钉牢，以增加强度。立柱间距一般为 400～600 mm，横撑间距为 1.2～1.5 m。对有门框的隔墙，其门框立柱加大断面尺寸或双根并用。

木骨架的固定多采用金属胀管、木楔圆钉、水泥钢钉等。木龙骨的安装工序如图 5-6 所示。

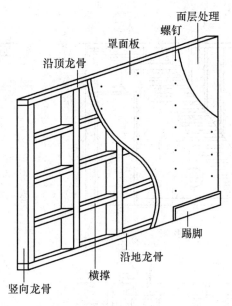

图 5-5　立筋式隔墙的组成

弹线 ⟶ 安装沿墙立筋 ⟶ 安装上、下槛 ⟶ 安装其他立筋 ⟶ 安装横撑和斜撑

图 5-6　木龙骨的安装工序

　　隔墙骨架的上槛、下槛及沿墙立筋构成的框架四周与楼(地)面、顶板及墙或柱的固定，若有预埋件将其固定在预埋件上即可；若无预埋件既可采用胀管螺栓固定法，也可采用木楔圆钉固定法，即先用冲击钻在墙、地、顶等面上打孔，孔距为 600 mm，向内打入木楔(在潮湿地区或墙体易潮部位，木楔应做防腐处理)，以圆钉在木楔位置固定边框龙骨。

　　(2)隔墙饰面板。隔墙饰面板是指在木骨架上铺饰的各种墙面材料，包括板条抹灰、编竹抹灰、苇箔抹灰、板条钢丝网抹灰、钢丝网抹灰、纸面石膏板、水泥刨花板、钙塑板、装饰吸声板，以及各种胶合板、纤维板等。木骨架隔墙的饰面板多为胶合板、纤维板等木质板。饰面板可经油漆涂饰后直接做隔墙饰面，也可做其他装饰面的衬板或基层板，如镜面玻璃装饰的基层板，壁纸、壁布裱糊的基层板，软包饰面的基层板、装饰板及防火板的粘贴基层板。

　　板条抹灰隔墙的具体做法是在墙筋上钉灰板条，然后抹灰，如图 5-7 所示。板条的尺寸有两种，即 1 200 mm×24 mm×6 mm 和 1 200 mm×38 mm×9 mm。其中，前者居多，适用 400 mm 墙筋间距；后者用于 600 mm 墙筋间距。板条横钉于墙筋上，之间要留出7～10 mm 的间隙，以便让底灰挤入板条间隙的背面，"咬"住板条。考虑到板条的湿胀干缩的特点，其接头处要留出 3～5 mm 的缝隙，同时为了避免因板条接缝在一根墙筋上过长，导致外部抹灰开裂、脱落，要每隔 600 mm 左右错开一排墙筋，并在板条墙与砖墙相交处加钉钢筋网，每侧宽 200 mm 左右，以减少抹面层出现裂缝的可能。板条隔墙上如设门窗，门窗框两侧须加设墙筋。为防水、防潮和保证水泥砂浆踢脚的质量，下部可先砌 2～3 皮厚(1 皮标准烧烤普通砖厚约为 63 mm)烧结普通砖。

　　为了提高板条隔墙的防潮和防火性能，常在灰板条外再加钉钢丝网，然后用水泥砂

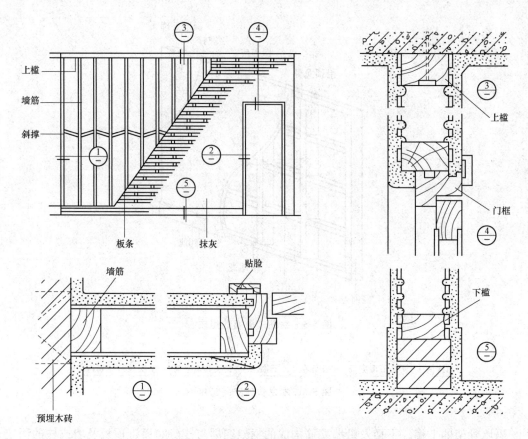

图 5-7 板条抹灰隔墙的具体做法

浆抹面。由于钢丝网变形小、强度高,因此,抹灰面层开裂的可能性小,故其多用于防潮和防火要求较高的房间。其构造与板条抹灰隔墙相似,所不同的是板条间缝隙可以放宽至 10～20 mm。如采用刚度较好的拉空式钢板网,则可直接钉于立筋上而省去板条。此时,墙筋间距应按钢板网规格确定。

饰面板隔墙构造如图 5-8 所示。图 5-9 所示为饰面板的两种固定方式:一种是嵌装式,即将面板镶嵌或用木压条固定于骨架中间;另一种是贴面式,即将面板封于木骨架之外,并将骨架全部掩盖。

贴面式的饰面板要在立柱上拼缝,常见的拼缝方式有坡缝、凹缝、嵌缝和压缝四种,如图 5-10 所示。这几种拼缝各有不同的装饰效果,明缝的缝隙可以是凹形,也可是 V 形;压缝和嵌缝是指在拼缝处钉木压条或嵌装金属压条;暗缝的做法是将石膏板边缘刨成斜面倒角,安装后在拼缝处嵌填腻子,待初凝后再抹一层较稀腻子,粘贴穿孔纸带。待水分蒸发后,再用石膏腻子将纸带压住并与墙面抹平。

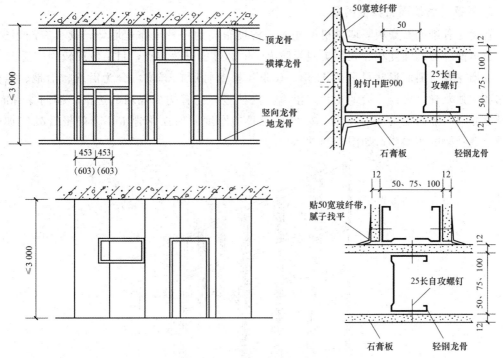

图 5-8 饰面板隔墙构造(单位：mm)

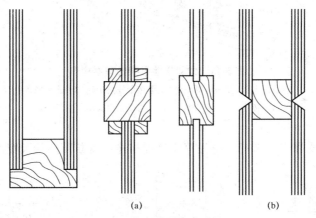

(a)   (b)

图 5-9 饰面板的固定方式

(a)嵌装式；(b)贴面式

(a)   (b)

(c)   (d)

图 5-10 贴面式木骨架隔墙饰面板的拼缝方式

(a)坡缝；(b)凹缝；(c)嵌缝；(d)压缝

2. 轻钢龙骨纸面石膏板隔墙

轻钢龙骨纸面石膏板隔墙是机械化施工程度很高的一种干作业墙体，其具有施工速度快、成本低、劳动强度小、装饰美观及防火、隔声性能好等特点，目前应用较为广泛。

隔墙龙骨按断面形状可分为 U 形、C 形；按龙骨所在部位可分为沿顶、沿地、竖向、横撑和加强龙骨。沿顶、沿地龙骨与沿墙、沿柱竖向龙骨构成隔墙的边框。横向龙骨或贯通横撑龙骨与竖向龙骨垂直安装，以增加龙骨的刚度。加强龙骨常用于门框等处的加强。龙骨隔墙骨架的基本构造如图 5-11 所示。

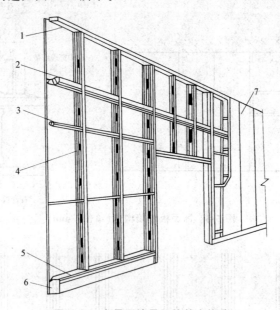

图 5-11　龙骨隔墙骨架的基本构造

1—沿顶龙骨；2—横撑龙骨（支撑在卡托角上）；3—连系龙骨；
4—撑卡；5—沿地龙骨；6—混凝土踢脚座；7—面板

龙骨之间通过支撑卡、卡托、角托等连接件相连，其断面形状及配件如图 5-12 所示。

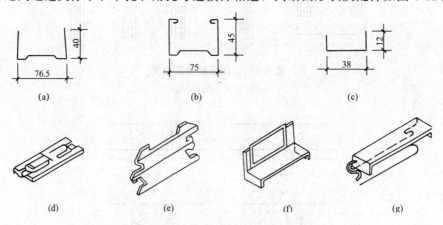

图 5-12　Q75 系列轻钢龙骨及配件(墙体)(单位：mm)

(a)沿地龙骨；(b)竖向龙骨；(c)连系龙骨；
(d)连接件；(e)支撑卡；(f)角托；(g)卡托

轻钢龙骨纸面石膏板隔墙的构造要求有如下几点：

(1)当隔墙高度大于纸面石膏板的板长时，在横接缝处应设一根横撑，以增强隔墙的稳定性。当隔墙高大于 3.6 m 时，应在竖向龙骨的上、下方各装一排横撑，以保证两侧纸面石膏板错缝排列。

(2)为利于防火，纸面石膏板应纵向安装。

(3)纸面石膏板与龙骨的连接采用钉、粘、夹具卡等方式，其中用自攻螺钉固定的较多。

(4)纸面石膏板可采用单层、双层和多层板。安装双层或多层纸面石膏板时，相邻两层板的接缝应错开。

(5)纸面石膏板安装后应立即做防潮处理。防潮处理一般有两种方法：一种是用涂料防潮；另一种是刮腻子裱壁纸或进行其他装饰防潮。

(6)纸面石膏板之间的接缝有明缝和暗缝两种。明缝一般适用公共建筑大房间的隔墙。其做法：安装板材时留 8～12 mm 的间隙，再用石膏油腻子嵌入并用勾缝工具勾成凹缝，或在明缝中嵌入铝合金压条。暗缝适用居住建筑小房间的隔墙。其做法：将板边缘刨成斜面倒角，再与龙骨固定，安装后在接缝处填腻子，待初凝后再抹一层腻子，然后粘贴穿孔纸带，待水分蒸发后，用腻子将纸带压住，与墙抹平。

3. 铝合金框架隔墙

(1)铝合金框架隔墙是新型的隔墙材料，采用 1.4～1.8 mm 厚的钛镁铝合金框架，表面经过氟碳喷涂，色彩鲜艳，抗氧化强，面板组装时可拆卸。中空的框架内置线管避免了线路外露，有维修方便、组装稳固、隔声、可重复使用、环保等优点。面板可以采用玻璃。框架型材断面形式见表 5-2，其构造如图 5-13 所示。

表 5-2　框架型材断面形式

名称	断面形式	名称	断面形式
门框		地龙骨	
L 形转角柱		方柱	

(2)面板与骨架的固定方式有钉、粘、卡三种，如图 5-14、图 5-15 所示。

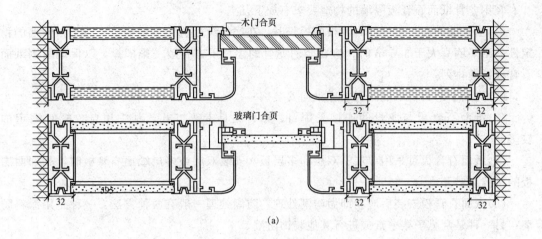

(a)

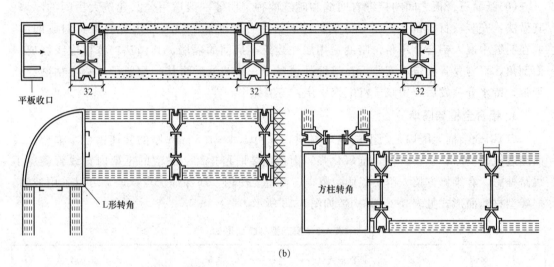

平板收口

L形转角

方柱转角

(b)

图 5-13　铝合金框架构造(单位：mm)

(a)木门、玻璃门结构；(b)隔墙平面与转角连接构造

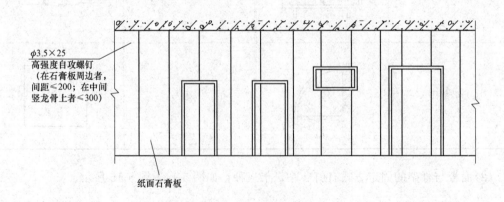

φ3.5×25
高强度自攻螺钉
(在石膏板周边者，
间距≤200；在中间
竖龙骨上者≤300)

纸面石膏板

图 5-14　面板与骨架的固定构造(单位：mm)

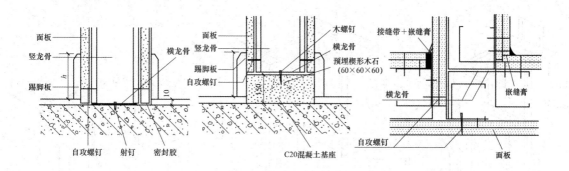

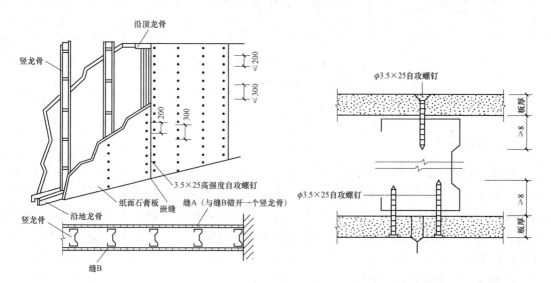

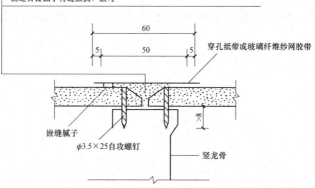

全部嵌缝腻子完全干燥后,用2号砂纸将腻子打平磨光(磨过的嵌缝处中间部分须略高于石膏板面,嵌缝边缘必须平滑。磨光时须磨均匀,不得将石膏板纸磨破)

纸带上腻子完全干燥后,用300宽刮刀再涂腻子一道,厚1,宽300,并用清水刷湿边缘,用力将腻子边缘拉平

用宽60刮刀顺板缝方向将纸带压平,直至腻子从孔中挤出为止

在腻子上贴通长穿孔纸带一条(贴前先将纸带在清水中浸湿)

接缝外表面腻子一道,宽60,厚1

嵌缝石膏腻子将缝嵌满、嵌匀

图 5-14　面板与骨架的固定构造(单位：mm)(续)

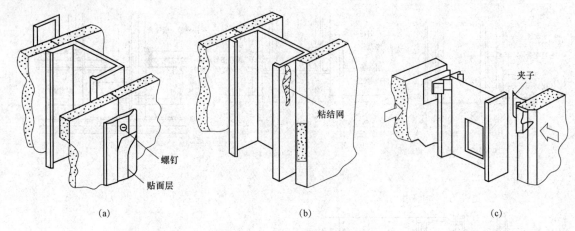

图 5-15　面板与骨架的固定构造

(a)钉；(b)粘；(c)卡

三、板材隔墙

板材隔墙是指不用骨架,由各种板状材料直接拼装而成的隔墙。有时,为了提高其稳定性,也可设置竖向龙骨。隔墙所用板材一般为高度等于房间净高的条形板材,通常分为复合板材、单一材料板材、空心板材等类型。常见的隔墙所用板材有金属夹芯板、石膏夹芯板、石膏空心板、泰柏板(舒乐舍板)、增强水泥聚苯板(GRC 板)、加气混凝土条板、水泥陶粒板等。

1. 板材隔墙与楼(地)面固定

板材隔墙与楼(地)面固定一般有四种方式,即板材与楼(地)面直接固定(直钉式)、板材用木肋与楼(地)面固定(加套式)、板材用木楔与楼(地)面固定(加楔式)和板材用混凝土肋与楼(地)面固定(砌筑式),如图 5-16 所示。

2. 板材隔墙与顶棚相接处的构造

板材与顶棚相接处一般设 365 mm×18 mm 通长木导轨与隔墙板的上部缺口嵌接,如图 5-17 所示。

3. 板材隔墙板缝的处理

板材隔墙板与板之间的缝隙可盖木制或塑料压条,也可用金属嵌条作装饰或用胶粘剂粘结,如图 5-18 所示。

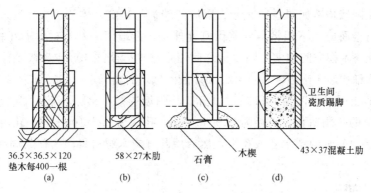

图 5-16　板材隔墙与楼(地)面固定构造(单位:mm)

(a)直钉式；(b)加套式；(c)加楔式；(d)砌筑式

图 5-17　板材隔墙与顶棚相接处构造(单位:mm)

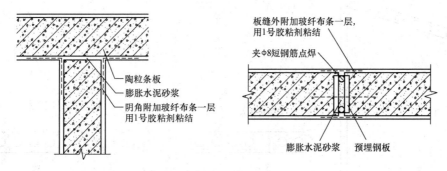

图 5-18　板材隔墙板缝处理构造

4. 板材隔墙的构造

(1)加气混凝土条板隔墙。加气混凝土条板是由水泥、石灰、砂、矿渣、粉煤灰等加发气剂铝粉,经原料处理、配料、浇筑、切割及蒸压养护等工序制成。其密度为 500 kg/m³ (称为 500 级),700 kg/m³(称为 700 级),抗压强度为 300~500 N/cm²,其导热系数低,保温性能、抗震性能和防火性能好,可锯、可刨、可钉,可加工性佳,近年来应用较为广泛。但加气混凝土吸水性大、耐腐蚀性差、强度较低,在运输、施工过程中易损坏,不宜用于具有高温、高湿或有化学及有害空气介质的建筑。加气混凝土条板常用的规格:长度为 1 500~6 000 mm,宽度为 600 mm,厚度为 150 mm、175 mm、180 mm、200 mm、240 mm、250 mm 等多种。

加气混凝土隔墙构造如图 5-19 所示。隔墙两端板与建筑墙体的连接，可采用预埋插筋做法；条板顶端与楼面或梁下用粘结砂浆做刚性连接，下端用一对对口木楔在板底将板楔紧，再用细石混凝土将木楔空间填实；隔墙板之间用水玻璃砂浆或 108 胶砂浆粘结。它们的配合比：水玻璃∶磨细矿砂∶细砂＝1∶1∶2；108 胶∶珍珠岩粉∶水＝100∶15∶2.5。

当加气混凝土隔墙设门窗洞口时，门窗框与隔墙连接，多采用胶粘圆木的做法。在条板与门窗框连接的一侧钻孔，孔径为 25～30 mm，孔深为 80～100 mm，孔内用水湿润后将涂满 108 胶的水泥砂浆的圆木塞入孔内，然后用圆钉或木螺钉将门窗框紧固在圆木上。

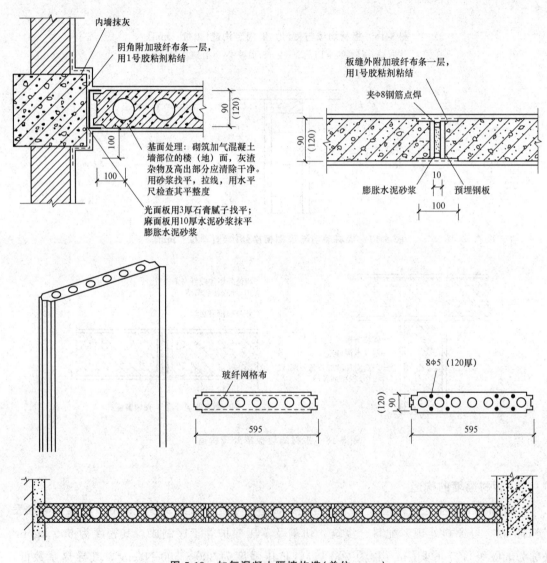

图 5-19　加气混凝土隔墙构造(单位：mm)

(2)泰柏板隔墙。泰柏板是由 $\phi2$ 低碳冷拔镀锌钢丝焊接成三维空间网笼，中间填充聚苯乙烯泡沫塑料构成的轻质板材。泰柏板厚约 70 mm、宽为 1 200～1 400 mm、长度为 2 100～4 000 mm。其质轻，强度高，保温、隔热性能好，具有一定隔声能力和防火性能，也具有较好的可加工性，易于裁剪和拼接。板内还可预设管道、电气器设备、门窗框等。其广泛用作工业与民用建筑的内、外墙，轻型屋面及小开间建筑的楼板等。

泰柏板隔墙的安装必须使用配套的连接件进行连接固定，如图 5-20 所示。板与板拼缝用配套箍码连接，再用钢丝绑扎牢固，外用连接网或之字条覆盖，隔墙的阴阳角和门窗洞口也需采取补强措施。

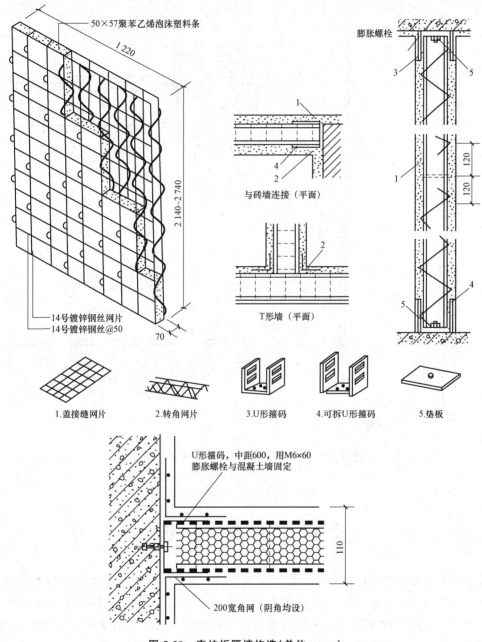

图 5-20　泰柏板隔墙构造(单位：mm)

(3)轻质板隔墙。轻质板是用石膏、水泥或炉渣、水泥等为原料，以钢网为骨架，做成空心板，其具有强度高、韧性好、保温隔热、耐火、隔声、抗震等特点，而且经济耐用。

轻质板隔墙的固定方法一般通过钢制 L 形或 U 形件配合水泥连接，其做法如图 5-21 所示。

当门窗与隔墙连接时，有胶粘法和附加框法。当采用木门窗框时，在框和草板之间涂胶粘剂，再用木螺钉连接；固定金属框则需要附加框连接。

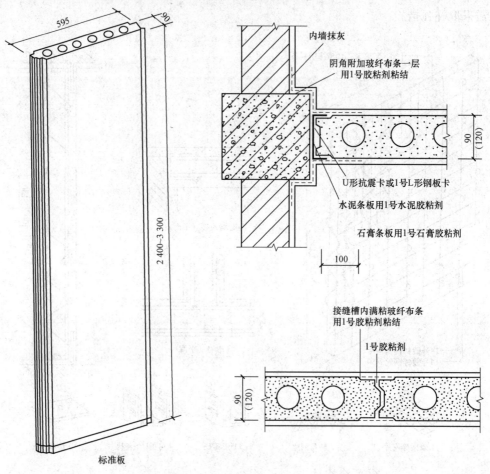

图 5-21　轻质板隔墙的固定方法(单位：mm)

任务三　隔断装饰构造

隔断除具有分隔空间的功能外，还具有很强的装饰性。它不受隔声和遮透的限制，可高可低、可空可透、可虚可实、可静可动，选材多样。与隔墙相比，隔断更具灵活性，更能增加室内空间的层次和深度，用隔断来划分室内空间，可产生灵活而丰富的空间效果。隔断的种类很多，一般按其固定方式可分为固定式和活动式两种。

一、固定式隔断

固定式隔断所用材料有木制、竹制、玻璃、金属及水泥制品等，可做成花格、落地罩、飞罩、博古架等各种形式，俗称空透式隔断。固定式隔断的类型一般有木隔断、玻璃隔断、水泥制品花格隔断和竹木花格空透隔断等。

1. 木隔断

木隔断通常有两种：一种是木饰面隔断；另一种是硬木花格隔断。

（1）木饰面隔断一般采用在木龙骨上固定木板条、胶合板、纤维板等面板，做成不通顶的隔断。木龙骨与楼板、墙应有可靠的连接。面板固定在木龙骨上后，用木压条盖缝，最后按设计要求罩面或贴面。

（2）硬木花格隔断常用的木材多为硬质杂木。其自重轻，加工方便，制作简单，可以雕刻成各种花纹。硬木花格隔断一般用板条和花饰组合，花饰镶嵌在木质板条的裁口中，可采用榫接、销接、钉接和胶接，外边钉有木压条。为保证整个隔断具有足够的刚度，隔断中立有一定数量的板条，贯穿隔断的全高和全长，其两端与上下梁、墙应有牢固的连接。

木隔断的木材多为硬杂木，其纹理清晰，加工方便，可雕刻成各种花纹图案，做工精细、考究。木材的连接以榫接为主，此外还有胶接、销接和钉接等方式。其构造简单，外观古朴、典雅，常用于住宅内的客厅和书房，具有书香气息。

2. 玻璃隔断

玻璃隔断是将玻璃安装在框架上的空透式隔断，其一般构造如图 5-22 所示。这种隔断可通顶或不通顶，其特点是空透、明快，而且在光的作用下色彩有变化，可增强装饰效果，主要用于既要求分隔又要求采光的房间。

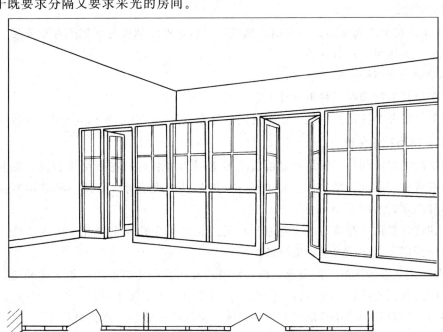

图 5-22　玻璃隔断构造（单位：mm）

玻璃隔断按框架的材质不同，有带裙板玻璃木隔断、落地玻璃木隔断、铝合金框架玻璃隔断、不锈钢柱框玻璃隔断等。

（1）带裙板玻璃木隔断。带裙板玻璃木隔断是由上部的玻璃和下部的木墙裙组合而成。其构造做法：根据隔断的位置，按照设计要求，先做下部的木墙裙，用预埋木砖固定墙筋，然后固定上、下槛及中间横撑，最后固定玻璃。玻璃可选择平板玻璃、夹层玻璃、磨砂玻璃、压花玻璃、彩色玻璃等。

（2）落地玻璃木隔断。落地玻璃木隔断是直接在隔断的相应位置安装竖向木骨架，并与墙、柱及楼板连接，然后固定上、下槛，最后固定玻璃。对于大面积玻璃板，玻璃放入木框后，应在木框的上部和侧边留 3 mm 左右的缝隙，以免玻璃受热开裂，如图 5-23 所示。

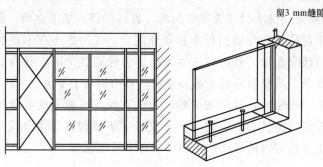

图 5-23　落地玻璃木隔断构造

（3）铝合金框架玻璃隔断。铝合金框架玻璃隔断是用铝合金做骨架，将玻璃镶嵌在骨架内所形成的隔断。

（4）不锈钢柱框玻璃隔断。不锈钢柱框玻璃隔断是把玻璃板与不锈钢柱框连接。玻璃板与不锈钢柱框的固定方法有三种：

1）将玻璃板用不锈钢槽条固定；

2）将玻璃板直接镶在不锈钢立柱上；

3）根据设计要求使用专用的不锈钢紧固件将相应部位打孔的玻璃与不锈钢柱加接固定。

3. 水泥制品花格隔断

水泥制品花格隔断是用预制钢筋混凝土或面层为水磨石的花格拼装而成的隔断。水泥制品花格有各种不同的造型单体，如方形、长方形及多边形等。只用一种基本型花格就可排列出多种图案，如图 5-24 所示。

对于花格与花格、花格与墙及花格与柱的连接，可先在墙上打孔，用钢筋插接墙孔及花格周边的预留孔，并用水泥砂浆填缝。

（1）混凝土花格的构造。混凝土花格与水磨石花格在制作时要求模板表面光滑，如选用木模板，应进行刨光或包以薄钢板，使构件表面光洁。为了便于脱模，模板上应涂脱模剂，如废机油等。对较复杂的花格模板，最好做成可拆卸和拼装的，浇捣时用 1∶2 水泥砂浆一次浇成。若花格厚度大于 25 mm，可用 C20 细石混凝土，均应浇筑密实。在混凝土初凝时脱模、不平整或有砂眼处，用纯水泥浆修光。

花格应用 1∶2.5 的水泥砂浆拼砌，但拼装最大高度与宽度均不应超过 3 m，否则需加梁柱固定。混凝土花格表面可用油性或水性涂料上色。

（2）水磨石花格的构造。要求较光洁的花格可用水磨石制作。材料可选用 1∶（1.25～2）的水泥、石碴，石碴粒径为 2～4 mm。应捣制并经过三次打磨，每次打磨后用同样的水泥

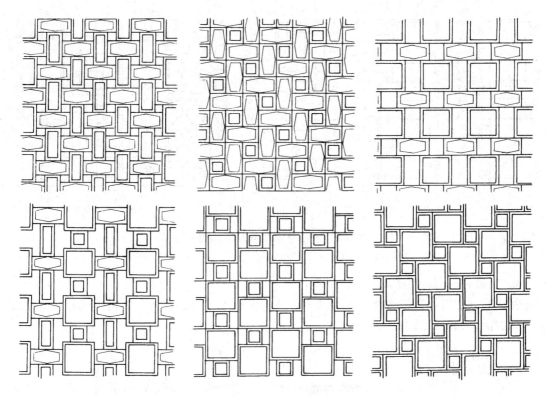

图 5-24　水泥制品花格构件及其组合

浆填补麻面,再进行三道抛光。待花格拼装完工后,再用醋酸或草酸洗净并上蜡。所用蜡可由光蜡、硬脂酸、甲醇进行配合。

4. 竹、木花格空透隔断

竹、木花格空透隔断具有轻巧、玲珑剔透,容易与绿化相配合的特点,其一般用在古典建筑、住宅、旅馆中,如图 5-25 所示。

竹、木花格空透隔断的种类很多,一般用条板和花饰组合,常用的花饰用硬杂木、金属或有机玻璃制成。

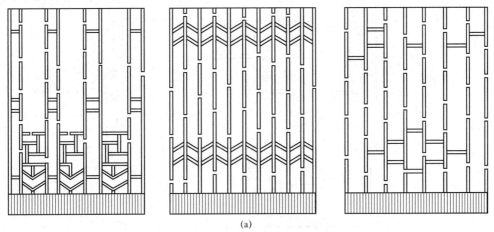

(a)

图 5-25　竹、木花格空透隔断(单位：mm)

(a)竹花格

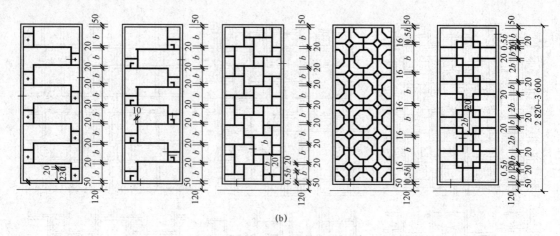

(b)

图 5-25　竹、木花格空透隔断(续)

(b)木花格

(1)空透竹隔断采用质地坚硬、粗细匀称、竹身光洁、直径为 $10\sim50$ mm 的竹子制作。竹子接合的方法以竹销钉接合为主，此外，还有套、塞、穿、钉接、钢销、烘弯接合及胶接合等方法，如图 5-26 所示。

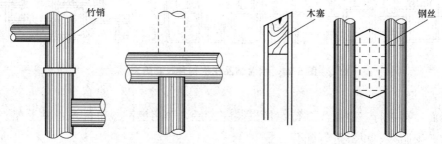

图 5-26　竹花格的连接

(2)空透木隔断的木料多为硬杂木，木材的接合方式以榫接为主。另外，还有胶接、钉接、销接、螺栓连接等方法，如图 5-27 所示。

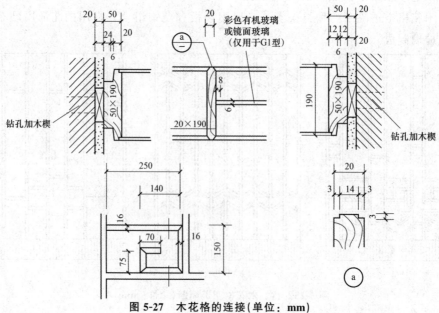

图 5-27　木花格的连接(单位：mm)

5. 金属花格空透隔断

金属花格纤细、精致、空透，用于室内隔断十分美观，如嵌入彩色玻璃、有机玻璃、硬木等更显富丽。金属花格空透隔断如图 5-28 所示。其一般用于装饰要求较高的住宅及公共建筑。

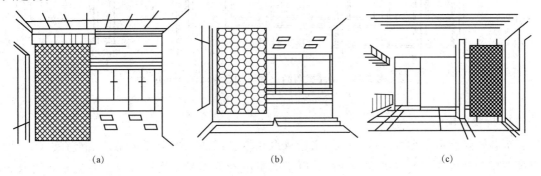

图 5-28　金属花格空透隔断
(a)扁形铝合金花格；(b)圆形铝合金花格；(c)散点图案铁花格

金属花格的成型方法有两种：一种为浇铸成型，即借模型浇铸出铁、铜、铝等花格；另一种为弯曲成型，即用扁钢、钢管、钢筋等弯成大小花格。花格与花格、花格与边框可以焊接、铆接或螺栓连接，隔断上可另加有机玻璃等装饰件。金属花格本身还可以涂漆、烤漆、镀铬或鎏金。

二、活动式隔断

活动式隔断的特点是使用时灵活多变，可以随时打开和关闭，使相邻空间根据需要成为一个大空间或几个小空间，关闭时能与隔墙一样限定空间，阻隔视线和声音。也有一些活动式隔断全部或局部镶嵌玻璃，其目的是增加透光性，不强调阻隔人们的视线。

活动式隔断有拼装式、直滑式、折叠式、帷幕式和屏风式五个类型。

1. 拼装式隔断

拼装式隔断是用高度为 2~3 m、宽度为 600~1 200 mm 的可装拆壁板或门扇拼装而成，不设滑轮和导轨。其厚度视材料及隔扇的尺寸而定，一般为 60~120 mm。

隔扇可用木材、铝合金、塑料做框架，两侧粘贴胶合板及其他各种硬质装饰板、防火板、镀膜铝合金板，也可以在硬纸板上衬泡沫塑料，外包人造革或各种装饰性纤维织物，再镶嵌各种金属和彩色玻璃饰物，制成美观、高雅的屏风式隔扇。

为装卸方便，隔断的顶部应设通长的上槛，用螺钉或钢丝固定在顶棚上。上槛与下槛一般要安装凹槽或设插轴来安装隔扇。为便于安装和拆卸，隔扇的一端与墙面之间要留空隙，空隙处可用一个与上槛大小、形状相同的槽形补充构件来遮盖。拼装式隔断立面与构造如图 5-29 所示。

2. 直滑式隔断

直滑式隔断是指将拼装式隔断中的独立隔扇用滑轮挂置在轨道上，可沿轨道推拉移动的隔断。轨道可布置在顶棚上，隔扇顶部安装滑轮，并与轨道相连；隔扇下部地面一般不设轨道，主要为避免轨道积灰损坏。

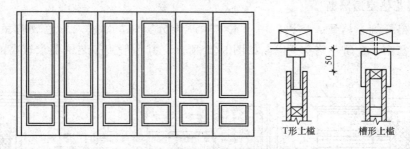

图 5-29　拼装式隔断立面与构造(单位：mm)

3. 折叠式隔断

折叠式隔断由多个可以折叠的隔扇、轨道和滑轮组成。多个隔扇用铰链连在一起，可以随意展开和收拢，推拉快速、方便。由于隔扇本身的质量、连接铰链五金质量，以及施工安装、管理维修等诸多因素造成的变形会影响隔扇活动的自由度，可将相邻的两隔扇连在一起。此时，每个隔扇上只需装一个转向滑轮，先折叠后推拉收拢，更增加了灵活性，可采用单侧推拉式或双向推拉式活动隔断。其构造如图 5-30 所示。

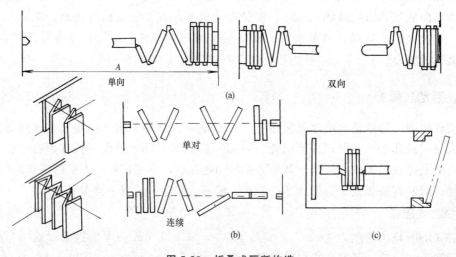

图 5-30　折叠式隔断构造

(a)折叠式隔断推拉方式；(b)折叠式隔断铰合方式；(c)内藏式折叠隔断

4. 帷幕式隔断

帷幕式隔断是指用软质、硬质帷幕材料利用轨道、滑轮、吊轨支架或吊杆等配件组成的隔断。它占用面积小，能满足遮挡视线的要求，使用方便，便于更新及清洗，一般多用于住宅、旅馆和医院。

帷幕式隔断的软质帷幕材料主要是棉、麻、丝织物或人造革。硬质帷幕材料主要是竹片、金属片等条状硬质材料。这种帷幕隔断最简单的固定方法是采用一般家庭中窗帘的固定方法，但较正式的帷幕隔断构造要复杂很多。

5. 屏风式隔断

屏风式隔断的特点是在隔断的顶部与房顶之间留有一定的空间。屏风式隔断的主要作用是在一定程度上限定空间及遮挡视线。其类型很多，按安装架立方法分为固定式、独立式和联立式等。

（1）固定式屏风即固定在楼（地）面上的屏风隔断，高度在1.5 m左右，在上面还可以镶嵌玻璃饰品。固定的方法是依靠制作好的铁、木等支座支在楼（地）面上，屏风底部与楼（地）面有100 mm左右的间隙。

（2）传统独立式屏风是由木材制成的，表面雕刻或裱贴书法、绘画作品等，下部设支架独立。现代的独立式大屏风多采用金属骨架或木骨架。骨架两侧钉有硬纸板或纤维板，中层夹泡沫塑料，表面覆盖尼龙布或人造革。屏风的四周可直接利用织物做缝边，也可以另钉木边或铝合金边。屏风的支承方法很多，最简单的方法是在屏风扇下面安装金属支架。支架可以直接放置在楼（地）面上，为使用方便，也可在屏风扇下安装橡胶滚轮或滑动轮。

（3）联立式屏风的屏风扇与独立式屏风的屏风扇在构造上无多大区别，主要的不同之处是联立式屏风扇没有支架，而是靠扇与扇之间的连接而站立的。传统的方法是在相邻两扇的框边上装铰链，其缺点是移动屏风时将所有的屏风扇折叠在一起，不方便移动。现代化的联立式屏风都在顶部安有特殊的连接件。这种连接件可以随时将联立着的屏风拆成单独的屏风扇。采用这种连接件不仅方便、美观，还能同时连接几个屏风扇，并能使各屏风扇之间按需要构成大小不同的角度，如可联立成十字形、Y形或其他折线形。联立式屏风的屏风扇可相互依附而直立，无须再设支架。

知识点梳理

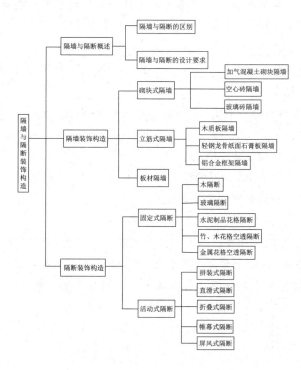

项目小结

本项目主要介绍了隔墙与隔断装饰构造。隔墙是分隔室内空间的非承重构件，隔断顾名思义是"隔而不断"的建筑构件，特点是透风或不隔视线。设置隔墙与隔断是装饰设计中经常运用的对环境空间重新分割和组合、引导与过渡的重要手段。隔墙按构造方式，可分为砌块式隔墙、立筋式隔墙和板材隔墙三种。现代建筑隔断的类型很多，按隔断的固定方式可分为固定式隔断和活动式隔断。固定式隔断的材料有木制、竹制、玻璃、金属及水泥制品等；活动式隔断可随时打开和关闭，使用时灵活多变。

习 题

一、填空题

1. 加气混凝土砌块的标准尺寸为_____。

2. 加气混凝土块隔墙在底层抹灰前，应先满刷一道_____。

3. 玻璃砖隔墙的纵向砖缝内一定要灌满_____。

4. _____是指用木材、金属型材等做龙骨，用灰板条、钢板网和各种板材做面层所组成的轻质隔墙。

5. 隔墙龙骨按断面形状，可分为_____、_____。

6. _____是指不用骨架，而用各种板状材料直接拼装而成的隔墙。

7. 板材隔墙与楼（地）面固定一般有四种方式，即_____、_____、_____和_____。

8. 板材与顶棚相接处一般设_____通长木导轨，与隔墙板的上部缺口嵌接。

9. 门窗与隔墙连接时，有_____和_____。

10. 木隔断通常有两种：一种是_____；另一种是_____。

二、选择题

1. 用于隔墙交叉处的砌块为（　　）。

　　A. 标准块　　　　　　B. 2/3 块　　　　　　C. 1/2 块　　　　　　D. 1/3 块

2. 下列关于空心砖隔墙的描述错误的是（　　）。

　　A. 墙面抹灰可直接用石灰膏砂浆或混合砂浆打底

　　B. 空心砖隔墙可减轻自重，一般以整砖砌筑，不足整砖的部位用实心砖填充

　　C. 空心砖插筋后可灌细石混凝土或水泥砂浆，使插筋部位有类似构造柱和构造梁的功能

　　D. 空心砖隔墙的施工方法与加气混凝土砌块隔墙完全相同

3. 玻璃砖隔墙的高度宜控制在（　　）。

　　A. 4.5 m 以上　　　　　　　　　　　B. 4.5 m 以下

　　C. 5.5 m 以下　　　　　　　　　　　D. 5.5 m 以上

4. 玻璃砖隔墙的玻璃砖之间的缝宽一般为(   )。

    A. 4.5 m 以上   B. 4.5 m 以下

    C. 5.5 m 以下   D. 5.5 m 以上

5. (   )由骨架及罩面板组成。

    A. 砌块式隔墙   B. 板材式隔墙

    C. 立筋式隔墙   D. 固定式隔断

6. 下列哪一项不是面板与骨架的固定方式? (   )

    A. 钉   B. 粘   C. 卡   D. 塞

7. 加气混凝土条板常用的规格：长度为 1 500～6 000 mm，宽度为(   )mm，厚度为 150 mm、175 mm、180 mm、200 mm、240 mm、250 mm 等多种。

    A. 500   B. 600   C. 700   D. 800

8. 泰柏板厚约(   )mm、宽 1 200～1 400 mm、长 2 100～4 000 mm。

    A. 50   B. 60   C. 70   D. 80

9. 拼装式隔断的厚度视材料及隔扇的尺寸而定，一般为(   )mm。

    A. 50～100   B. 60～120   C. 70～140   D. 80～160

三、问答题

1. 简述隔墙与隔断的区别。

2. 隔墙、隔断的设计应符合哪些要求?

3. 什么是木质隔墙? 其特点是什么?

4. 如何提高板条隔墙的防潮与防火性能?

5. 玻璃板与不锈钢柱框的固定方法有几种?

➤ 项目实训

空间分隔中的隔墙、隔断设计

1. 实训目标

(1)掌握隔断的应用特点和类型，能根据使用要求选择隔墙的构造方案，设计隔墙、隔断，确定隔墙、隔断的构造做法，熟练绘制隔墙、隔断装饰施工图。

(2)熟悉对有隔声、保温、防水要求的隔墙构造处理方法。

(3)项目完成可采用小组团队进行，培育团队合作意识。

2. 设计条件

某公司业务发展需求，租用大空间公共建筑设置分支机构，如图 5-31 所示。试完成空间分隔中的隔墙、隔断设计。

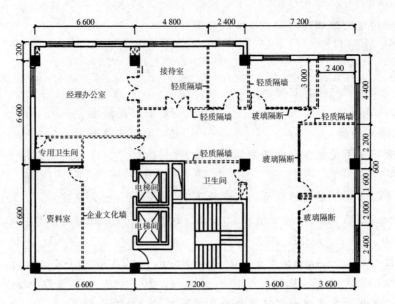

图 5-31 空间分隔布置平面图(单位: mm)

3. 实训作业深度及绘图要求

(1)根据空间功能和分布要求,选择设计隔墙、隔断的形式绘制施工平面图。

(2)按照隔墙、隔断的构造原理,完成平面布局中各类隔墙、隔断的装饰设计,绘制隔墙、隔断构造及节点详图,比例自定。

(3)采用 A3 幅面图纸进行绘制,并装订成册。

4. 实训成绩考评

根据以上考核项目,按优、良、中、及格、不及格等级制评定设计成绩。评分等级及标准参见表 5-3。

表 5-3　评分等级及标准

评分等级	评分标准
优	内容完整、正确; 图纸正确无误,图面整洁、有条理,图面效果美观; 图面各类标注完整、准确
良	内容完整、正确; 图纸正确无误,图面整洁、有条理,图面效果美观; 图面各类标注完整、准确
中	内容完整、正确; 图纸正确无误,图面整洁、有条理,图面效果美观; 图面各类标注较完整、准确
及格	基本达到绘图量及内容正确; 图纸设计正确,图面较整洁; 图面各类标注较完整
不及格	不能按时完成绘图量及内容的基本要求; 图面不清晰,各类标注不完整

5. 实训小结

在完成实训工作以后,组织进行自评、互评、相互交流等,进行最终评定。

项目六　幕墙装饰构造

项目导入

建筑幕墙是现代大型和高层建筑常用的带有装饰效果的轻质墙体。建筑幕墙在我国发展非常迅速,我国现已成为世界上应用幕墙最多的国家,成为世界上最大的幕墙市场。装饰后的幕墙既可以使立面美观,丰富艺术效果,还可以加快建设速度(图 6-1)。建筑幕墙饰面构造有哪些要求? 各节点构造图如何呢?

图 6-1　建筑幕墙

教学目标

通过本项目内容的学习,了解幕墙的组成及特点、幕墙的基本构造,掌握各类幕墙的基本构造及主要特征。

教学要求

知识要点	能力目标
幕墙概述	了解幕墙的组成及特点;熟悉幕墙的分类、基本结构
玻璃幕墙装饰构造	掌握框式玻璃幕墙、无框式玻璃幕墙、点支式玻璃幕墙的构造做法,能绘制其节点构造图
金属幕墙装饰构造	能进行金属幕墙安装构造图及特殊部位构造图绘制
石材幕墙装饰构造	能进行石材幕墙的连接构造图的绘制

素养目标

1. 在小组内开展团队协作,共享资源,讲究秩序,信任团队成员。

2．合理有效地利用时间，能按时完成各项任务。

3．认真聆听他人意见，理解和包容他人，适当地承担责任，处事公正。

任务一　幕墙概述

幕墙是一种悬挂在建筑物结构框架外侧的外墙围护构件。幕墙的自重和所承受的风荷载、地震作用等，通过锚接点以点传递方式传至建筑物主框架。建筑幕墙的优点是其外观有较强的装饰性，是高档建筑物外立面常用的装饰饰面；其缺点是工艺复杂，对防雷、防火、保温、防辐射的要求较高，造价高并易产生光污染。

幕墙与窗墙的区别在于，窗墙的四周嵌入框架并固定在框架上，或固定在两相对侧面上，其自重和承受的荷载通过连接的接缝传到建筑结构框架上，使建筑物整个结构框架直接暴露在建筑物立面上。采用幕墙的建筑物，结构框架处于幕墙立面的背后；如果是玻璃幕墙，位于幕墙内侧的柱(梁)仍可通过透明玻璃让人看到，但不属于外露件。

一、幕墙的组成及特点

建筑幕墙是指建筑物不承担主体结构荷载与作用的建筑外围护墙。其通常由面板（玻璃、铝板、石板、陶瓷板等）和后面的支承结构（铝横梁立柱、钢结构、玻璃肋等）组成。

建筑幕墙不同于填充墙，它具有以下的特点：

（1）建筑装饰效果好。幕墙打破了传统的建筑造型模式中窗与墙的界限，巧妙地将它们融为一体，使建筑物造型美观，实现建筑物与周围环境的有机融合，并通过多种材质组合、色调、光影等变化给人以动态美。

（2）质量轻、抗震性能好。幕墙材料的质量在相同面积的情况下，玻璃幕墙的质量为砖墙粉刷的1/12～1/10，大大减轻了围护结构的自重，而且其结构的整体性好，抗震性能明显优于其他外围护结构。

（3）施工安装简便，工期较短。幕墙构件大部分是在工厂加工而成的，因而减少了现场作业和安装操作的工序，缩短了建筑装饰工程乃至整个建筑工程的工期。

（4）更新维修方便。由于幕墙大多由单元构件组合而成，当局部有损坏时，维修或更换方便，因此在现代大型建筑和高层建筑上得到广泛应用。

尽管幕墙有上述种种优点，但幕墙在实际应用中依然受到某些因素的制约。如幕墙造价相对较高，材料及施工技术要求较高，有的幕墙材料（如玻璃、金属等）存在着反射光线对环境的光污染问题，玻璃材料还容易破损下坠伤人等。因此，幕墙装饰的选用应慎重，在幕墙装饰工程的设计与施工过程中必须严格按照有关的规范进行。

二、幕墙的分类

幕墙按其面板材料和安装形式的不同可分为多种形式，见表6-1。

表 6-1　常用幕墙的分类

类别	形式	
按面板材料分类	玻璃幕墙	有框式玻璃幕墙
		无框式玻璃幕墙
		点支式玻璃幕墙
	金属幕墙	单层铝板幕墙
		蜂窝铝板幕墙
		铝塑复合板幕墙
		彩色钢板幕墙
		不锈钢板幕墙
		珐琅板幕墙
	非金属幕墙	石材蜂窝板幕墙
		树脂纤维板幕墙
按安装形式分类	散装幕墙	
	单元式幕墙	
	半单元式幕墙	

三、幕墙的基本结构

幕墙的基本结构从大的方面来讲包括两个部分：一是饰面；二是固定饰面的框架。饰面只有与框架连接在一起，才能成为幕墙；框架则是固定饰面的载体。框架本身通过连接件与主体结构连在一起，并将饰面的质量和幕墙受到的风荷载及其他荷载传给主体结构。

幕墙工程施工技术

框架体系分为明框体系、隐框或半隐框体系和无框体系三种基本形式。

1. 明框体系

(1)型钢框架体系是以型钢作幕墙的骨架，将铝合金框与骨架固定，然后将玻璃镶嵌在铝合金框内。其也可以直接用型钢组成幕墙的框架，而不用铝合金框架。

(2)铝合金型材框架体系是以特殊断面的铝合金型材做幕墙的框架，玻璃镶嵌在框架的凹槽内。其最大特点是框架型材本身兼有龙骨和固定玻璃的双重作用，即在框架龙骨上已加工有镶嵌玻璃的凹槽，而不用另外配置安装其他配件。这大大简化了幕墙的安装工序，提高了工效，加快了工程进度。

2. 隐框或半隐框体系

明框体系的金属框架构件是显露在面板外表面的，而隐框体系是金属框架构件全部不显露在面板外表面的有框玻璃幕墙；半隐框体系是金属框架竖向或横向构件显露在面板外表面的有框玻璃幕墙。隐框或半隐框体系最大的特点是，幕墙的立面既不见骨架，也不见框架。所以，玻璃幕墙的外表显得更加新颖、简洁。另外，这种体系可以不使用特殊的铝合金框架型材，也不使用铝合金窗框，只使用型钢骨架和铝合金边框料即可，降低了工程造价。

3. 无框体系

无框体系即全玻幕墙。这种体系没有支撑玻璃的框架，玻璃既是面板又是承重构件。这类玻璃幕墙多用在结构的首层，多采用悬挂式结构，即用吊钩将大片的玻璃悬吊起来，也可以用特殊的专用型材将玻璃固定起来。为了加强玻璃的刚度和整体稳定性，一般还需加设与面玻璃相垂直的肋玻璃。

任务二　玻璃幕墙装饰构造

玻璃幕墙主要是以玻璃作为饰面材料，覆盖在建筑物表面的幕墙。采用玻璃幕墙作为墙面的建筑物，显得光亮、明快、挺拔，有较好的统一感，给人以新颖和高技术的印象。特别是采用热反射玻璃的幕墙，将周围的景物、环境、天空都反映到建筑物的表面，使建筑物与环境融合成一体，很容易被大众所接受。因玻璃幕墙制作技术的要求高，而且投资大、易损坏、耗能大，所以一般只在重要的公共建筑立面处理中运用。

从组成上看，玻璃幕墙可分为幕墙框架和装饰面玻璃两部分。一般的幕墙都由骨架构成框架，也有由玻璃自承重的幕墙，这样的玻璃幕墙称为"无骨架玻璃幕墙"。

一、有框式玻璃幕墙构造

有框式玻璃幕墙可分为明框玻璃幕墙、全隐框玻璃幕墙和半隐框玻璃幕墙三种，下面分别进行介绍。

1. 明框玻璃幕墙

明框玻璃幕墙框架结构外露，立面造型主要由外露的横竖骨架决定，其构造如图 6-2 所示。其构造方法主要有元件式和单元式两种。

（1）元件式幕墙。元件式幕墙是指用一根根元件（立梃、横档）安装在建筑物主框架上形成框格体系，再镶嵌玻璃，组装成的幕墙。对以竖向受力为主的框格，先将立梃固定在建筑物每层的楼板（梁）上，再将横档固定在立梃上；对以横向受力为主的框格，则先安装横档，将立梃固定在横档上，再镶嵌玻璃。所有工作均须在施工现场完成。

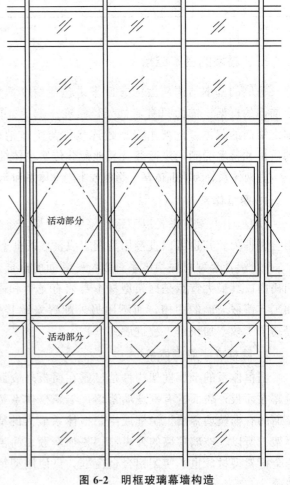

图 6-2　明框玻璃幕墙构造

活动部分

活动部分

1)框架的安装与连接。铝型材的一般供货长度是 6 m，但通常玻璃幕墙的竖梃依据一个层间高度来划分。各层竖框间有一定间隙，所以连接件上的所有螺栓孔都被设计成椭圆形的长孔。另外，要考虑型材的热胀冷缩，每根竖框不得长于建筑的层高，且每根竖框只固定在上层楼板的上表面。上下相邻的竖框连接通常共用内衬套管或由同一个连接件接长，两段竖框之间还必须留 15～20 mm 的伸缩缝(图 6-3)，并用密封胶堵严。竖框与横框的连接可通过角铸铝件或专用铝型材的连接件连接，均用螺栓固定。连接件可以置于楼板的上表面、侧面和下表面，一般情况是安置于楼板的上表面，由于操作方便，故采用较多。

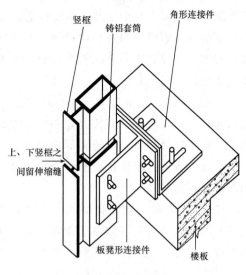

图 6-3　竖框连接

2)玻璃镶嵌。玻璃镶嵌在竖梃、横档等金属框上，并用金属条卡住，如图 6-4 所示。目前，国内外的金属框接缝构造所采用的方式为密封层、密封衬垫层和空腔构造，如图 6-5 所示。

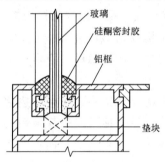

图 6-4　明框玻璃与铝框的连接

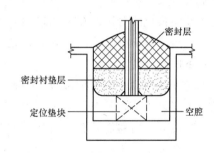

图 6-5　明框玻璃安装

(2)单元式幕墙。单元式幕墙是指幕墙在工厂中预制并拼装成单元组件。这种单元组件一般为一个楼层高度，也可以为 2～3 层楼高，一个单元组件就是一个受力单元。安装时将单元组件固定在楼层楼板(梁)上，组件的竖边对扣连接，下一层组件的顶部与上一层组件的底部横框对齐连接。

由于单元式玻璃幕墙是由一个个幕墙单元组合而成的整幅幕墙，一个单元的高度至少应是一个楼层高度，以便将其固定在楼层楼板(梁)上，并以楼层楼板(梁)为支点。单元式玻璃幕墙和元件式玻璃幕墙的不同之处在于，两个单元之间的连接方式不同。元件式玻璃幕墙相邻框格使用一根共用杆件，这根杆件两侧有镶嵌槽，将玻璃装配在镶嵌槽中形成幕墙；而单元式玻璃幕墙的每一个单元组件是用独立的杆件制成框格并形成单元组件，两个单元之间没有共用杆件，而是将相邻组件连接部分设计成插接组合。

2. 全隐框玻璃幕墙

全隐框玻璃幕墙是指采用结构玻璃装配方法安装玻璃的幕墙。玻璃用硅酮密封胶固定在金属框上。由于全隐框玻璃幕墙均采用镀膜玻璃，镀膜玻璃具有单向透视特性，因此可达到隐框的效果。全隐框玻璃幕墙构造如图 6-6 所示。

全隐框玻璃幕墙四边都用硅酮密封胶将玻璃固定在金属框架的适当位置上。全隐框玻璃幕墙从构造上分，有整体式和分离式两大类。

(1)整体式全隐框玻璃幕墙。整体式全隐框玻璃幕墙是用硅酮密封胶将玻璃直接固定在主框格体系的竖梃和横档上，安装玻璃时要采取辅助固定装置，将玻璃定位固定后再涂胶，待密封胶固化后能承受力的作用时，才能将辅助固定装置拆除。

(2)分离式全隐框玻璃幕墙。分离式全隐框玻璃幕墙是将玻璃用结构玻璃装配方法固定在副框上，组合成一个结构玻璃装配组件，再用机械夹持的方法，将结构玻璃装配组件固定到主框上。

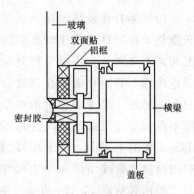

图 6-6　全隐框玻璃幕墙构造

分离式全隐框玻璃幕墙有一次分离与二次分离两种做法。一次分离是利用结构玻璃装配组件的副框本身与主框相连接；二次分离是用另外的固定件将结构玻璃装配组件固定在主框上。

3. 半隐框玻璃幕墙

半隐框玻璃幕墙有横隐竖不隐和竖隐横不隐两种形式，是明框与隐框构造方式的结合。它是将玻璃板块两对边嵌在金属框内，另两对边用结构胶粘结在金属框上，形成半隐框幕墙玻璃。横隐竖不隐形式的外观效果是框料线条竖向排列；竖隐横不隐形式的外观效果是框料线条横向排列。

半隐框玻璃幕墙有两种做法：一种为竖向或横向两组对边中，一组对边使用结构玻璃装配方法安装玻璃，另一组对边采用镶嵌槽安装玻璃；另一种为四边都采用结构玻璃装配方法安装玻璃，而在需要有线条装饰的部位加上扣板，可在竖向或横向加线条。扣板形式如图 6-7 所示。

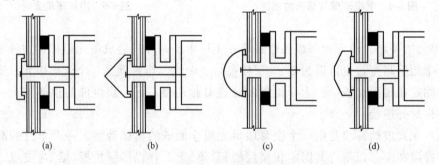

图 6-7　扣板形式

(a)矩形扣板；(b)三角形扣板；(c)半圆形扣板；(d)梯形扣板

二、无框式玻璃幕墙构造

无框式玻璃幕墙又称全玻幕墙、玻璃框架玻璃幕墙。它包括玻璃肋胶接全玻幕墙、点支式全玻幕墙两类。

1. 玻璃肋胶接全玻幕墙

玻璃肋胶接全玻幕墙是指为增强玻璃刚度，每隔一定距离用条形玻璃板作为加强肋板，玻璃板加强肋垂直于玻璃幕墙表面设置的幕墙形式。因其设置位置如板的肋一样，又称为肋玻璃。玻璃幕墙称为面玻璃。面玻璃和肋玻璃有多种支承形式，如图 6-8 所示。同时，面玻璃与肋玻璃相交部位宜留出一定的间隙，间隙用硅酮系列密封胶注满，间隙尺寸可根据玻璃的厚度而略有不同。

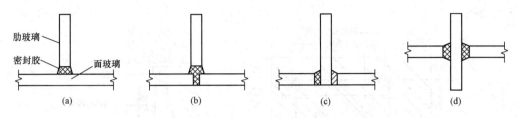

图 6-8　面玻璃和肋玻璃的支承形式

(a)后置式；(b)骑缝式；(c)平齐式；(d)突出式

　　玻璃肋胶接全玻幕墙所使用的玻璃多为钢化玻璃和夹层钢化玻璃。为了使其通透性更好，通常分格尺寸较大，否则就失去了这种玻璃幕墙的特点。玻璃的厚度、单块面积的大小、肋玻璃的宽度及厚度，这些均应经过计算。在强度及刚度方面，其应满足最大风荷载情况下的使用要求。玻璃的固定方法有上部悬挂式和下部支承式两种。

　　(1)上部悬挂式是用悬吊的吊夹，将肋玻璃及面玻璃悬挂固定。这种悬挂方式由吊夹及上部支承钢结构受力，可以消除玻璃因自重而引起的挠度，从而保证其安全性。当全玻璃幕墙的高度大于 4 m 时，必须采用悬挂方法固定，如图 6-9 所示。

　　(2)下部支承式是用特殊型材，将面玻璃及肋玻璃的上、下两端固定。这种支承方式的幕墙质量支承在其下部。由于玻璃会因自重而发生挠曲变形，所以不能用作较高的全玻幕墙，如图 6-10 所示。

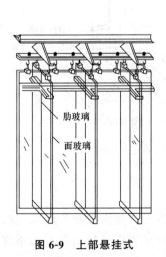

图 6-9　上部悬挂式

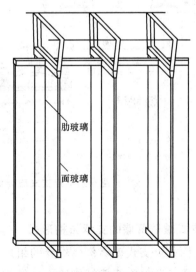

图 6-10　下部支承式

2. 点支式全玻幕墙

点支式全玻幕墙又称接驳式全玻幕墙，详见三点支式玻璃幕墙构造。

三、点支式玻璃幕墙构造

1. 点支式玻璃幕墙的组成

点支式玻璃幕墙是指由玻璃面板、点支承装置和支承结构构成的建筑幕墙，其示例如图 6-11 所示。

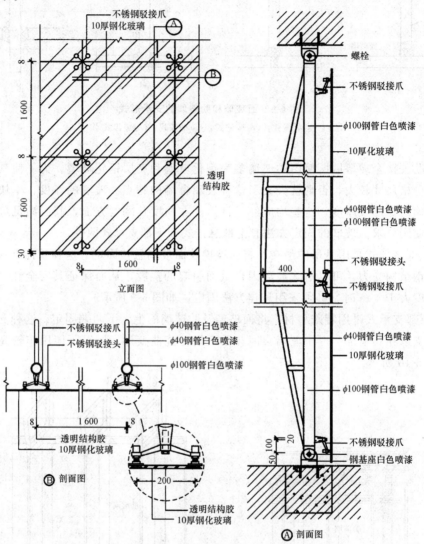

图 6-11　点支式玻璃幕墙构造示例(单位：mm)

2. 点支式玻璃幕墙的支承结构形式

支承结构是点支式玻璃幕墙重要的组成部分，它能把玻璃面板承受的风荷载、温度差作用、自身重量和地震荷载等传给主体结构。支承结构必须有足够的强度和刚度，它相对于主体结构有特殊的独立性，又是整体建筑不可分离的一部分。支承结构既要与主体结构有可靠的连接，又不承担主体结构因变形对幕墙产生的复合作用。常见的点支式玻璃幕墙的支承结构有如下几种形式。

(1)钢构式支承结构。钢构式支承结构又可分为单杆式支承结构、格构式梁柱支承结构、平面桁架支承结构和空间桁架支承结构等形式，如图 6-12 所示。

(2)拉杆式支承结构。拉杆式支承结构是由受拉杆件经合理组合并施加一定的预应力所形成的，尤其是用不锈钢材料作为拉杆时，更能展示出现代金属结构所具备的高雅气质，使建筑更富现代感，如图 6-13 所示。

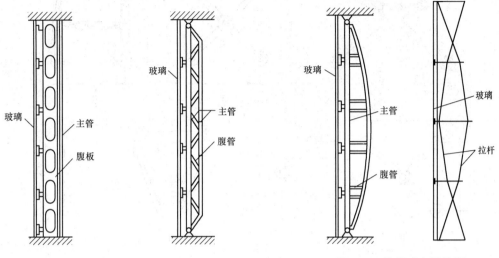

图 6-12　钢构式支承结构　　　　　　图 6-13　拉杆式支承结构

(3)拉索式支承结构。拉索式支承结构是一种新的结构形式，玻璃面板、张拉索杆结构、锚定结构组成幕墙系统。玻璃幕墙面板用钢爪固定在张拉索杆结构上，张拉索杆结构承担幕墙承受的荷载并将其传至锚定结构，如图 6-14 所示。

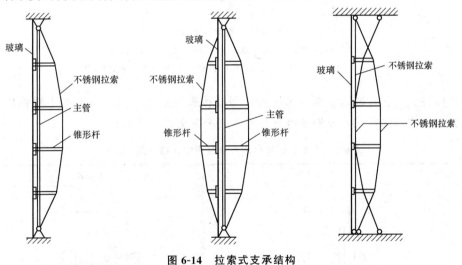

图 6-14　拉索式支承结构

3. 点支式玻璃幕墙的玻璃及支承装置

(1)玻璃。点支式玻璃幕墙不能选用普通的浮法玻璃，应选用钢化玻璃、夹层玻璃或钢化中空玻璃(有保温、隔热要求时应采用中空玻璃)等，钢化玻璃必须经过热处理，消除玻璃钢化过程中产生的内应力，减少钢化玻璃上墙后"自爆"的危险。

（2）支承装置。

1）驳接爪。点支式玻璃幕墙用的驳接爪为定型产品，一般为不锈钢件。驳接爪的形式按规格可分为 200、210、220、230 不锈钢系列驳接爪。按固定点数和外形，可分为四点爪、三点爪、二点爪、单点爪和多点爪以及 X 形、Y 形、H 形等形状，如图 6-15 所示。

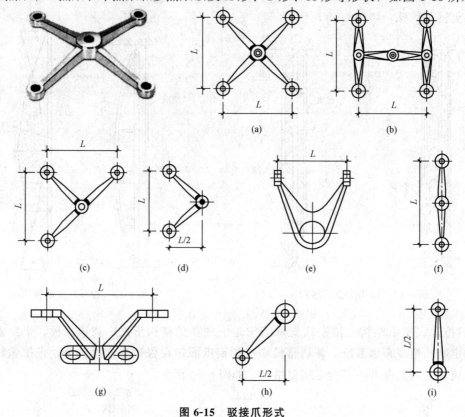

图 6-15　驳接爪形式

(a)四点 X 形；(b)四点；(c)三点；(d)二点 V 形；

(e)二点 U 形；(f)二点字形；(g)二点 K 形；(h)单点 V/2 形；(i)单点

2）连接件。点支式玻璃幕墙用的连接件即驳接头为定型产品，一般为不锈钢件。按构造可分为活动式和固定式，按外形可分为浮头式和沉头式，见表 6-2。

表 6-2　点支式玻璃幕墙支承装置的连接件结构形式

结构形式	浮头式（F）	沉头式（C）
活动式（H）		

结构形式	浮头式(F)	沉头式(C)
固定式(G)	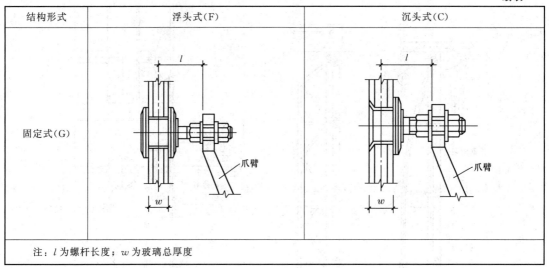	

注：l 为螺杆长度；w 为玻璃总厚度

4. 点支式玻璃幕墙的构造

(1)立柱点支玻璃幕墙构造。立柱点支玻璃幕墙构造如图 6-16 所示。

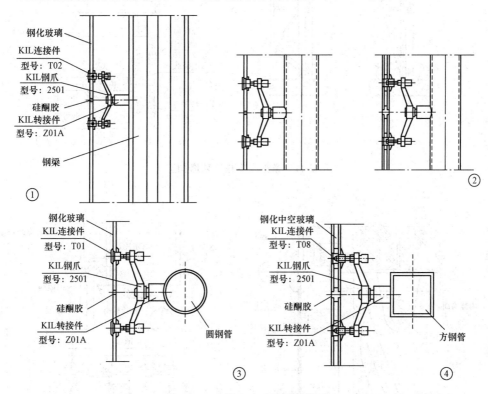

图 6-16　立柱点支玻璃幕墙构造

(2)桁架点支玻璃幕墙构造。桁架点支玻璃幕墙构造如图 6-17～图 6-22 所示。

(3)拉杆(拉索)点支式玻璃幕墙构造。拉杆点支式玻璃幕墙构造如图 6-23 所示；拉点支式玻璃幕墙构造如图 6-24 所示。

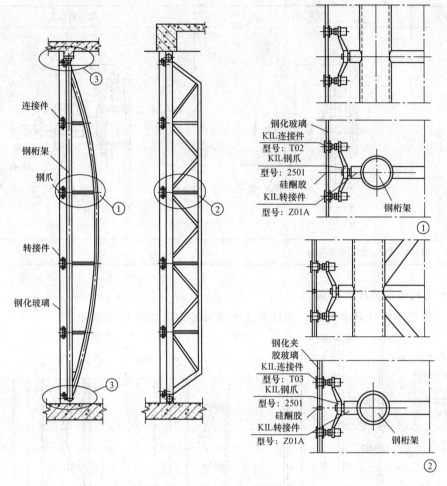

图 6-17 桁架点支玻璃幕墙构造

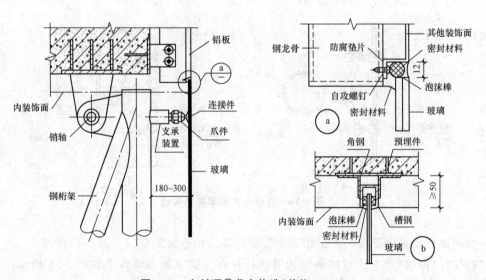

图 6-18 上封顶③节点构造(单位：mm)

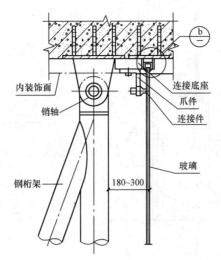

图 6-18 上封顶③节点构造(单位：mm)(续)

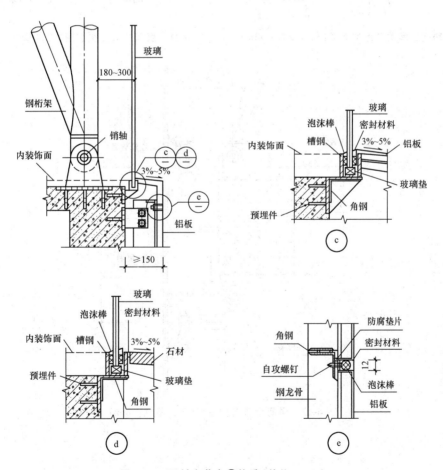

图 6-19 下封底节点④构造(单位：mm)

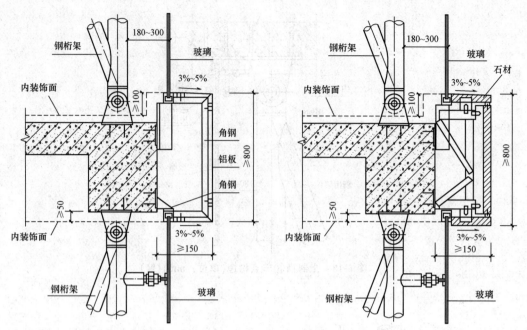

图 6-20　层间梁节点构造图(一)(单位：mm)　　　　图 6-21　层间梁节点构造图(二)(单位：mm)

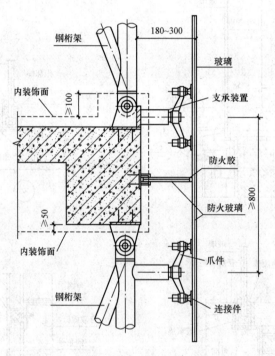

图 6-22　层间梁节点构造图(三)(单位：mm)

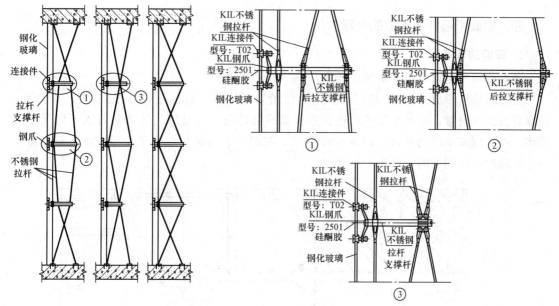

图 6-23　拉杆点支式玻璃幕墙构造

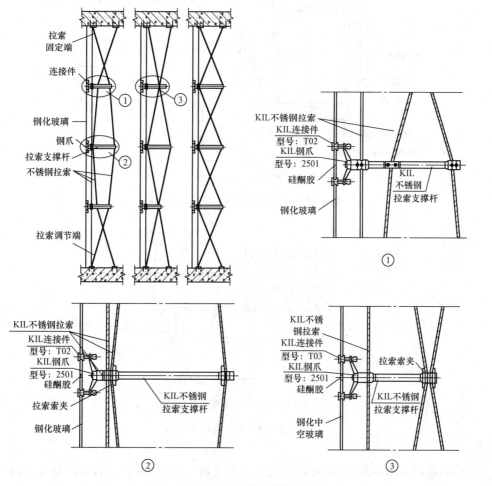

图 6-24　拉索点支式玻璃幕墙构造

四、玻璃幕墙特殊部位的处理

1. 幕墙的转角

幕墙的转角包括阳角、阴角、任意角等。

当玻璃幕墙形成 90°外转角（称为"阳角转角"）时，其构造也是将 2 根立柱按 90°连接，呈垂直布置。通常，在转角部位用通长铝板做成装饰条封盖处理。装饰条可依不同风格的幕墙，被压制成不同的形状，如图 6-25 所示。有时，表面转角并不是全部密封，而是留下一小段间隙，以利伸缩，如图 6-26 所示。

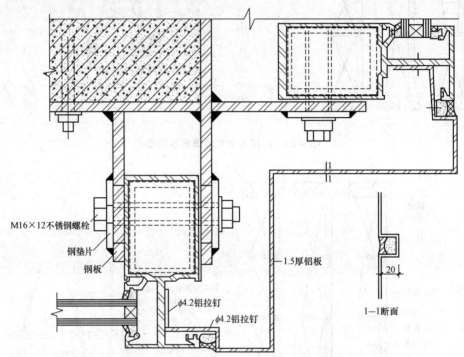

图 6-25　90°外转角构造(一)(单位：mm)

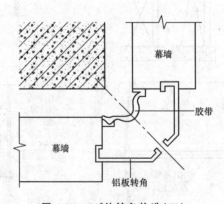

图 6-26　90°外转角构造(二)

当玻璃幕墙阳角转角非 90°时，即两立柱之交角大于 90°时，这时就应将垂直面立柱与非垂直面立柱(又称"斜向立柱")按特定的角度拼装。如立柱为型钢制作，采用焊接固定较为简便；如为铝立柱，则应在立柱挤压成型时定制转角异形立柱拼接专用转角，空余部位则可用铝合金板与密封材料封接，如图 6-27 和图 6-28 所示。

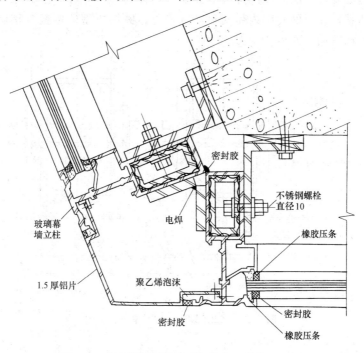

图 6-27 墙面转角处理（型钢转角）（单位：mm）

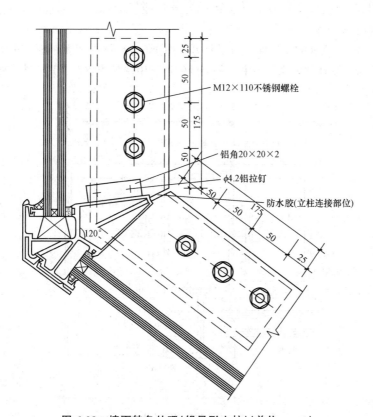

图 6-28 墙面转角处理（铝异形立柱）（单位：mm）

2. 沉降缝的构造

幕墙沉降缝的处理方法：在沉降缝或伸缩缝两侧各立一根立柱。骨架在此断开，成为两片玻璃幕墙体系，在缝的间隙内做两道防水密封，并用成型的铝板分别固定在各自的立柱上。沉降缝的构造如图 6-29 所示。

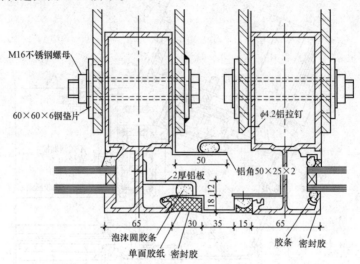

图 6-29　常见沉降缝构造(单位：mm)

3. 收口的处理

所谓收口的处理，就是幕墙本身一些接头转折部位的遮盖处理，如洞口、两种材料交接处、压顶、窗台板和窗下墙等。

(1)幕墙最后一根立柱的小侧面，封闭时可采用 1.5 mm 厚的成型铝板，将骨架全部包裹遮挡。为防止铝合金与块体伸缩系数不一，相接处铰连接用密封胶防水。其构造如图 6-30 所示。

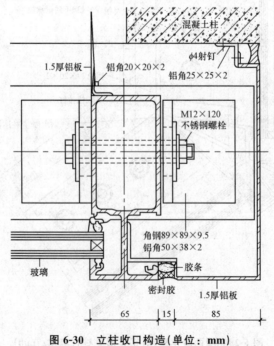

图 6-30　立柱收口构造(单位：mm)

（2）女儿墙压顶收口是用通长铝合金成型板固定在横杆上，在横杆与成型板间注入密封胶，压顶的铝合金板用螺栓固定于型钢骨架上，如图6-31所示。

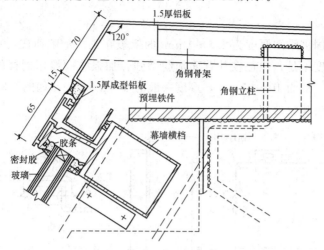

图6-31　幕墙斜面与女儿墙收口构造(单位：mm)

（3）幕墙压顶收口的构造处理是幕墙渗漏与否的关键，常用一条成型铝合金板（压顶板）罩在幕墙顶面，在压顶型材下铺放一层防水材料，如图6-32所示。

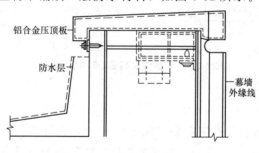

图6-32　幕墙压顶构造示意

任务三　金属幕墙装饰构造

金属幕墙是指采用防腐处理后的钢铁材料或铝型材等作为框架，将金属饰面板用卡、嵌、胶粘和自攻钉等连接方式固定在框架上，板缝封密封胶后而形成的连续板墙。

在现代建筑装饰中，金属装饰板的使用越加广泛。金属板幕墙是由工厂定制的折边金属板作为外围护墙面，与窗组合成幕墙，具有金属饰面的质感，简捷而挺拔的外观，独特的艺术风韵，其在一些公共建筑中得到广泛应用。金属饰面板可采用铝板、不锈钢板、搪瓷钢板等。为了达到建筑外围护结构的热工要求，金属饰面板的内侧均要用矿棉等材料做保温隔热层。

金属幕墙按面板材料的不同，可分为铝板幕墙（铝合金单板幕墙、铝塑复合板幕墙）、蜂窝铝板幕墙、不锈钢装饰板幕墙、彩色涂层钢板幕墙、彩色压型钢板幕墙等。

一、金属幕墙面板材料简介

1. 单层铝板

单层铝板在我国多采用厚度为 2.5～4 mm 的铝板在工厂加工而成。对于板块面积较大的单层铝板由于刚度不足，往往在其背面加肋增强，加强肋一般用同样的合金铝带、槽铝或角铝制成，宽度一般为 10～25 mm，厚度一般为 2～2.5 mm，如图 6-33 所示。单层铝板的表面一般采用静电喷涂处理。

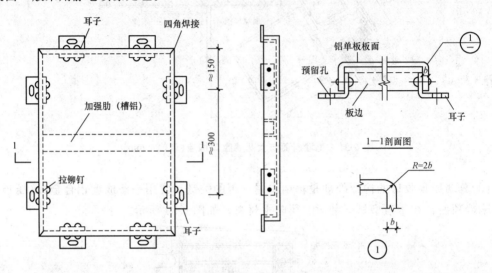

图 6-33　单层铝板构造(单位：mm)

2. 蜂窝铝板

蜂窝铝板是由两层铝板与蜂窝芯粘结而成的一种复合材料。一般外层铝板厚为 1.0～1.5 mm，内侧板厚为 0.8～1.0 mm。夹层为铝箔、玻璃纤维或纸质材料的蜂窝芯，蜂窝形状有正六角形、长方或正方形、交叉折弯六角形等，以正六角形应用最多，六角形的边长为 3～7 mm。由于板块结构的特殊，此种板材的使用性能最为优异。其成品板材的厚度一般为 6～20 mm，矩形板的常用规格为 2 400 mm×1 200 mm，超大规格的板或弧形、异形板产品的尺寸由供需双方协商订制。基本结构形式如图 6-34 所示。

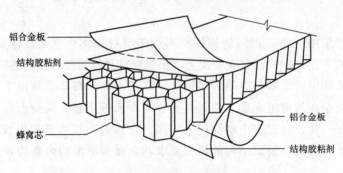

图 6-34　蜂窝铝板结构

二、金属幕墙安装构造

1. 饰面铝板与框架连接构造

饰面铝板与框架的连接有两种方法：一种是用铝铆钉或铝铆钉加角铝将饰面铝板固定在框架上；另一种是采用结构胶将饰面铝板固定在封框上，然后将封框固定在框架上。图 6-35 和图 6-36 所示为饰面铝板在主框上的安装示意。图 6-37 所示为单层铝板与板框的连接构造。

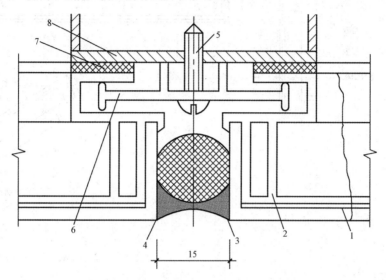

图 6-35　饰面铝板在主框上的安装示意(一)(单位：mm)

1—饰面铝板；2—副框；3—密封胶；4—泡沫胶条；
5—自攻螺钉；6—压片；7—胶垫；8—主框

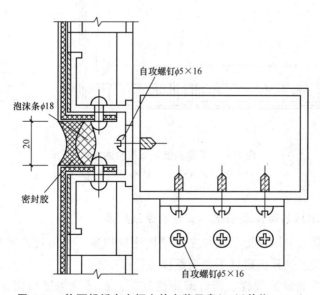

图 6-36　饰面铝板在主框上的安装示意(二)(单位：mm)

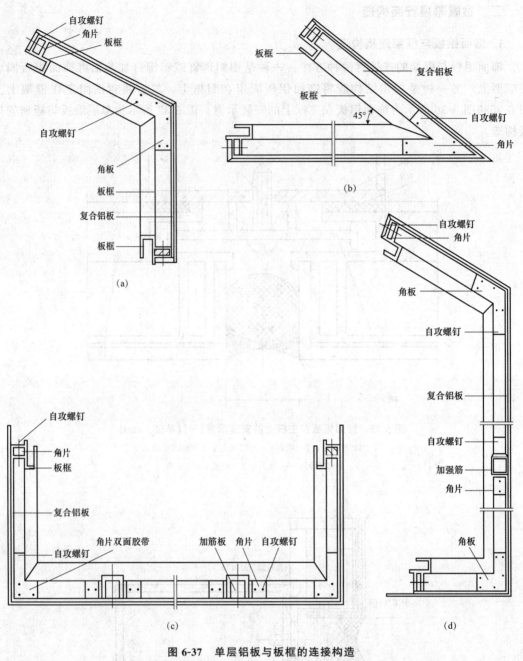

图 6-37　单层铝板与板框的连接构造

(a)钝角；(b)锐角；(c)直角；(d)综合加长

2. 立柱与主体结构的连接及横梁与立柱的连接构造

　　在铝合金单板幕墙中铝合金立柱与主体结构连接构造：先通过两片角钢或专门夹具与主体结构相连，角钢或夹具再通过不锈钢螺栓与竖杆相连。

　　横梁与立柱一般通过连接件、铆钉或螺栓连接。这部分构造与框支承玻璃幕墙相似，可参见相关图例。

三、金属幕墙特殊部位的处理

金属幕墙之间的节点构造、转角部位的处理、水平部位的压顶、端部的收口、两种不同材料交接部位的处理等不仅对结构安全与使用功能有较大的影响，而且也关系到建筑物的立面造型和装饰效果。因此，各生产厂商、设计及施工单位都十分注重节点的构造设计，并相应开发出与之配套的骨架材料和收口部件。目前常见的几种做法如下。

1. 墙板节点

对于不同的墙板，其节点构造处理略有不同，如图 6-38 和图 6-39 所示。

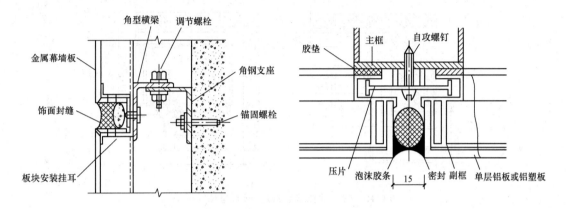

图 6-38　单层铝板或复合铝板节点构造(单位：mm)

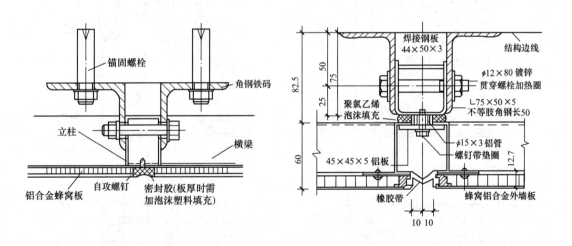

图 6-39　蜂窝铝板节点构造(单位：mm)

2. 转角部位的处理

转角部位常见的是直角和圆弧角两种，其构造如图 6-40 和图 6-41 所示。

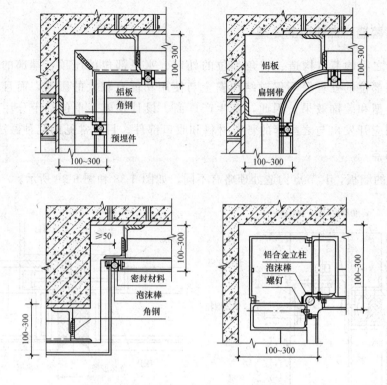

图 6-40 转角部位节点构造(一)(单位：mm)

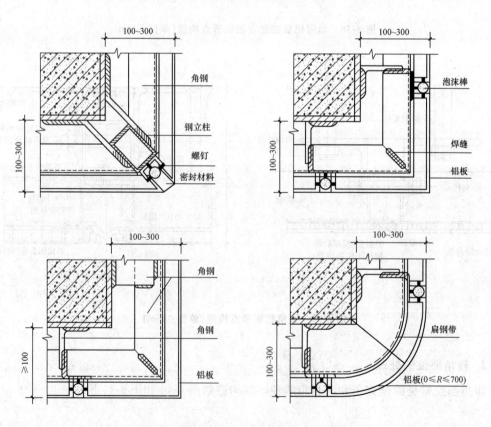

图 6-41 转角部位节点构造(二)(单位：mm)

3. 水平部位的压顶处理

门窗洞口、女儿墙等部位等的上封顶构造、下封底构造和侧封边构造，如图 6-42 所示。

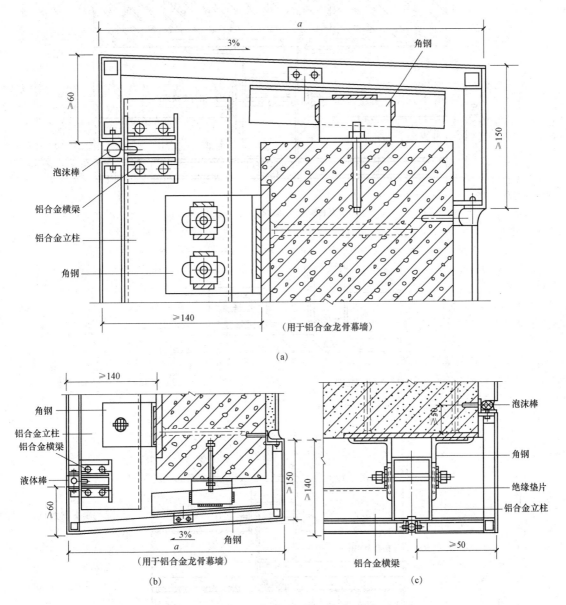

图 6-42 铝塑复合板幕墙端部收口构造(单位：mm)

(a)上封顶构造；(b)下封底构造；(c)侧封边构造

4. 不同材料交接处构造

在幕墙上，不同材料交接通常处于横梁、立柱部位，应先固定骨架，再将定形收口板用螺栓与其连接，在交接口加橡胶垫并注密封胶，如图 6-43 所示。

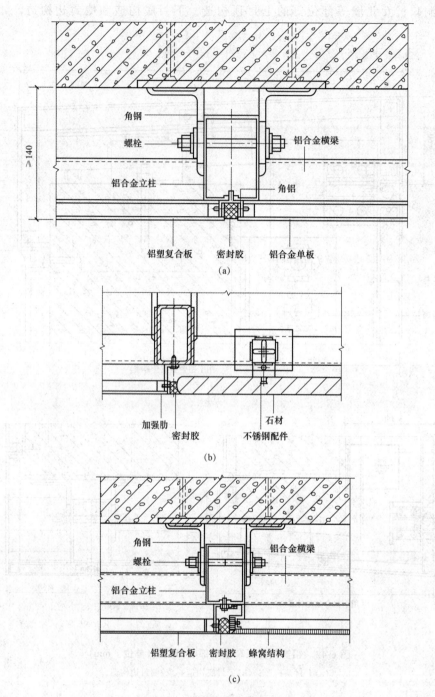

图 6-43　不同材料交接处构造

(a)铝合金单板与铝塑复合板交接；

(b)铝塑复合板与石材交接；

(c)铝塑复合板与蜂窝铝板交接

任务四 石材幕墙装饰构造

石材幕墙在现代建筑的墙、柱饰面中被广泛应用，它可以塑造多种与玻璃幕墙截然不同的装饰效果。石材幕墙具有耐久性、自重大、造价高的特点，其主要用于重要、有纪念意义或装修要求特别高的建筑物。石材幕墙需选用装饰性强、耐久性好、强度高的石材加工而成。应根据石板与建筑主体结构的连接方式，对石板进行开孔槽加工。石板的尺寸一般在 1 m² 以内，厚度为 20～30 mm，一般常用厚度为 25 mm。

一、石材幕墙的连接构造

1. 骨架与主体结构的连接

铝合金骨架体系由立柱和横梁组成，其和主体结构的连接构造与框支承玻璃幕墙的连接相同。型钢骨架体系有两种情况：一种有立柱和横梁，立柱通过角钢与主体结构的预埋件连接，横梁与立柱之间通过连接件焊接或螺栓连接；另一种无立柱，横梁通过连接件与主体结构的预埋件连接，但这种情况不适合高层建筑的外幕墙。无立柱骨架石材幕墙构造如图 6-44 所示。

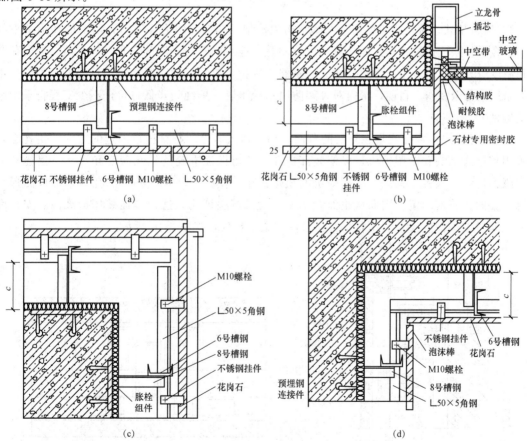

图 6-44 无立柱骨架石材幕墙构造(单位：mm)
(a)墙面石材节点构造；(b)石材封边节点构造；(c)阳角石材节点构造；(d)阴角石材节点构造

2. 石材幕墙的连接方式

石材幕墙的连接方式一般有直接式、骨架式、背挂式、单元式、短槽式和粘贴式等。

(1)直接式。直接式是指将安装的石材通过金属挂件直接安装、固定在主体结构上的方法。这种方法比较简单、经济，但要求主体结构墙体有较高的强度，最好是钢筋混凝土墙。主体结构墙面的垂直度和平整度都要比一般结构精度高。常见做法如图 6-45 所示。

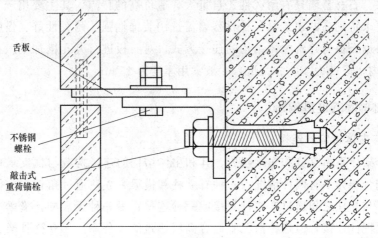

图 6-45 直接式构造

(2)骨架式。骨架式主要用于主体结构为框架结构时。因为轻质填充墙不能作为承重结构，金属骨架应通过结构强度计算和刚度验算，能承受石材幕墙的自重、风荷载、地震荷载和温度应力的作用。由于骨架在建成后不便于维护，故骨架的防腐蚀是很重要的，国外基本上采用铝合金制作。目前，国内对骨架防腐重视不够，单纯为降低造价，不少工程仍采用钢结构骨架。

(3)背挂式。背挂式是在石材的背面上钻孔插入锚栓对石材进行固定的方式。铅孔必须采用柱锥式钻头和专用钻机，以使底部护孔，并可保证准确的钻孔深度和尺寸。锚栓被无膨胀力地装入圆锥形钻孔，再按规定的扭矩扩压，使扩压环张开并填满孔底，形成凸形结合。锚固为背部固定，因而从正面看不见。大量试验证明，这种锚栓破坏荷载高、安全度高，同时锚固深度小。利用背部锚栓可固定金属挂件，如图 6-46 所示。

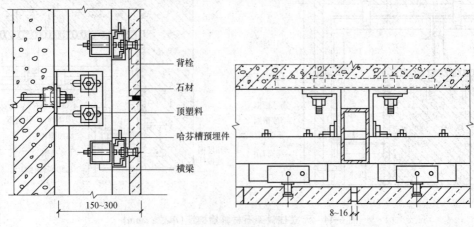

图 6-46 背挂式构造(单位：mm)

(4)单元式。单元式是将石板材、铝合金窗、保温层等在工厂中组装在特殊强化的组合框架上，形成幕墙单元，然后将幕墙单元运至工地安装的方式。由于幕墙单元是在工厂内工作平台上拼装组合，劳动条件和环境得到良好的改善，可以不受自然条件的影响，所以，工作效率和构件精度都能有很大提高。单元式构造如图 6-47 所示。

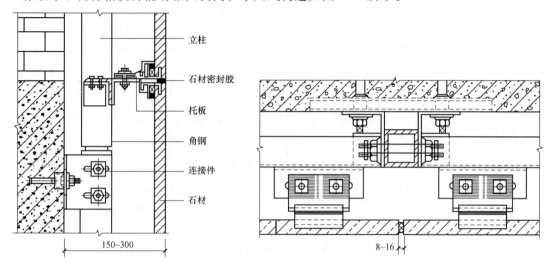

图 6-47　单元式构造(单位：mm)

(5)短槽式。短槽式是在石板上、下边对应部位各开两个短平槽(弧形槽)，采用 T 形或 L 形不锈钢挂件固定石材的方式。短平槽长度不应小于 100 mm，在有效长度内槽深度不宜小于 15 mm；开槽宽度宜为 6 mm 或 7 mm；弧形槽的有效长度不应小于 80 mm。不锈钢挂件的厚度不宜小于 3.0 mm。短槽式构造如图 6-48 所示。

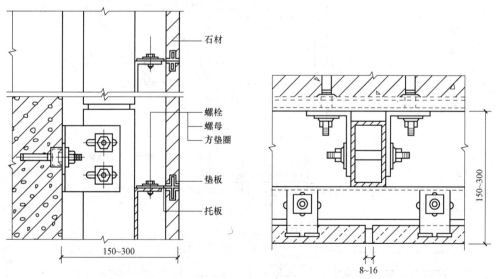

图 6-48　短槽式构造(单位：mm)

(6)粘贴式。粘贴式连接可以完全不用金属挂件，一般使用干挂工程胶来固定石材。干挂工程胶按 A、B 等量双组分混合使用，属于环氧树脂聚合物。

采用粘贴法工艺首先要确定好粘贴点，一般每块石板布置 5 个粘贴点，如图 6-49 所示。四角用慢干胶，中央用快干胶。用胶量应根据石板的质量和间隙的大小决定。石板可以直接粘贴在主体承重结构墙上或固定在主体结构的金属骨架上。胶的厚度不宜过大，以免造成浪费。为增强胶与石板和结构层的粘结强度，可以在石板、结构墙、金属骨架上钻孔。

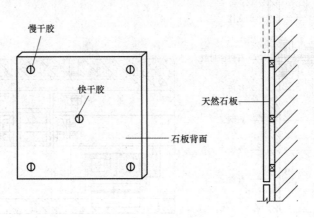

图 6-49　粘贴点布置

石材幕墙往往配合隐框玻璃幕墙、玻璃窗一起使用，如图 6-50 所示。

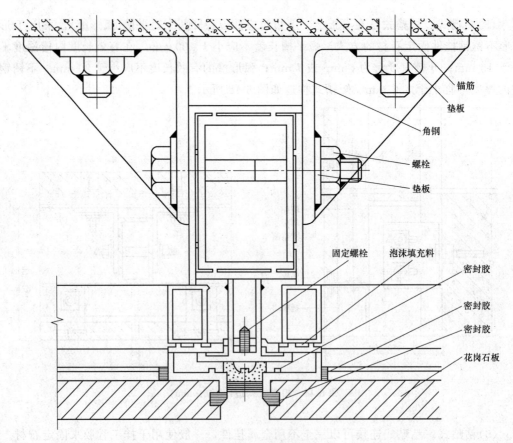

图 6-50　石材幕墙构造

二、石材幕墙的特殊构造要求

1. 建筑幕墙防火的构造要求

(1)幕墙与各层楼板、隔墙外沿间的缝隙，应采用不燃材料或难燃材料封堵，填充材料可采用岩棉或矿棉，其厚度不应小于 100 mm，并应满足设计的耐火极限要求，在楼层间和房间之间形成防火烟带。防火层应采用厚度不小于 1.5 mm 的镀锌钢板承托，不得采用铝板。承托板与主体结构、幕墙结构及承托板之间的缝隙应采用防火密封胶密封；防火密封胶应有法定检测机构的防火检验报告。

(2)无窗槛墙的幕墙，应在每层楼板的外沿设置耐火极限不低于 1.0 h、高度不低于 0.8 m 的不燃实体裙墙或防火玻璃墙。

(3)当建筑设计要求防火分区分隔有通透效果时，可采用单片防火玻璃或由其加工成的中空、夹层防火玻璃。

(4)防火层不应与幕墙玻璃直接接触，防火材料朝玻璃面处宜采用装饰材料覆盖。

(5)同一幕墙玻璃单元不应跨越两个防火分区。

2. 建筑幕墙防雷的构造要求

(1)幕墙的防雷设计应符合国家现行标准《建筑物防雷设计规范》(GB 50057—2010)和《民用建筑电气设计标准》(GB 51348—2019)的有关规定。

(2)幕墙的金属框架应与主体结构的防雷体系可靠连接。

(3)幕墙的铝合金立柱在不大于 10 m 范围内宜有一根立柱采用柔性导线，把每个上柱与下柱的连接处连通。对于导线的截面面积，铜质不宜小于 25 mm^2，铝质不宜小于 30 mm^2。

(4)主体结构有水平均压环的楼层，对应导电通路的立柱预埋件或固定件应用圆钢或扁钢与均压环焊接连通，形成防雷通路。圆钢直径不宜小于 12 mm，扁钢截面不宜小于 5 mm×40 mm。避雷接地一般每三层与均压环连接。

(5)兼有防雷功能的幕墙压顶板宜采用厚度不小于 3 mm 的铝合金板制造，与主体结构屋顶的防雷系统应有效连通。

(6)在有镀膜层的构件上进行防雷连接，应除去其镀膜层。

(7)使用不同材料的防雷连接应避免产生双金属腐蚀。

(8)防雷连接的钢构件在完成后，都应对其进行防锈油漆。

3. 一般建筑幕墙保温、隔热的构造要求

(1)对有保温要求的玻璃幕墙应采用中空玻璃，必要时采用隔热铝合金型材；对有隔热要求的玻璃幕墙，宜设计适宜的遮阳装置或采用遮阳型玻璃。

(2)玻璃幕墙的保温材料应安装牢固，并应与玻璃保持 30 mm 以上的距离。保温材料填塞应饱满、平整，不留间隙。

(3)玻璃幕墙的保温、隔热层安装内衬板时，内衬板四周宜套装弹性橡胶密封条，内衬板应与构件接缝严密。

(4)在冬季取暖地区，保温面板的隔气铝箔面应朝向室内；无隔气铝箔面时，应在室内侧装有内衬隔气板。

(5)金属与石材幕墙的保温材料可与金属板、石板结合在一起，但应与主体结构外表面有 50 mm 以上的空气层(通气层)，以供凝结水从幕墙层间排出。

知识点梳理

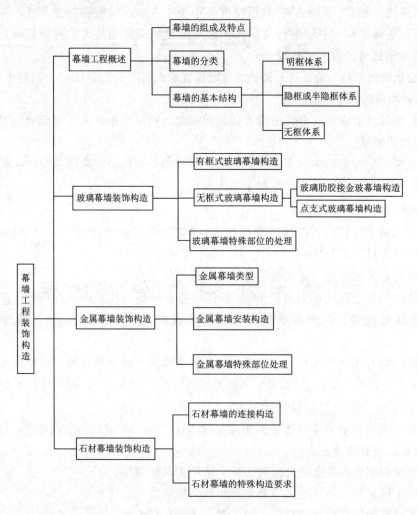

项目小结

本项目主要介绍了幕墙工程概述、玻璃幕墙装饰构造、金属幕墙装饰构造及石材幕墙等四部分内容。幕墙是一种悬挂在建筑物结构框架外侧的外墙围护构件。幕墙的自重和所承受的风荷载、地震作用等通过锚接点以点传递方式传至建筑物主框架。建筑幕墙的外观有较强的装饰性，是高档建筑物外立面常用的装饰饰面。其工艺复杂，对防雷、防火、保温、防辐射的要求较高，且金属和玻璃幕墙易产生光污染。常见的玻璃幕墙构造形式有框式玻璃幕墙构造和无框式玻璃幕墙构造。金属幕墙有附着型金属板幕墙和构架型金属板幕墙。石材幕墙的连接方式一般有直接式、骨架式、背挂式、单元式、短槽式和粘贴式等。

▶习 题

一、填空题

1. 幕墙的框架体系分为_____、_____和_____。

2. 从组成上看，玻璃幕墙可分为_____和_____两部分。

3. 明框玻璃幕墙的构造方法主要有_____和_____两种。

4. _____是采用结构玻璃装配方法安装玻璃的幕墙。

5. 半隐框玻璃幕墙有_____和_____两种形式。

6. 无框式玻璃幕墙包括_____、_____。

7. 拉索式支撑结构由三个部分组成，即_____、_____、_____。

8. 点支式玻璃幕墙是指由_____、_____和_____构成的建筑幕墙。

9. 常用的饰面铝板有_____、_____和_____三种。

二、选择题

1. (   )是指幕墙在工厂中预制并拼装成单元组件。

   A. 单元式幕墙　　　　　　　　B. 预制幕墙

   C. 受力幕墙　　　　　　　　　D. 幕墙单元

2. 当全玻璃幕墙的高度大于(   )m 时，必须采用悬挂方法固定。

   A. 1　　　　　　　　　　　　B. 2

   C. 3　　　　　　　　　　　　D. 4

3. 单层铝板在我国多采用厚度为(   )mm 的铝板在工厂加工而成。

   A. 1.5～3　　　　　　　　　　B. 2.5～4

   C. 3.5～5　　　　　　　　　　D. 4.5～6

4. 玻璃幕墙的保温材料应安装牢固，并应与玻璃保持(   )mm 以上的距离。

   A. 10　　　　　B. 20　　　　　C. 30　　　　　D. 40

三、问答题

1. 建筑幕墙具有哪些特点？

2. 全隐框玻璃幕墙有几种类型？

3. 半隐框玻璃幕墙的做法有哪几种？

4. 常见的点支式玻璃幕墙有哪几种支承结构形式？

5. 石材幕墙的连接方式有哪几种？

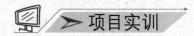

项目实训

某幕墙项目现场考察

1. 实训目标

通过实训，把课堂上所学建筑幕墙的理论知识与工程实际紧密结合，通过实地建筑幕墙项目考察掌握建筑幕墙结构体系及连接构造。

2. 设计条件

选择当地建筑幕墙装饰施工工地或1～2个既有建筑幕墙项目，进行建筑幕墙装饰构造设计现场考察实训。

3. 实训内容

(1)建筑幕墙的类型、组成、材料、型号及体系。

(2)建筑幕墙骨架的连接固定，饰面材料的连接构造。

(3)建筑幕墙饰面、节点、收口等连接构造。

(4)围绕考察实训内容、收获及思考的问题，结合当地经济发展情况对建筑幕墙的节能构造和在本地区的发展与应用提出建议。

4. 实训实施及要求

学生按4～6人组成实训小组，选择正在进行的建筑幕墙工程施工工地或者既有的建筑幕墙建筑，根据实训内容进行实地调研、分析、归纳总结，收集和绘制建筑幕墙典型节点构造图，完成约3 000字的考察实训报告，图文并茂。

5. 实训小结

(1)在完成实训工作以后，教师组织各小组进行相互交流，展示实训成果。

(2)每个小组用PPT展示汇报实训成果。

(3)进行自评、互评、答疑后，进行最终评定。

项目七　门窗装饰构造

项目导入

门窗作为建筑物的组成之一，主要作用是交通疏散、通风和采光。根据不同建筑的特性要求，有时门窗还具有防火、保温隔热、隔声及防辐射等性能。在建筑装饰工程中，门窗的造型、色彩和材质对建筑的装饰效果都影响很大(图7-1)。如何进行门窗的装饰构造设计，才能与整个室内空间装饰风格相协调？

图7-1　门窗装饰构造

教学目标

通过本项目内容的学习，了解门窗及其五金配件的分类；熟悉门窗的构造，掌握各类门窗的组成、尺寸、装饰构造及门窗用五金配件的选用。

教学要求

知识要点	能力目标
门窗工程概述	了解门窗的分类，熟悉门窗的构造设计要求
门的装饰构造	能进行门的装饰构造设计
窗的装饰构造	能进行窗的装饰构造设计
门窗配套五金	了解五金分类，熟悉常用五金的选用

素养目标

1. 具有吃苦耐劳、爱岗敬业的职业精神，能有效地计划并实施各种活动。
2. 具有较强的决策能力、组织能力、指挥能力和应变能力。

任务一　门窗工程概述

一、门窗的分类

1. 门的分类

门的主要功能是提供房间内外水平交通、围护和分隔空间，并对建筑物的装饰和造型艺术有一定影响，而且还具有采光和通风的作用。

按不同分类方法，门可分成以下几类：

(1)按制造材料的不同，门可分为木门、钢门、彩色钢板门、不锈钢门、铝合金门、塑料门、玻璃门以及复合材料门等。

(2)按开启方式的不同，门可分为平开门、弹簧门、推拉门、转门、卷帘门、折叠门等，如图 7-2 所示。

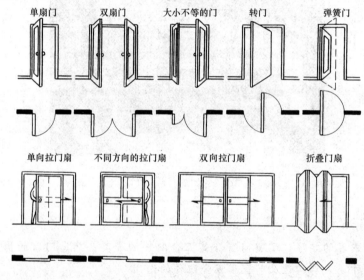

图 7-2　门及其开启方式

1)平开门的铰链安装在门的一侧，是水平开启的门。其开启方式可为单扇，也可为双扇或多扇组合。其类型有内开和外开两类，一般建筑的门为内开门，安全疏散的门为外开门。平开门的构造简单，使用方便，便于安装和维修，是建筑中使用最广泛的类型。

2)弹簧门与平开门类似，只是在门的一侧采用了弹簧铰链，借助弹簧力量使门扇保持关闭。弹簧门可向内外或单方向开启后自动关闭，也可进行多扇组合，适用人流较多的公共场所。弹簧门使用较方便，但关闭不如平开门严密，且空间密闭性能不太强。

3)推拉门是在门的上部或者下部设置轨道，进行左右移动的门。此类门可为单扇或双扇。在使用过程中，此类门可为手动推拉型，也可为电动型等。在安装时，门扇可安装在门洞一侧，也可安装在门洞中间。推拉门较之前的两类门来说，较节省空间，常用于较大门洞处。

4)转门是三扇或四扇门扇组成类似风车的造型，在两个固定弧形门套内所做的门，其最大的优点是可防止空气对流，缺点是安全性能和疏散性能较差。转门常用于大型公共建筑的主要入口，但在其两侧须设置疏散用门。

5)卷帘门是运用滚轴的旋转运动原理，把门扇在其不用时向门洞的上方进行旋转，以节省门的占地面积。卷帘门适用各种大小洞口，特别是高度大、不经常开关的洞口。但卷帘门制作复杂、造价高，多用于商业建筑外门和厂房大门。

6)折叠门有侧挂式和推拉式两种。折叠门由多个门扇相连，每个门扇的宽度为500～1 000 mm，以600 mm为宜，适用宽度较大的门洞口。

①侧挂式折叠门与普通平开门相似，只是用铰链将门扇连在一起。普通铰链一般只能挂两扇门，当超过两扇门时需使用特制铰链。

②推拉式折叠门与推拉门的构造相似，在门顶或门底装滑轮和导向装置，开启时门扇沿导轨滑动。

(3)按技术用途的不同，门可分为防噪声门、防辐射门、防火和防烟门、防弹门、防盗门等。

1)防噪声门使用特殊门扇及良好的接合槽密封安装，可降低噪声至45 dB及以下。

2)防辐射门的门扇中装有铅衬层，可以挡住X射线。

3)防火和防烟门的门扇用防火材料制成，必须密封，装有门扇关闭器。

4)防弹门的门扇中装有特殊的衬垫层，如铠甲木层，可以起到防弹作用。

5)防盗门使用特殊的建筑小五金和材料、安全的设计和安装，可以提高防盗性能。

(4)按风格的不同，门可分为中国传统风格和欧式风格。

(5)按门扇数量的不同，门可分为单扇门、双扇门和三扇门。

2. 窗的分类

窗的主要功能是采光和通风，同时也兼具外部围护、分隔空间和装饰立面的作用。

按不同分类方法，窗可分成以下几类：

(1)按开启方式的不同，窗可分为固定窗、平开窗、悬窗、推拉窗、立转窗等，如图7-3所示。

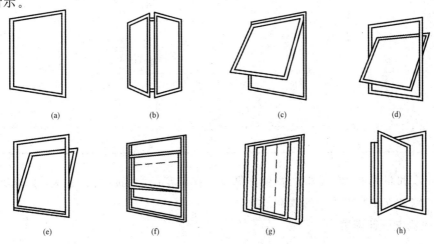

图7-3 窗及其开启方式

(a)固定窗；(b)平开窗；(c)上悬窗；(d)中悬窗；

(e)下悬窗；(f)垂直推拉窗；(g)水平推拉窗；(h)立转窗

1)固定窗的窗扇固定在窗框上，只提供采光，不考虑通风情况，构造简单，尺寸可相对较大。

2)平开窗是将窗扇的一边用铰链和窗框相连接，可水平进行开启的窗，有内开窗和外开窗两种。其特点是便于安装、清洗及修理，是目前使用较多的类型。

3)悬窗是窗扇按轴的水平位置进行旋转的窗，主要有上悬窗、中悬窗和下悬窗三类。现代建筑中主要使用在有玻璃幕墙的建筑中。上悬窗和中悬窗的防雨性能较好，并且便于通风和采光，在安装、清洗及修理方面也较简单，是建筑中常用的开启方式。

4)推拉窗的窗扇可沿滑轨槽进行滑动。有水平推拉窗和垂直推拉窗两种形式。在我国现代建筑中，水平推拉窗较为流行。它结构简单，便于安装和拆卸，清洗方便，不占用较大的空间。但在使用过程中，其通风面积和同等大小窗洞的平开窗相比，只有平开窗的一半。

5)立转窗是一种窗扇按轴的垂直位置进行旋转的窗。其特点是具有良好的通风和采光效果，但在使用过程中密闭性能欠佳。

(2)按窗所用的材料不同，窗可分为木窗、钢窗、彩钢板窗、塑钢窗、铝合金窗以及复合材料(如铝镶木窗)窗等。

(3)按窗在建筑物上的位置不同，窗可分为侧窗、天窗、室间窗等。

(4)按窗的镶嵌材料不同，窗可分为玻璃窗、纱窗、百叶窗、保温窗等。

(5)按风格不同，窗可分为中国传统风格窗和欧式风格窗。

二、门窗的构造设计要求

1. 门的构造设计要求

门的大小、数量、位置、开启方式要满足人流、货流和疏散的要求。一个房间开几个门，每个门的尺寸取多大，每个建筑物门的总宽度是多少，应按交通疏散要求和防火规范来规定。学校、商店、办公楼等民用建筑的门，可以按表7-1的规定选取。

表7-1　门的宽度指标

层数	耐火级别		
	一、二级	三级	四级
	宽度指标/(m·百人⁻¹)		
一、二层	0.65	0.80	1.00
三层	0.80	1.00	—
三层以上	1.00	1.25	—

门的宽度和高度是指门洞口的宽度和高度。在确定门洞高度时，还应尽可能地使门窗顶部高度一致，以便取得统一的效果。

2. 窗的构造设计要求

(1)窗地比。窗的大小应满足窗地比的要求。窗地比指的是窗洞面积与房间净面积的比值。

(2)采光。窗的透光率是影响采光效果的重要因素，透光率是指窗玻璃面积与窗洞口面积的比值。采光标准见表7-2。

表 7-2　采光标准

等级	采光系数	应用范围
Ⅰ	1/4	博览厅、制图室等
Ⅱ	1/4～1/5	阅览室、实验室、教室等
Ⅲ	1/6	办公室、商店等
Ⅳ	1/6～1/8	起居室、卧室等
Ⅴ	1/8～1/10	采光要求不高的房间，如卫生间等

（3）通风。在确定窗的位置及大小时，应尽量选择对通风有利的窗型及合理的布置，以获得较好的空气对流。

（4）围护功能。窗的保温、隔热作用很大。窗的热量散失，相当于同面积围护结构的 2～3 倍，占全部散失热量的 1/4～1/3。窗还应注意防风沙、防雨淋。窗洞面积不可任意加大，以减少热损耗。

（5）隔声。窗是噪声的主要传入途径。一般单层窗的隔声量为 15～20 dB，约比墙体隔声少 3/5。双层窗的隔声效果较好，但应该慎用。

（6）装饰美观。窗的式样是在满足功能要求的前提下，力求做到形式与内容的统一和协调。同时，还必须符合整体建筑立面处理的要求。窗的尺寸应符合模数制的有关规定。

任务二　门的装饰构造

一、木门的构造

木门由门框、门扇和门用五金配件等组成。

1. 门框

门框的断面形式与门的类型、层数有关，应利于门的安装，并具有一定的密闭性。门框的断面尺寸主要考虑接榫牢固和门的类型，还要考虑制作时的损耗。门框的毛料尺寸：双裁口的木门门框为（60～70）mm×（130～150）mm；单裁口的木门门框为（50～70）mm×（100～120）mm。为便于门扇紧闭，门框上应有裁口。根据门扇层数与开启方式的不同，裁口的形式有单裁口和双裁口两种。裁口宽度要比门扇厚度大 1～2 mm，深度一般为 8～10 mm。因为门框靠墙一面易受潮，所以常在该面开 1～2 道背槽，以免产生变形，同时也利于门框的嵌固。背槽的形状可为矩形或三角形，深度为 8～10 mm，宽度为 12～20 mm。木门框的构造如图 7-4 所示。

门框设在墙中的位置可以与墙的内口齐平，即门框与墙内侧饰面层的材料齐平，称为

门窗安装工程

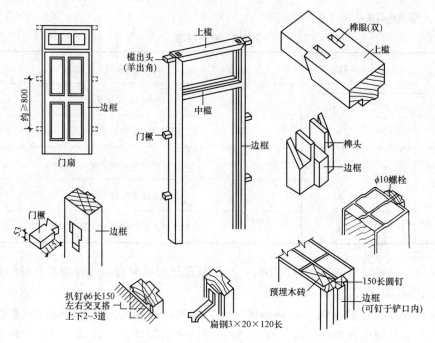

图 7-4　木门框的构造（单位：mm）

内开门；也可将门框与墙的外口齐平，称为外开门；弹簧门一般将门框立在墙中间，可以内开或外开。

为了行走和清扫方便，内门一般不设下框。此时，门扇底距地面饰面层 5 mm 左右。外门应设下框，以防水、防尘，提高其密封性能，下框应高出地面 15～20 mm。

有的门不做门框，将门扇直接安装在门套上，称为无框门。

2. 门扇

（1）夹板装饰门构造简单，表面平整，开关轻便，但不耐潮和日晒，一般用于内门。夹板门扇骨架由（32～35）mm×（34～60）mm 方木构成纵横肋条，两面贴面板和饰面层，如贴各类装饰板、防火板、微薄木拼花拼色、镶嵌玻璃、装饰造型线条等。如需提高门的保温、隔声性能，可在夹板中间填入矿物毡。另外，门上还可设通风口、收信口、警眼等。夹板门的骨架、构造如图 7-5 所示。

（2）镶板装饰门也称框式门，其门扇由框架配上玻璃或木镶板构成。镶板门框架由上、中、下冒头和边框组成。框架内嵌装玻璃，称为实木框架玻璃门；在框架内嵌装的木板上雕刻图案造型，称为实木雕刻门。为节约木材，限制变形，现在的实木框架多用木条拼合而成。通过框架的造型变化和压条的线形处理，形成装饰效果丰富的装饰门。镶板门的立面、构造如图 7-6 所示。

3. 门用五金配件

木门的五金配件主要包括门锁、合页、密封条、门把手、门吸和移动滑轨等。其中，合页、滑轨、门锁对木门的影响特别重要。

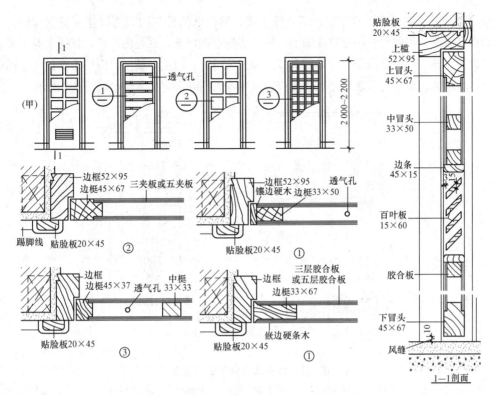

图 7-5　夹板门的骨架、构造(单位：mm)

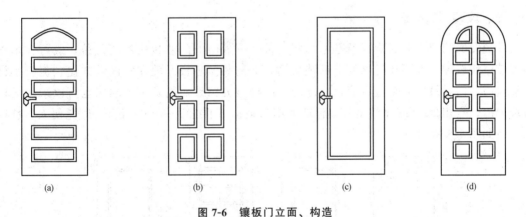

图 7-6　镶板门立面、构造

(a)四方框内装棂条镶入门板而成；(b)传统的由纵、横向棂条镶入门板而成；

(c)四方框里镶板而成的镶板门；(d)拱形门

二、铝合金门的构造

铝合金门与木门的构造差别很大。木门材料的组装以榫接相连，扇与框是以榫口相搭接；而铝合金门框料的组装是利用转角件、插接件、坚固件组装成扇和框，扇与框的四角组装采用直角插榫结合，横料插入竖料连接。

铝合金门窗的安装

铝合金门框与洞口墙体的连接采用柔性连接，即门框的外侧用螺钉固定不锈钢锚板。当门框与洞口安装时，用射钉将锚板钉在墙上，框与墙的空隙用沥青麻丝内填后，外抹水泥砂浆，表面用密封膏嵌缝。铝合金门开启均采用弹簧门和推拉门，外门用弹簧门，内门用推拉门。铝合金门的分格比较大，玻璃与框之间用玻璃胶连接或用橡胶压条固定。其构造如图7-7所示。

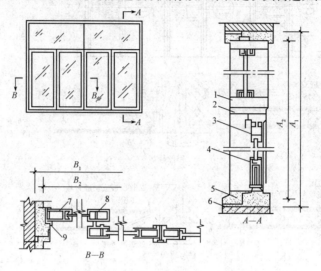

图 7-7　铝合金双扇推拉门构造

1—上亮扇方管；2—门框上横；3—门扇上横；4—门扇下横；

5—门框下横；6—角码；7—门扇边框；8—带钩边框；9—门框边封

三、玻璃门的构造

玻璃门的门扇构造与镶板门基本相同。只是镶板门的门芯板用玻璃代替，既可在木框内安装整块玻璃，也可在门扇的上部装玻璃，下部装门芯板。现在室内装饰比较流行小格子玻璃门，而且最好装车边玻璃，这样的门显得十分精致而高贵。玻璃门也可以采用无框全玻璃门，它用 10 mm 厚的整片钢化玻璃作门扇，门的把手一定要醒目，以免伤人。玻璃门构造如图 7-8 所示。

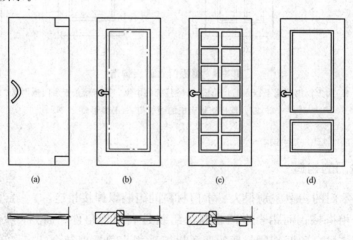

图 7-8　玻璃门构造

（a）装有钢化玻璃的门；（b）四方框里放入压条，固定住玻璃的门；

（c）装饰方格中放入玻璃的门；（d）腰部下镶板上面装玻璃的门

全玻璃自动门的门扇可以用铝合金做外框，也可以是无框全玻璃门。门的自动开启与关闭均由微波感应进行控制。随着人或其他活动目标进出微波传感器的感应范围，门扇便自动开启、关闭。

全玻璃自动门为中分式推拉门，门扇运行时有快、慢两种速度，可以使启动、运行、停止等动作达到最佳协调状态。其特点是整体感强，不遮挡视线，通透美观，多用于公共建筑的主要出入口。全玻璃自动门的标准立面示意如图 7-9 所示。

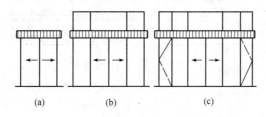

图 7-9　全玻璃自动门的标准立面示意
(a)两扇形；(b)四扇形；(c)六扇形

四、转门的构造

转门不但能起到很好的装饰作用，同时还起控制人流通行量、防风保温的作用。转门的连接严密，构造复杂，不适用人流较大且集中的公共场所，更不能用于疏散门。转门只能作为人员正常通行用门，通常用于宾馆的主要出入口。其构造如图 7-10 所示。

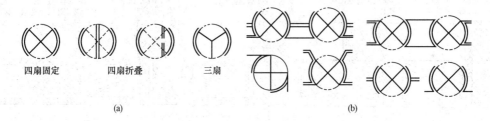

图 7-10　转门构造
(a)一般形式；(b)平面布置方式

五、隔声门的构造

隔声门的隔声效果与门扇的隔声量、门缝的密闭处理直接相关。

门扇隔声量与所用材料有关。原则上，门扇越重，隔声效果越好，但过重则开启不便，且易于损坏。一般隔声门扇多采用多层复合结构。复合结构不宜层次过多、厚度过大和质量过重。合理利用空腔构造及吸声材料，都是改善门扇隔声效果较好的处理方法。门扇的面层以采用整体板材为宜，因为企口板干缩后将产生缝隙，对隔声性能产生不利影响。图 7-11 所示为几种复合结构门扇构造。

门缝处理要求严密和连续，并要注意五金安装处的薄弱环节。门扇安装可用门框或不用门框直接装于墙边，用扁担铰链(折页)连接。沿墙转角可设方钢，以增加坚固和密闭程

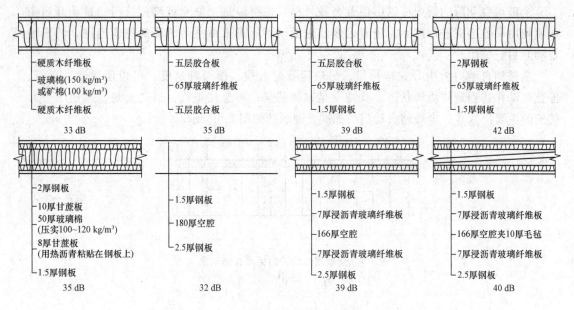

图 7-11 几种复合结构门扇构造(单位:mm)

度。门扇与门框或门扇与墙的连接可采用不同的方式,如图 7-12 所示。例如,平口、斜口、多层平口或斜口等方式,还要在合缝处填设密闭材料。斜口易于压紧,但填料边在转角处易于损坏。平口填料不像斜口那么紧密,以多层铲口密闭式较为理想。

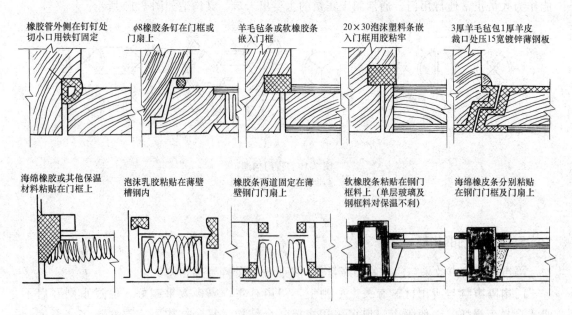

图 7-12 门框与门扇构造(单位:mm)

六、防盗门的构造

防盗门由门框、门扇、防盗锁具和合页组成。为保证防盗性能,对防盗门的这些构件有一些特殊的构造要求。防盗门门扇由 1.5 mm 厚钢板或铝合金板压制成形，门扇厚度一般为 48 mm。加厚门扇的厚度可达 68 mm，不仅具有更强的抗冲击力，而且可做三重扣边，防撬性能更佳。同时密封性能较好，关门声音也较轻。

防盗门的门扇可以是全封闭的，但为了通风和美观，在不影响防盗性能的前提下也可局部通透，通透处用相应强度的金属条组成各种图案。门框采用与门扇相同材料轧制成形。门框截面的凹槽形状应与门扇扣边的形状互相咬合，以使门关上后门扇与门框紧紧相扣，达到最好的防撬效果。

七、卷帘门的构造

卷帘门一般安装在洞口外侧，其具有防风沙、防盗等功能。卷帘箱一般安装在门的上部，内置电动机。电动机的安装方式有侧挂式、吊挂式和卧式。卷帘箱外罩既可做成方形，也可做成圆弧形。卷帘门构造如图 7-13 所示。

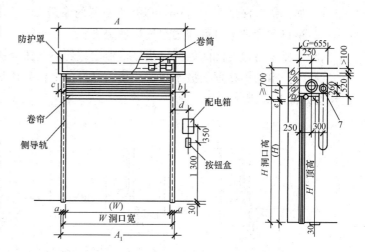

图 7-13　卷帘门构造(单位：mm)

任务三　窗的装饰构造

一、木窗的构造

木窗的构造像木门一样，可以分为窗框和窗扇。窗框安装在窗洞内，而窗扇安装在窗框上如图 7-14 所示。根据窗的开启方式，窗框与窗扇的安装构造式样较多，如推拉式、悬吊式、旋转式等。其中最典型和最常用的是平开式。

1. 窗框

窗框主要由上框、中框、下框、边框及中横框、中竖框等组成，并通过五金配件和墙体相连接。

木窗的连接构造与门的连接构造基本相同。窗框在墙

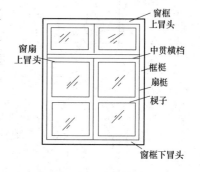

图 7-14　木窗构造

中的位置，一般与墙的内表面持平。安装时，窗框凸出砖面 20 mm，以便墙面粉刷后与抹灰面持平。木窗框与抹灰面交接处，应用贴脸板搭盖，以防止由于抹灰干缩形成缝隙后风透入室内，同时可增加美感。贴脸板的形状及尺寸与门的贴脸板相同。

2. 窗扇

窗扇由上冒头、下冒头、边梃和窗芯（窗棂）组成。扇面有玻璃、窗纱或百叶片。窗扇的尺寸一般控制为 600～1 200 mm。冒头及其边梃的截面尺寸和形状与窗扇的大小、玻璃的厚薄等因素有关。

窗扇与窗框通过五金配件相连接。窗框与窗扇之间的缝隙处理方法如下：

(1)加深铲口深度至 15 mm，以减少空气的渗透。

(2)错口和鸳鸯铲口可增加空气渗透阻力。

(3)在立框与边梃之间做回风槽，可形成减弱空气压力的空腔，以防止水的毛细渗透。

(4)外开扇的中横框加披水板，或者内开扇的上窗扇做披水板，可防雨水飘入。窗的披水构造如图 7-15 所示。

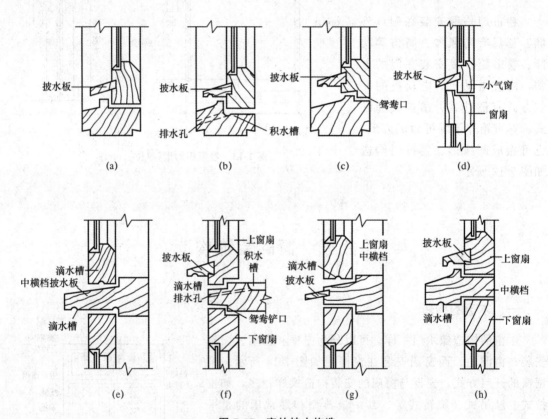

图 7-15 窗的披水构造

(a)内开窗扇加披水板；(b)内开窗加披水板及排水槽；

(c)内开窗做鸳鸯口并加披水板；(d)内开小气窗加披水板；

(e)外开窗中横档做披水板；(f)外开窗上窗扇做披水板、窗档做滴水槽排水孔；

(g)外开窗中横档加披水板；(h)内开窗上窗扇做披水板、横档做滴水槽

二、铝合金窗的构造

铝合金窗型材用料为薄壁结构，型材断面中留有不同形状的槽口和孔，铝合金型材断面如图 7-16 所示。它们分别起空气对流、排水、密封等作用。对于不同部位、不同开启方式的铝合金窗，其壁厚不同，见表 7-3。

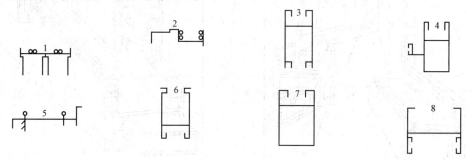

图 7-16　铝合金型材断面示意

1—上框；2—窗框边柱；3—窗下方；4—钩中柱；
5—下滑道；6—窗上方；7—窗扇边柱；8—中饰柱

表 7-3　铝合金窗壁厚　　　　　　　　　　　　　　　　　　mm

类别	厚度	类别	厚度	类别	厚度
普通铝合金窗	≥0.8	多层建筑的铝合金窗	1.0～1.2	高层建筑的铝合金窗	≥1.2

铝合金窗主要由固定件和活动件两部分组成。

铝合金窗安装时与墙体产生的缝隙须塞填嵌缝材料。铝合金窗框与墙体间隙塞填嵌缝材料时，不得损坏铝合金窗的防腐面。当嵌缝材料为水泥砂浆时，可在铝材与砂浆接触面涂沥青胶或满贴厚度大于 1 mm 的三元乙丙橡胶软质胶带。

三、塑钢窗的构造

塑钢窗按开启方式不同可分为平开窗、推拉窗、固定窗和旋转窗等。

塑钢窗具有良好的隔热、隔声、节能、气密、水密、绝缘、耐久和耐腐蚀等性能，适用各种类型的建筑，对有弱酸碱腐蚀介质作用的工业建筑及沿海盐雾地区的民用建筑更为适宜。塑钢窗的构造如图 7-17、图 7-18 所示。

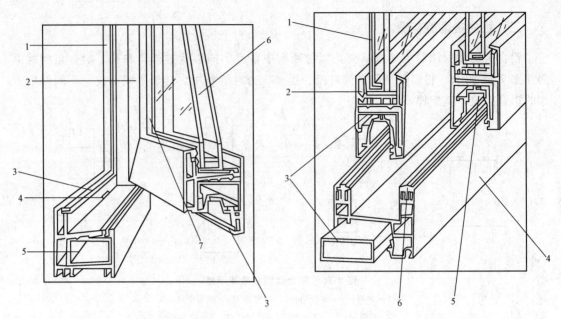

图 7-17　平开塑钢窗的构造

1—窗框；2—窗扇；3—密封条；4—排水孔；

5—钢衬；6—双层中空玻璃；7—玻璃压条

图 7-18　推拉塑钢窗的构造

1—双层中空玻璃；2—窗扇；3—钢衬；

4—窗框；5—滑轮；6—铝滑轮轨道

塑钢窗框与墙体预留洞口的间隙可视墙体饰面的材料而定，见表 7-4。

表 7-4　墙体洞口与窗框的间隙

墙体饰面层材料	洞口与窗框的间隙/mm
清水墙	10
墙体外饰面抹水泥砂浆或贴马赛克	15～20
墙体外饰面贴釉面瓷砖	20～25
墙体外饰面贴大理石或花岗石	40～50

　　窗框与洞口之间的间隙应采用闭孔泡沫塑料、发泡聚苯乙烯等弹性材料分层填塞，填塞不宜过紧，以保证塑钢窗安装后可自由胀缩。对于保温、隔声等级要求较高的工程，应采用相应的隔热、隔声材料填塞，然后在窗框四周内、外侧与窗框之间用水泥砂浆或麻刀石灰浆填实抹平，最后用嵌缝膏进行密封处理。

塑钢门窗的安装

任务四 门窗配套五金

一、五金分类

门窗配套的五金件包括合页、拉手、插销、门锁、闭门器、门挡、锁闭器、滑撑、撑挡、滑轮等，如图 7-19～图 7-21 所示。

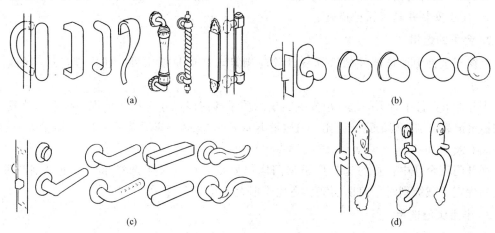

图 7-19 拉手和拉手门锁样式

(a)压板与拉手：没有锁的单扇门安装压板与拉手，自由门扇则两面都安装压板；

(b)拉手门锁与旋钮：拉手门锁是不用钥匙锁门的一种锁；只要把旋钮转动，拉住弹簧钩锁就能打开；

(c)带杆式操纵柄的锁：最一般的锁是圆筒销子锁，在室外用钥匙，在室内通过操纵柄就能打开锁；

(d)锁上带有传统手把的锁（门厅的门上用）

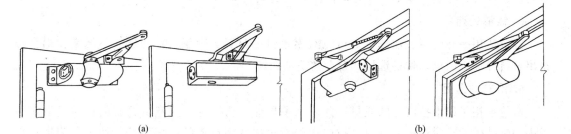

图 7-20 闭门器样式

(a)标准型，把本体安放在门开启方向一侧；

(b)并列型，本体安放在门的开启方向的另一侧，消除室内机构影响的设计

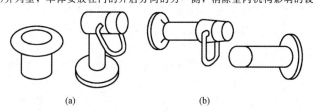

图 7-21 门挡样式

(a)安在地面上；(b)安放在宽木或墙壁上

二、常用五金配件的选用

1. 执手的选用

执手适用平开窗。执手的主要作用是当平开窗扇关闭后将窗扇压紧在窗框上，以达到密封的作用。在选择时应注意观察表面平整、无毛刺、手掂有质量感、镀层表面均匀即可。

(1)外观造型与建筑风格一致性。

(2)根据门窗的开启方式选用。

(3)根据型材的断面结构特点选用。

(4)便于安装并具有保护措施。

2. 合页的选用

门窗五金件中承重部件的选择设计除应满足承载质量要求外，还应满足适用的扇宽、高比要求。

平开窗五金件中合页的选择应根据窗扇的质量和窗扇尺寸选择相应承重级别和数量，当达到标定承载级别时扇的宽、高比：扇质量不大于 90 kg 时，应不大于 0.6；扇质量大于 90 kg 时，应不大于 0.39。

平开门五金件中合页的选择应根据门扇的质量和窗扇尺寸选择相应承重级别和数量，当达到标定承载级别时，门扇的宽、高比应不大于 0.39。

3. 半月锁的选用

大部分为扇与扇之间的钩锁，选用不锈钢材料或铝合金材料制作的为佳。

4. 滑撑的承重及选用

滑撑除需注意窗扇的宽高比外，还需注意滑撑的规格与窗扇规格的配套。滑撑是支撑平开窗扇实现启闭、定位的一种装置，在选择时应选用不锈钢材料制作的为好，表面不应有划痕、锋棱、毛刺等缺陷，滑撑启闭时，稍有阻力即可。

5. 铰链的选用

铰链适用平开门窗。在选择时可以观察铰链的材料，由铜、铁镀铜、不锈钢、铝合金挤出材料等加工制成，切忌选用锌合金铸造的铰链。

6. 滑轮的选用

滑轮承担每扇推拉门窗的质量，并做水平移动。选择时应注意滑轮架的材质及滑轮是否采用滚针轴承或滚珠轴承，对推拉门用的滑轮应选用重型的门用滑轮，切不可用推拉窗的滑轮来代替。

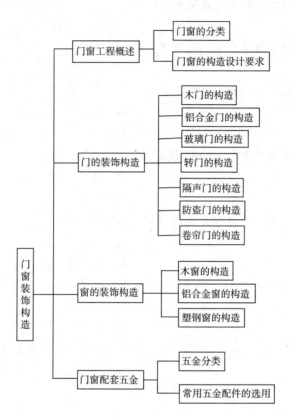

本项目主要介绍了门窗工程概述、门的装饰构造、窗的装饰构造和门窗配套五金四部分内容，重点阐述了铝合金门窗、玻璃门窗、特种门窗的构造及做法。门主要由门框、门扇及五金配件组成，根据门的开启方式不同，门可分为平开门、弹簧门、推拉门、转门、折叠门、卷帘门、升降门等。窗由窗框、窗扇、五金配件和其他附件组成，根据窗的开启方式不同，窗可分为固定窗、平开窗、悬窗、推拉窗、立转窗等。门窗配套的五金件包括合页、拉手、插销、门锁、闭门器、门挡、锁闭器、滑撑、撑挡、滑轮等，应根据门窗的类型及构造进行选用。

一、填空题

1. 门的宽度和高度是指_____的宽度和高度。

2. 窗的_____是影响采光效果的重要因素。

3. 窗的尺寸应符合_____的有关规定。

4. 木门由_____、_____和_____等组成。

5. 铝合金门框与洞口墙体的连接采用_____。

6. 窗扇由_____、_____、_____和_____组成。

7. 铝合金窗安装时与墙体产生的缝隙须塞填_____。

二、选择题

1. 折叠门的宽度以(　　)mm为宜。

  A. 500   B. 600

  C. 700   D. 800

2. 防噪声门可降低噪声至(　　)dB及以下。

  A. 45   B. 55

  C. 65   D. 75

3. 窗的(　　)是指窗玻璃面积与窗洞口面积的比值。

  A. 透光面积   B. 通风面积

  C. 透光率   D. 通风率

4. 一般单层窗的隔声量为15～20 dB,约比墙体隔声少(　　)。

  A. 3/4   B. 3/5

  C. 3/7   D. 3/8

5. 为了行走和清扫方便,内门一般不设下框。此时,门扇底距地面饰面层(　　)mm左右。

  A. 5   B. 7

  C. 9   D. 11

6. 玻璃门也可以采用无框全玻璃门,它用(　　)mm厚的整片钢化玻璃作门扇。

  A. 4   B. 6

  C. 8   D. 10

7. 防盗门门扇由(　　)mm厚钢板或铝合金板压制成形。

  A. 1.5   B. 2.5

  C. 3.5   D. 4.5

8. 窗扇的尺寸一般控制为(　　)mm。

  A. 500～1 000   B. 600～1 200

  C. 700～1 400   D. 800～1 600

三、问答题

1. 窗框与窗扇之间的缝隙应如何处理?

2. 安装铝合金窗时,应如何处理窗与墙体间的缝隙?

3. 塑钢窗具有哪些优点?其适用哪些建筑?

4. 选择执手时应注意哪些方面的问题?

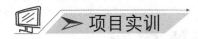

某装饰工程门窗装饰构造

1. 实训目的

(1)能够根据各类门窗装饰的特点，结合房屋适用功能和装饰风格，确定门窗的装饰构造类型。

(2)掌握夹板木装饰门、实木门、中式木窗、铝合金门窗等的构造做法。

(3)熟练地绘制各类门窗的装饰设计施工图。

2. 设计条件

已知某装饰工程平面图如图 7-22 所示。试根据此图设计门窗装饰立面图、剖面图及节点详图，并达到施工图深度。

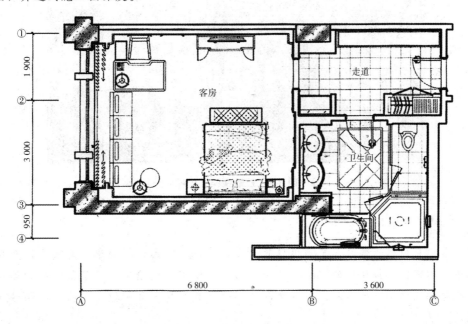

图 7-22　某装饰工程平面图(单位：mm)

3. 设计内容及深度要求

用 A2 幅面图纸，以铅笔或墨线笔完成以下图样，比例自定，要求施工深度符合国家制图标准。

(1)门窗装饰立面图，标注细部尺寸及立面选用材料。

(2)门窗的(纵)横剖面图，并标注各分层构造及具体构造做法。

(3)门窗扇细部节点详图。

(4)门窗套及门窗框细部构造详图。

项目八　楼梯、电梯装饰构造

项目导入

　　楼梯、电梯是建筑中上下通信疏散的交通设施，在整个建筑室内空间中起着组织交通流的作用，也是室内重点装饰的内容，其造型、色彩和材质对建筑的装饰效果影响很大（图 8-1）。那么，如何合理考虑楼梯、电梯的装饰构造设计呢？

图 8-1　自动扶梯、楼梯

教学目标

　　通过本项目内容的学习，了解楼梯的形式和组成，熟悉楼梯的选型与设置，掌握楼梯装饰构造的内容，掌握楼梯的栏杆、栏板、扶手、踏步的构造做法；了解电梯的类型和组成，掌握电梯装饰构造的内容；了解自动扶梯的形式及特点，掌握自动扶梯的构造及装饰构造做法。

教学要求

知识要点	能力目标
楼梯装饰构造	能进行楼梯栏杆、栏板的装饰构造设计
电梯与自动扶梯装饰构造	能进行电梯门套、自动扶梯的构造设计

素养目标

　　1. 能有效地计划并实施各种活动。

　　2. 能听取他人的意见，积极讨论各种观点、想法，共同努力，达成一致意见。

　　3. 作风端正、忠诚、廉洁，勇于承担责任，善于接纳、宽容、细致、耐心，有合作精神。

任务一 楼梯装饰构造

一、楼梯的形式、组成及设置

1. 楼梯的形式

楼梯的形式丰富，一般与使用功能和建筑要求有关，其可分为直楼梯、双分平行楼梯、双跑楼梯、三跑楼梯和弧形楼梯等多种类型，如图 8-2 所示。

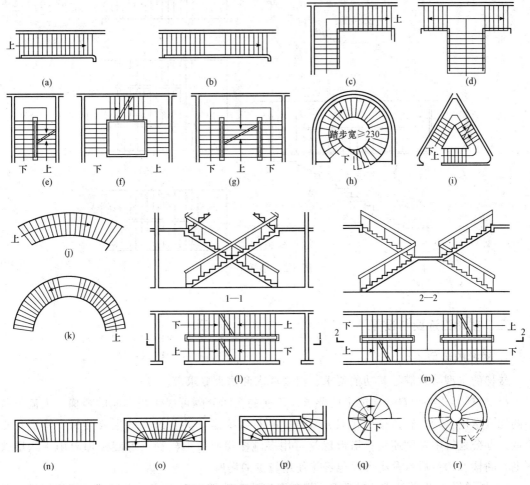

图 8-2　楼梯的形式（单位：mm）

(a)单跑直楼梯；(b)双跑直楼梯；(c)曲尺楼梯；(d)双分平行楼梯；

(e)双跑平行楼梯；(f)三跑楼梯；(g)两跑三段式楼梯；(h)踏步宽≥230 mm 螺旋楼梯；(i)三角形三跑楼梯；

(j)单跑弧形楼梯；(k)双跑弧形楼梯；(l)交叉楼梯；(m)剪刀楼梯；

(n)扇形起步楼梯；(o)对称转角楼梯；(p)扭向转角楼梯；(q)中柱螺旋楼梯；(r)无中柱螺旋楼梯

2. 楼梯的组成

楼梯由梯段、平台、栏杆扶手三大部分组成。

(1)梯段是连系两个不同标高平台的倾斜部件，由支撑体和踏步构成。梯段的踏步一般不超过 18 步，也不宜小于 3 步。

(2)平台根据所处位置和高度的不同可分为楼层平台和中间平台两种。楼层平台是楼梯上下至建筑标准层间的平台，其标高与楼面层一致；两楼层之间的平台为中间平台，起到休息和转弯的作用，如图 8-3 所示。

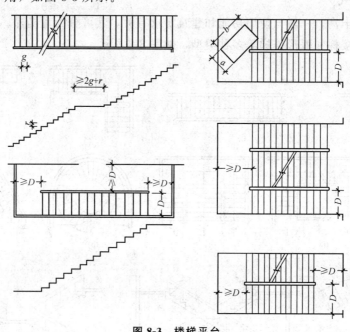

图 8-3 楼梯平台

二、楼梯的选型与设置

1. 楼梯的选型

楼梯的选型必须满足其功能要求、美观要求和防火要求等。

(1)楼梯形式必须符合功能上的要求。不同的空间分隔可以采用不同的楼梯。人流量集中的地方常用直跑、转角楼梯；双分双合式平行楼梯是公共建筑中的主要楼梯，特别是在商业、办公建筑中常常使用；塔形建筑可用多跑楼梯或弧形楼梯；螺旋楼梯限用于跃层式住宅、阁楼、舞台后台及小餐厅包房等使用较少的场所。

(2)楼梯形式必须满足美观要求。楼梯可以成为建筑空间中的一个点缀。螺旋楼梯、悬臂楼梯常被用作建筑立面或中庭空间的主要景观点；双跑直上式楼梯、双分双合式平行楼梯在公共建筑门厅中能显示一定的庄重气氛；而轻巧、灵活的多跑楼梯更易衬托别墅、居室这类小空间的优雅别致的情调。

(3)楼梯的选型必须满足防火要求，主要应注意以下几点：

1)公共建筑的室内疏散楼梯宜设置楼梯间，医院、疗养院病房大楼、有空调的多层旅馆和超过 5 层的其他公共建筑的室内疏散楼梯均应设置封闭楼梯间。楼梯间要求靠外墙，并且能够直接对外开窗，满足直接采光和自然通风的要求，采光面积不小于1/12楼地板面积。

2)楼梯间四周应耐火等级不低于2.00 h的防火墙，除在同层开设通向公共走道的疏散门外，不应开设其他房间的门窗。疏散门应设甲级防火门，并向疏散方向开启。

3)楼梯饰面材料应采用防火或阻燃材料，结构受力金属不应外露。木结构应刷两道防火涂料。在木楼梯的底层平台下和顶层上方不宜设置储藏间。

2. 楼梯的设置

楼梯的设置是建筑设计中的一个重要环节，它直接影响建筑物的使用效果。楼梯的设置应综合考虑建筑的平面、功能、空间与环境艺术效果，具体包括楼梯的布置，坡度确定，净空高度、防火、采光和通风等方面的设计。这些也必须符合有关规范和标准的要求。

(1)楼梯的平面布置。楼梯一般布置在建筑物的交通枢纽和人流交汇点上，如门厅、走廊交叉口和建筑物的端部。平面中楼梯的布置数量和布置间距必须符合有关建筑防火规范和疏散要求，使楼梯具有足够的通行和疏散能力。楼梯分为主要楼梯、辅助楼梯和消防楼梯三种。

1)主要楼梯位于门厅附近或人流量大的位置，具有醒目、通畅便捷、美观协调、能有效利用空间等特点。

2)辅助楼梯布置在次要部位做辅助交通使用。

3)消防楼梯主要供紧急情况下的疏散使用，应直接对外通风采光，平时可作为普通楼梯使用。

(2)楼梯宽度的设置。为了满足疏散要求，楼梯的宽度一般根据建筑的类型、防火等级、层数及通过的人流确定。主要楼梯梯段宽应按每股人流宽550 mm+(0~150)mm计算，且不应少于两股人流；一般两股人流的梯段宽度为1 100~1 200 mm；三股人流的梯段宽度为1 650~1 800 mm；仅供单人通行的辅助楼梯净宽不可小于900 mm，且必须满足单人携带物品通过。

(3)楼梯坡度的设置。楼梯坡度的选择是从攀登效率、节省空间和便于人流疏散等方面综合考虑的。不同类型的建筑的适宜坡度不同，公共场所一般楼梯坡度较平缓，常为1:2。仅供少数人使用或不经常使用的辅助楼梯则允许提高坡度，但不宜超过1:1.33。

(4)踏步及步数的设置。楼梯的踏步尺寸直接反映了楼梯的坡度，不同层间的踏步尺寸可根据不同的建筑层高加以变化，但同一梯段的踏步尺寸必须一致。常用的适宜的踏步尺寸见表8-1。

表8-1　常用的适宜的踏步尺寸　　　　　　　　　　　　　　　　　　mm

名称	住宅	学校、办公楼	剧院、会堂	医院(病人用)	幼儿园
踏步高	156~175	140~160	120~150	150	120~150
踏步宽	250~300	280~340	300~350	300	260~300

两个楼层间的踏步数量等于两楼层的楼面标高差与踏步高度的比值。当该比值不成整数时，可以调整第一级(或最后一级)踏步的高度，以保证其他踏步的高度一致。

(5)楼梯净高的设置。楼梯的净空高度一般应满足人们的上肢伸直向上、手指触到顶棚的距离。根据一般人平均身高的情况，梯段净空不得小于2 200 mm。平台梁下净高应不小于 2 000 mm，且起始踏步前缘与平台梁的水平距离不小于 300 mm。梯段净高及净空尺寸计算见表 8-2。

表 8-2　梯段净高及净空尺寸计算

踏步尺寸 (高/mm)×(宽/mm)	130×340	130×300	170×260	180×240
梯段坡度	20°54′	26°30′	33°12′	36°52′
梯段净高/mm	2 360	2 300	2 470	2 510
梯段净空/mm	2 150	2 080	1 990	1 940

三、楼梯的装饰构造

1. 楼梯踏步饰面构造

楼梯踏步饰面构造的做法可分为抹灰类装饰、铺贴类装饰、铺钉类装饰及地毯铺设等。

（1）抹灰类装饰。抹灰饰面多用于钢筋混凝土楼梯，其具体做法：踏步的踏面和踢面都做 20～30 mm 厚的水泥砂浆或水磨石面层。离踏口 30～40 mm 处用金刚砂或陶瓷马赛克做防滑条 1～2 条，高出踏面 5～8 mm 厚，防滑条离梯段两侧面各空 150～200 mm，以便楼梯清洁，如梯段边设计时已留有泄水槽（常见室外楼梯），则防滑条伸至槽口；室外楼梯可做钢板或铝合金包角。楼梯踏步抹灰面层及防滑构造如图 8-4 所示。

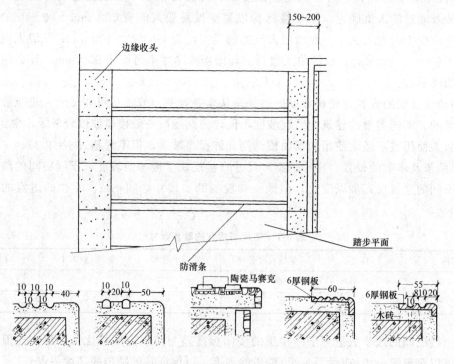

图 8-4　楼梯踏步抹灰面层及防滑构造（单位：mm）

(2)铺贴类装饰。楼梯踏步的贴面面材有板材和面砖两大类。其特点为耐磨、防滑、耐冲击并且便于清洗。贴面装饰多用于钢筋混凝土楼梯和钢楼梯的饰面处理。

楼梯踏步板材饰面的常用材料有花岗石板、大理石板、水磨石板、人造石材板、玻璃面板等,厚度一般为 20 mm。一整块为一踏面或踢面,按设计尺寸在工厂切割后运至现场施工。板材饰面的具体做法:直接在踏步板上用水泥砂浆坐浆,将饰面板粘贴在踏步或踢面上,并做防滑处理,即离踏口 20~40 mm 处开槽,将两根 5 mm 厚的钢条或铝合金条嵌入并用胶水粘固,防滑条高出地面 5 mm,牢固后可用砂轮磨去 0.5~1.0 mm,使其光滑、亮洁;或将踏口处的踏面饰板凿毛或磨出浅槽。预制水磨石板可用橡胶防滑条或铜、铝合金包角。板材饰面构造如图 8-5 所示。

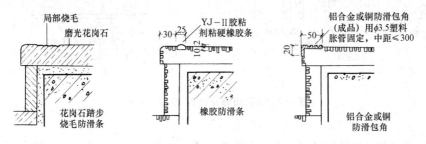

图 8-5　板材饰面构造(单位:mm)

常用面砖饰面的规格尺寸很多,有釉面砖、缸砖、铜制砖、麻石砖等。当面砖专门用于楼梯饰面时,其尺寸按踏步标准制作。具体构造做法:在踏面和踢面上做 15~20 mm 厚的水泥砂浆找平层,然后用 2~3 mm 厚的水泥浆粘贴饰面砖,并做防滑处理,即利用成品防滑缸砖防滑,或利用面砖在制坯时压下的凹凸条作为踏口的防滑条。面砖饰面构造如图 8-6 所示。

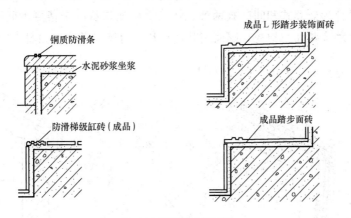

图 8-6　面砖饰面构造

(3)铺钉类装饰。人流量较小的室内楼梯常用铺钉装饰,其主要饰面材料有硬木板、塑料、铝合金、不锈钢等。铺钉装饰在任何结构的踏步上都可以安装,铺钉的方式分为架空式和实铺式两种,如图 8-7 所示。

架空式是一种较为高级的装饰处理。具体做法:首先将 25 mm×40 mm 的小木龙骨固定在踏步踏面的预埋木砖或膨胀管上,钢板踏步可以预留螺孔或现场开孔,然后以榫头和螺钉将铺板固定于木龙骨上。踢面板一般实铺在踏步踢面上。

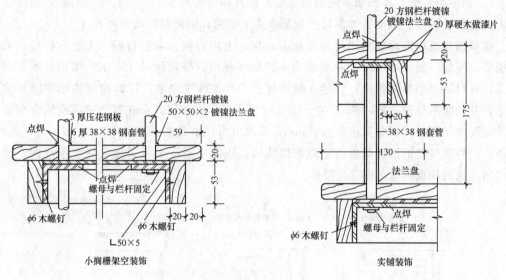

图 8-7　铺钉类饰面构造(单位：mm)

实铺式是最常见的铺钉做法。混凝土踏步必须先做 10～15 mm 厚的水泥砂浆找平层，铺板依靠其头部和螺钉直接固定于踏步踏面和踢面的预埋木砖或膨胀管上。钢、铝、木楼梯则可以通过螺栓将饰面板与踏步板固定。对铺钉楼梯的防滑处理，应考虑防滑与耐磨的双重作用，所以常在踏口角用铜或铝合金、塑料成品型材包角，使踏口既不易损坏又美观、整齐。

(4)地毯铺设。楼梯采用地毯铺设，一般用于标准较高的建筑中，如高级写字楼、宾馆、饭店、别墅等。地毯铺设既可在踏步找平层上直接铺设，也可在已装修好的楼梯饰面上铺设。

地毯的铺设分为连续式和间断式两种。连续式为地毯从一个楼层不间断铺设到另一个楼层；间断式为踏步踏面用地毯，踢面用其他材料。地毯铺设构造如图 8-8 所示。

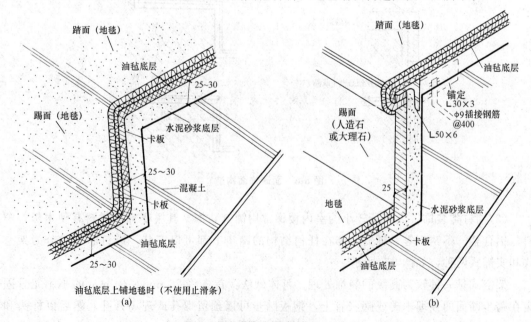

图 8-8　地毯铺设构造(单位：mm)

(a)连续式；(b)间断式

地毯的固定方式有粘贴式和浮云式两类。粘贴式是用地毯胶水将地毯与踏步的找平层牢固地粘合在一起，踏口处用铜、铝或塑料包角镶钉，起耐磨和装饰作用；浮云式是将地毯用地毯棍卡在已做好饰面的踏步上，地毯可以定期抽出清洗或更新。地毯的固定如图 8-9 所示。

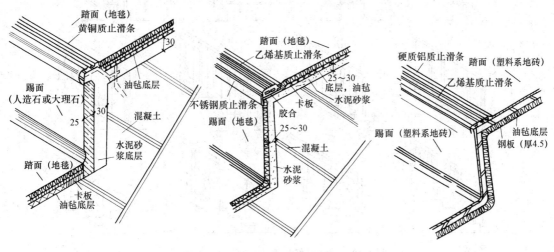

图 8-9　地毯的固定(单位：mm)

2. 楼梯栏杆、栏板的构造

(1)楼梯栏杆的构造。楼梯栏杆按材料可分为木栏杆、钢栏杆、铁栏杆等。梯段栏杆扶手高度应从踏步中心点垂直量至扶手顶面，其高度根据人体重心的高度和楼梯坡度的大小等因素确定，一般为 900 mm。供儿童使用的楼梯扶手高度为 500～600 mm。梯段高度超过 1 000 mm 时，宜设栏杆或栏板，并至少一侧设扶手。梯段通行人流达三股时应两侧设扶手，达四股人流时应加设中间扶手。回廊及室外楼梯临空处栏杆高度不应小于 1 050 mm。高层建筑的栏杆高度应再适当提高，但不应高于 1 200 mm。有儿童经常使用的楼梯，栏杆应采用不易攀登的构造，垂直杆件间的间距不应大于 110 mm。楼梯栏杆的形式如图 8-10 所示。

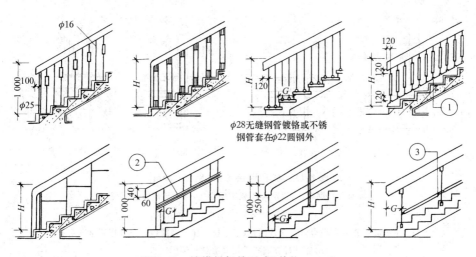

图 8-10　楼梯栏杆的形式(单位：mm)

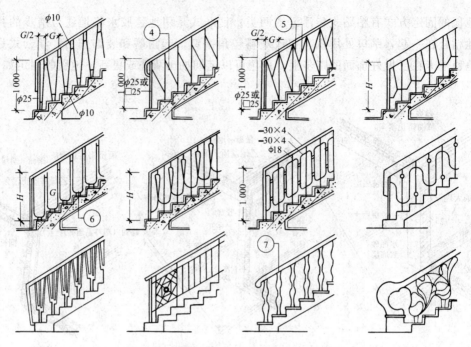

图 8-10　楼梯栏杆的形式（单位：mm）（续）

栏杆与踏步及平台的连接一般在楼梯段和平台上通过预埋钢板焊接或预留孔插接。连接方式应与踏步饰面材料相适应，如图 8-11 所示。

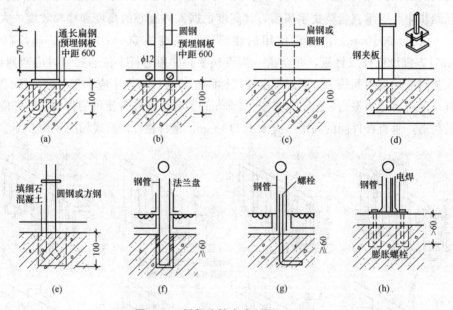

图 8-11　栏杆连接方式（单位：mm）

(a)与通长扁钢焊接；(b)与通长圆钢焊接；(c)与预埋钢板焊接；

(d)与预埋夹板焊接；(e)埋入预留孔洞；

(f)立杆套丝扣与预埋套管丝扣拧固；(g)立杆套住预埋螺栓，空处用硫黄灌实；

(h)立杆焊在底板上用膨胀螺栓锚固底板

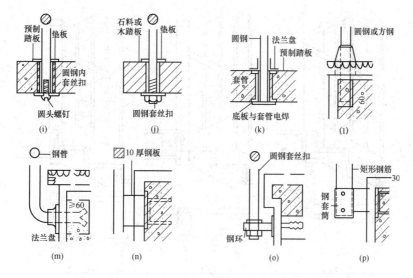

图 8-11 栏杆连接方式(单位：mm)(续)

i)立杆插入预埋套管螺钉拧固；(j)立杆穿过预留孔螺母拧固；(k)立杆插入套管电焊；

(l)侧面留凹口焊接；(m)立杆埋入踏板侧面预留孔内；(n)立杆焊在踏板侧面钢板上；

(o)立杆穿过预埋钢环螺母拧固；(p)立杆插入钢套筒内，用螺钉拧固

(2)楼梯栏板的构造。楼梯栏板形式多样，有玻璃栏板、不锈钢镜面栏板、预制水磨石栏板、塑料面板饰面栏板、砌筑栏板、钢丝网水泥栏板等。玻璃栏板既具有安全性，又具有美观、通透的特点，近年来被广泛使用。栏板构造如图 8-12 所示。

(3)楼梯转角栏杆(栏板)的构造。楼梯段转弯处的栏杆或栏板必须向前伸 1/2 踏步宽，上、下扶手才能交合在一起。为了节省空间，栏杆或栏板一般随梯段一起转接。其构造如图 8-13 所示。

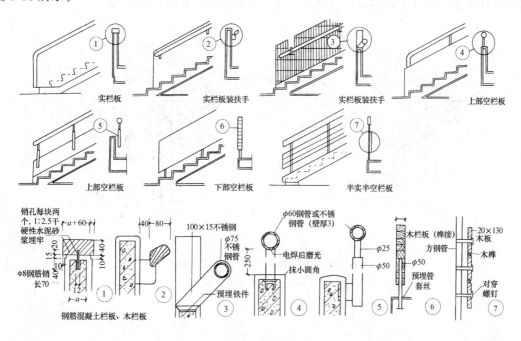

图 8-12 栏板构造(单位：mm)

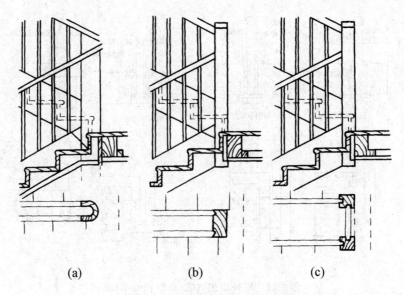

(a)   (b)   (c)

图 8-13 楼梯转角栏杆(栏板)构造

(a)望柱法；(b)鹤颈嘴法；(c)断开法

3. 楼梯扶手的构造

室内楼梯多采用硬木、铜质、不锈钢、铝合金、塑料扶手；室外楼梯扶手常用金属、塑料、石材及预制混凝土扶手。

扶手的断面形式要考虑人体尺度及使用要求，为了便于握紧扶手，扶手截面直径一般为 40~80 mm。

楼梯扶手一般连续设置。金属扶手可以直接焊接在金属栏杆顶面；硬木扶手一般通过木螺钉拧在金属栏杆上部的通长扁铁上。扶手的断面形式如图 8-14 所示。

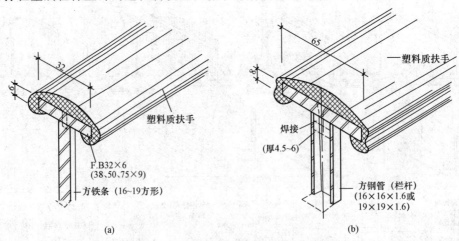

(a)   (b)

图 8-14 扶手的断面形式(单位：mm)

(a)、(b)覆盖塑料扶手的收头处理

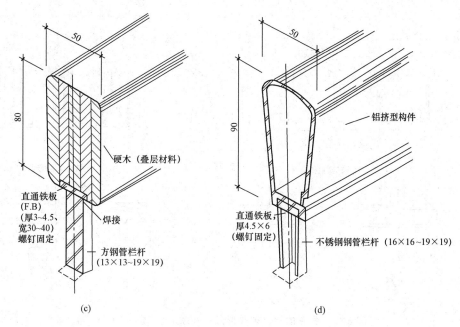

图 8-14 扶手的断面形式 (单位：mm) (续)

(c)叠层材料；(d)铝挤型构件

扶手与栏杆的连接方式是在栏杆上部电焊一段扁铁，然后用螺钉将扶手与扁铁相连。对于高扶手，栏杆立杆必须插入扶手 1/2 高度。靠墙扶手应与栏杆扶手相一致。扶手处除具有足够强度外，还应注意保持连贯性，并应伸出起始及终止踏步不少于 110 mm。其始末端形式及处理形式如图 8-15 所示。

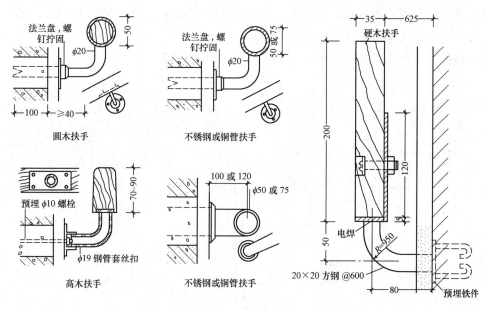

图 8-15 扶手的始、末端形式及处理形式(单位：mm)

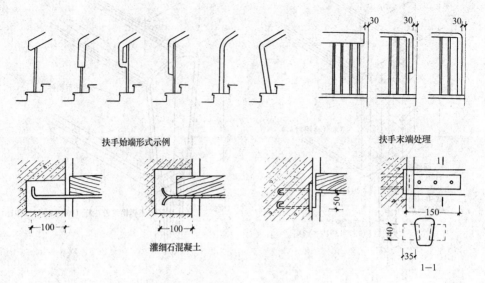

扶手始端形式示例   扶手末端处理

灌细石混凝土

图 8-15　扶手的始、末端形式及处理形式（单位：mm）（续）

4. 楼梯踏步侧面构造处理

楼梯踏步侧面的细部处理包括梯段临空段、临墙段、梯段及平台底三部分。

（1）梯段临空侧踏步边缘既是踏面与侧面的交接点，也是栏杆的安装地方。对于细致的收头处理，既有利于楼梯的保养管理，提高了耐磨、抗撞击的性能，又有装饰效果。通常的做法是将踏面粉刷或贴面材料延伸至侧面的 30～60 mm 宽度，如图 8-16 所示。铺钉装饰必须将铺板包住整个梯段侧面，并转过板底 30～40 mm 宽度做收头。还有一种做法是利用预制构件镶贴，以在踏步侧面形成收头，如图 8-17 所示。

（2）梯段临墙侧应做踢脚。踢脚的构造做法同楼（地）面，材料同踏步面层，高 100～150 mm，上、下两端与楼地层踢脚连成一体。

（3）梯段及平台板底的饰面做法一般同该层顶棚面的装饰。

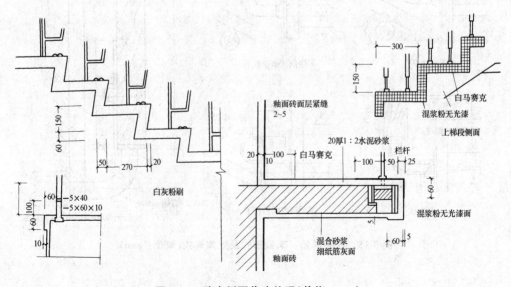

图 8-16　踏步侧面收头处理（单位：mm）

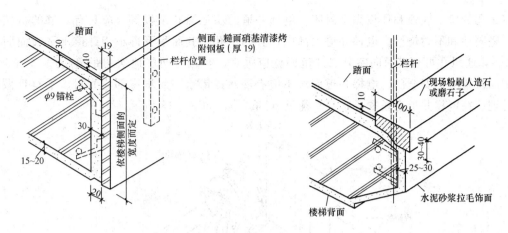

图 8-17　楼梯边缘的收头处理(单位：mm)

任务二　电梯与自动扶梯装饰构造

一、电梯

1. 电梯的类型

电梯的运行速度快，较楼梯可节省时间和人力，在多层和高层建筑中广泛使用。

(1)电梯按使用性质分为客梯、货梯和消防电梯。

1)客梯主要用于建筑物中上、下楼层的连系。

2)货梯主要用于运送货物及设备。

3)消防电梯主要在发生火灾、爆炸等紧急情况下，供消防人员紧急救援使用。

(2)电梯按其行驶速度分为高速电梯、中速电梯和低速电梯。

1)电梯速度大于 2 m/s 时，称为高速电梯。

2)电梯速度为 1.5～2 m/s 时，称为中速电梯。

3)电梯速度小于 1.5 m/s 时，称为低速电梯。

2. 电梯的组成

电梯主要由电梯机房、电梯井道、轿厢、电梯层门等几部分组成。

(1)电梯机房。电梯机房应为专用的房间，其围护结构应保温、隔热，室内应有良好通风、防尘，宜有自然采光，不得将机房顶板做水箱底板及在机房内直接穿过水管或蒸汽管。电梯机房一般设置在电梯井道的顶部，少数设在底层井道旁边。机房地板应能承受一定的压力，地面采用防滑材料，通向机房的道路应畅通且门窗防雨，当对建筑物的功能有要求时，机房的地板、墙壁和房顶应能大量吸收电梯运行产生的噪声。为便于安装，机房的楼板应按机器设备要求的部位留孔洞。主电源开关应装在机房内入口处距地面3～5 m的墙上。

(2)电梯井道。井道是电梯运行的通道，应为电梯专用。电梯井道内一般不得装设与电梯无关的设备，如电缆、管道等。电梯井道可以用砖砌筑或钢筋混凝土浇筑。电梯的井道应有无孔的墙，底板和顶板完全封闭，电梯井道的墙地面和顶板材料应具有足够的机械强度、坚固性和不燃烧性。电梯井道顶部应设置通风孔，其面积不得小于井道水平断面面积的 1%，通风孔可直接通向室外。井道四壁应垂直，当相邻两层地坎的距离超过 11 m 时，其中间位置应设安全门。电梯井道底坑不应有漏水或渗水，底坑底部应光滑、平整且做防水处理。在电梯井道有轿厢导轨、平衡重(对重)等，如图 8-18 所示。

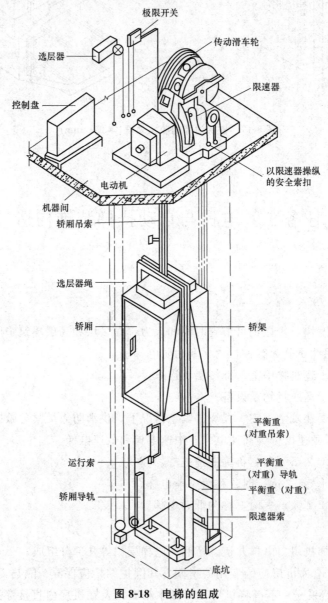

图 8-18 电梯的组成

(3)轿厢。轿厢作为运载乘客和货物的主要空间，一般要求其内部整洁优美，厢体经久耐用。电梯轿厢多采用金属框架，内部主要对壁面、地面和顶棚进行装饰，这些装饰是厂家依据客户的标准要求提供的。如壁面一般采用光洁有色钢板、有色有孔钢板、不锈钢板、塑料型材板等作为面层；地面采用花格钢板、橡胶地板革、石材等材料饰面；顶棚则采用透光板材吊顶、不锈钢格栅吊顶，内装荧光灯局部照明等。

(4)电梯层门。电梯层门是候梯厅与轿厢的出入口,开设在电梯井道墙壁上。当电梯轿厢停靠在各楼层时,电梯层门和轿厢门将同时开启,供乘客和货物出入。电梯层门由门扇、门套、开关门按钮等组成。电梯层门和候梯厅(电梯前室)是电梯装饰工程的重点部位,也是电梯装饰构造的主要内容。

3. 电梯的装饰构造

电梯门一般设在电梯厅显著位置,所以应突出装饰效果。电梯门的开启方式为中分推拉或旁开的双推拉式,如图 8-19 所示。电梯的装饰主要是对候梯厅和层门的门套进行的。装饰的材料和效果需根据建筑物本身的功能和装饰要求来确定。

(1)候梯厅的装饰构造。因候梯厅人流较多,故对候梯厅的顶棚、地面和墙面的装饰,应视建筑物本身的装饰效果要求来确定。墙面多采用高级的装饰材料,如花岗石板、大理石板、不锈钢板、铝塑板、玻璃、木饰面、壁纸等。特别注意:应解决好墙面装饰与层门门套装饰的收口关系;在候梯厅墙面上要安装电梯的指示灯和呼唤(开关门)按钮,注意预留位置的准确性和收口的协调性。

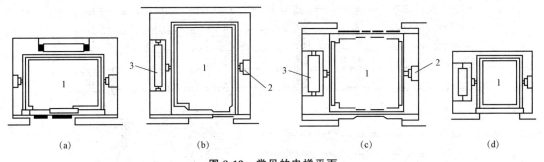

(a)　　　　　　　(b)　　　　　　　(c)　　　　　　　(d)

图 8-19　常见的电梯平面

(a)客梯(双扇推拉门);(b)病床梯(双扇推拉门);

(c)货梯(中分双扇推拉门);(d)小型杂物梯

1—轿厢;2—轨道及撑架;3—平衡重(对重)

(2)层门门套的装饰构造。在层门的门框与门洞周边一般都制作装饰门套,一方面增加装饰的效果;另一方面也起到保护层门的作用。突出墙面的门套的装饰材料一般与墙面的材料不同,装饰材料的种类有花岗石板、大理石板、不锈钢板、彩钢板、铝塑板、木饰面等,装饰时需与电梯厂方沟通构造关系。

1)花岗石(大理石)门套的装饰构造。花岗石(大理石)门套一般多采用水泥砂浆挂贴或干挂法。

2)不锈钢门套的装饰构造。不锈钢门套的做法可采用木制基层板加不锈钢板,用玻璃胶固定或不锈钢成型门套螺栓固定。

3)木饰面、铝塑板门套的装饰构造。木饰面、铝塑板门套的做法采用木制基层板加面饰板的方式。层门门套的做法可参考前面有关的内容,各种层门门套的装饰构造如图 8-20 所示。

二、自动扶梯

1. 自动扶梯的布置形式及特点

自动扶梯的布置形式有平行式排列、折返式排列、连贯式排列、交叉式排列等,如图 8-21 所示。

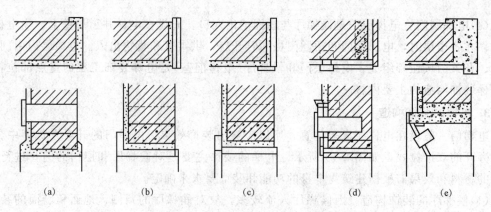

图 8-20　各种层门门套的装饰构造
(a)水泥砂浆门套；(b)水磨石门套；(c)大理石门套；
(d)木板门套；(e)钢板门套

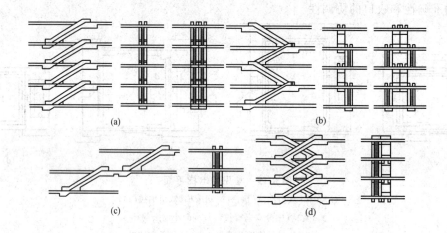

图 8-21　自动扶梯的布置形式
(a)平行式排列；(b)折返式排列；(c)连贯式排列；(d)交叉式排列

　　自动扶梯可用于室内或室外。用于室内时，运输的垂直高度最低为 3 m，最高可达 11 m 左右；用于室外时，运输的垂直高度最低为 3.5 m，最高可达 60 m 左右。自动扶梯倾角有 27.3°、30°、35°几种角度，常用 30°的角度。其速度一般为 0.45～0.75 m/s，常用速度为 0.5 m/s。可正向、逆向运行。自动扶梯的宽度一般有 600 mm、800 mm、1 000 mm、1 200 mm 几种，理论载客量为 4 000～10 000 人次/h。

　　自动扶梯的外观类似普通楼梯，但具有一系列可以移动的踏步，其特点是当人流较大时，可以快速、连续地输送人流。一般自动扶梯均可正、逆两个方向通行，停止时可作为临时性的普通楼梯使用。

2. 自动扶梯的构造

　　自动扶梯由电动机牵引，梯级踏步与扶手同步运行，机房搁置在地面以下或悬吊在楼板下面。自动扶梯的所有荷载都由钢桁架传到自动扶梯两端的平台结构上。

　　自动扶梯栏板形式有全玻璃栏板、半玻璃栏板、装饰板栏板、金属装饰板栏板等。

　　(1)全玻璃栏板扶手两侧栏板为钢化玻璃，玻璃厚度为 6～12 mm，扶手下部装荧光灯。

（2）半玻璃栏板扶手中下部两侧为钢化镜面玻璃，上部为半透明板，扶手下部装有荧光灯。

（3）装饰板栏板扶手两侧栏板为防火塑料装饰板、防火胶板、乳白色半透明有机玻璃板等。

（4）金属装饰板栏板两侧为镜面、毛面不锈钢板、镜面及彩色塑铝板等，采用梯底部吊顶棚照明。

3. 自动扶梯的装饰构造

自动扶梯的外壳装饰分为扶梯侧板装饰及底板装饰。侧板与底板的装饰应与所处环境相呼应。装饰材料应选择美观、耐火、防腐、耐磨的金属板或复合金属板，板缝应用金属条或硅胶封严。其外壳装饰如图 8-22 所示。

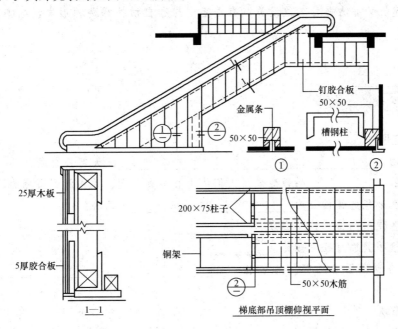

图 8-22　自动扶梯的外壳装饰（单位：mm）

知识点梳理

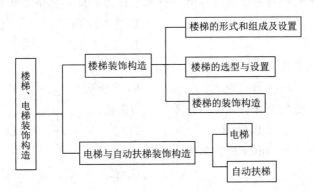

项目小结

　　本项目主要介绍了楼梯、电梯、自动扶梯的装饰构造内容。楼梯的形式一般有直楼梯、双分平行楼梯、双跑楼梯、三跑楼梯、弧形楼梯等。楼梯一般由梯段、平台、栏杆及扶手组成。楼梯的选择必须满足功能要求、美观要求和防火要求等。楼梯是建筑物的垂直交通设施，楼梯的装饰部位有楼梯踏步、踏口、栏杆、扶手。楼梯踏步面的装饰一般采用抹灰类装饰、铺贴类装饰、铺钉类装饰和地毯铺设。栏杆既是保证安全的构件，同时也是楼梯的主要装饰部位，因此既要有一定的承载能力，又要有较好的装饰效果。电梯是公共建筑、多层和高层建筑必备的垂直交通设施，有垂直电梯和自动扶梯两种形式，电梯入口的装饰是重点内容。

习　题

一、填空题

1. 楼梯由_____、_____、_____三大部分组成。

2. 楼梯的_____一般应满足人们的上肢伸直向上、手指触到顶棚的距离。

3. 楼梯面地毯的铺设分为_____和_____两种。

4. 供儿童使用的楼梯扶手高度为_____。

5. 楼梯扶手截面直径一般为_____。

6. 楼梯踏步侧面的细部处理包括_____、_____、_____三部分。

二、选择题

1. 梯段的踏步一般不超过18步，也不宜小于(　　)步。

　　A. 6　　　　　　　　　B. 7　　　　　　　　　C. 3　　　　　　　　　D. 8

2. 一般两股人流的梯段宽度为(　　)mm。

　　A. 1 000~1 100　　　　　　　　　　B. 1 100~1 200

　　C. 1 200~1 300　　　　　　　　　　D. 1 300~1 400

3. 供少数人使用或不经常使用的辅助楼梯允许提高坡度，但不宜超过(　　)。

　　A. 1∶2　　　　　　　　　　　　　　B. 1∶1.33

　　C. 1∶1.22　　　　　　　　　　　　D. 1∶1.11

4. 楼梯段栏杆扶手的高度一般为(　　)mm。

　　A. 800　　　　　　B. 900　　　　　　C. 1 000　　　　　　D. 1 100

5. 对于高扶手，栏杆立杆必须插入扶手(　　)高度。

　　A. 1/2　　　　　　B. 1/3　　　　　　C. 1/4　　　　　　D. 1/5

6. 电梯速度大于(　　)m/s时，称为高速电梯。

　　A. 0.8　　　　　　B. 1　　　　　　C. 1.4　　　　　　D. 2

三、问答题

1. 如何进行楼梯的平面布置？

2. 如何进行铺贴类装饰楼梯踏步板材饰面？

3. 楼梯面铺地毯时，地毯应如何固定？

4. 根据电梯的使用性质，电梯可分为哪几类？

5. 自动扶梯的栏板形式有哪些？

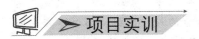

项目实训

某楼梯装饰构造实训

1. 楼梯实训作业完成成果

(1)楼梯平面图(比例为 1：50)。

(2)楼梯剖面图(比例为 1：50)。

(3)楼梯详图(比例为 1：5～1：10)。

2. 实训作业要求及深度

(1)设计条件。

1)某内廊式办公楼为四层，层高为 3.300 m，室内外地面高差为 0.450 m。

2)该办公楼的楼梯形式为双跑平行楼梯，楼梯间的开间为 3 300 mm，进深为 5 700 mm，走廊宽度为 1 800 mm，楼梯底层中间平台下做通道，平面位置与尺寸如图 8-23 所示。

3)楼梯间的门洞口尺寸为 1 500 mm×2 100 mm，窗洞口尺寸为 1 500 mm×1 800 mm。

4)采用现浇式钢筋混凝土楼梯。

5)楼梯间的承重内墙为 240 mm 砖墙，承重外墙为 370 mm 砖墙。

6)地面做法由学生自定。

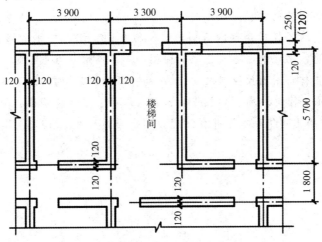

图 8-23 楼梯间平面位置与尺寸(单位：mm)

(2)设计内容。

1)确定梯段形式、步数、踏步尺寸、栏杆(栏板)形式、所选用的材料及尺寸。

2)绘制楼梯平面图(首层平面图、标准层平面图、顶层平面图)。

3)绘制楼梯剖面图及详图。

(3)绘图要求。

1)使用绘图纸绘制 A2 图纸一张，以铅笔或墨线绘成，不能使用描图。

2)平面图和剖面图比例为 1：50，详图为 1：20～1：10。

(4)绘图深度。

1)在楼梯各平面图中绘出定位轴线，标出定位轴线至墙边的尺寸，给出门窗、楼梯踏步、折断线(折断线应为一条；有些资料和图集的折断线为两条线，是错误的)。以各层地面为基准标注楼梯的上、下指示箭头，并在上行指示线旁注明到上层的步数和踏步尺寸。

2)在楼梯各层平面图中注明中间平台及各层地面的标高。

3)在首层楼梯平面图上注明剖面剖切线的位置及编号，注意剖切线的剖视方向。剖切线应通过楼梯间的门和窗。

4)平面图上标注三道尺寸。

①进深方向。

第一道：平台净宽、梯段长＝踏面宽×步数。

第二道：楼梯间净长。

第三道：楼梯间进深轴线尺寸。

②开间方向。

第一道：楼梯段宽度和楼梯井宽。

第二道：楼梯间净宽。

第三道：楼梯间开间轴线尺寸。

5)首层平面图上要绘制出室外(内)台阶、散水，如绘制二层平面图，应绘制出雨篷；三层或三层以上平面图不再绘制雨篷。

6)剖面图应注意剖切位置和剖视方向。

7)剖面图的绘制内容包括楼梯的断面形式，栏杆(栏板)、扶手的形式，墙、楼板、楼层地面、顶棚、台阶、室外地面等。绘制剖面图时，屋顶部分可不绘制。

8)剖面图应标注材料图例及竖向尺寸(梯段高＝踏步高×级数)。

9)标注室内地面、室外地面、各层平台、各层地面、窗台及窗顶、门顶等处标高。

10)在剖面图中给出定位轴线，并标注定位轴线间的尺寸。

项目九　细部装饰构造

项目导入

在各类商业建筑、旅馆酒店及银行等公共建筑中，橱窗、门窗套、窗帘盒、服务台、吧台及收银台是必不可少的设施，是服务人员接待顾客，与顾客进行交流的地方，其构造设计必须首先满足使用功能要求（图 9-1）。那么，如何合理考虑这些部位的装饰构造设计呢？

图 9-1　细部装饰构造

教学目标

通过本项目内容的学习，熟悉橱窗、门窗套装饰的构造与装饰要求；掌握窗帘盒、窗台板与暖气罩的具体构造形式与装饰要求；熟悉服务台（收银台）、店面招牌的构造设计要求；了解柜台、吧台的构造。

教学要求

知识要点	能力目标
橱窗、门窗套装饰构造	具备橱窗、门窗套装饰构造的设计能力
窗帘盒、窗台板与暖气罩装饰构造	具备窗帘盒、窗台板与暖气罩构造的设计能力
服务台（收银台）、店面招牌设施装饰构造	具备服务台（收银台）、招牌构造的设计能力
柜台、吧台装饰构造	具备柜台、吧台的设计能力

素养目标

1. 能积极参与实践工作，独立制定学习计划，并按计划实施学习和撰写学习体会。
2. 具有吃苦耐劳、爱岗敬业的职业精神。

任务一 橱窗、门窗套装饰构造

一、橱窗的构造

1. 橱窗的构造形式

橱窗框材料有木、钢、铝合金、不锈钢、塑料等品种。断面尺寸根据橱窗大小和装玻璃有无填料而定。用于橱窗的玻璃一般厚 6 mm，分块应按厂家的生产规格设计。玻璃间可平接，过高时可用铜或金属夹逐段相连，也可加设中槛（横档）分隔。安装时，如果玻璃较大，最好采用橡皮、泡沫塑料、毛毡等填条，以免破碎。橱窗构造如图 9-2 所示。

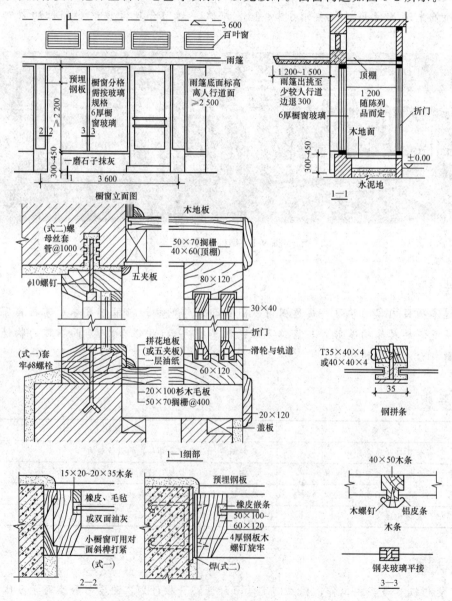

图 9-2 橱窗构造（单位：mm）

2. 橱窗的构造要求

(1)橱窗的尺度主要是商品陈列面的高度和橱窗深度,必须依据陈列品的性质和品种而定。陈列面高度一般为 300～450 mm,甚至 800 mm,深度自 600 mm 至 2 m 不等。

(2)橱窗的设置应防雨和遮阳,且应通风、采光良好。

(3)应注意凝结水的问题。

(4)沿街橱窗一般在两柱或砖墩之间设置灯光,也有在外廊内设置的。

3. 橱窗的固定方法

橱窗窗框的固定方法除砖墩可预埋木砖外,其余钢筋混凝土柱或过梁内应逐段预埋铁件,与窗框的铁件相焊接;或预埋螺母套管,然后将螺栓穿过窗框相固定。不得于柱内或梁内预埋任何木块,用钉钉牢。至于下槛则可用预埋螺栓,但仅限木橱窗。

二、门窗套的构造

门窗套能够将门窗的洞口保护起来,避免磕碰损坏,便于清洁。门窗套的形式多种多样,还可仿皮革纹路,提高其装饰效果。

门窗套一般由贴脸板和筒子板组成,材料一般与门窗的材料相同。其构造如图 9-3 所示。

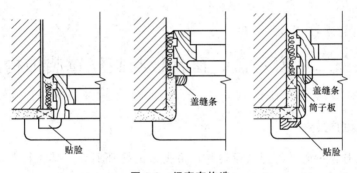

图 9-3　门窗套构造

门窗框安装完毕后,即可进行贴脸板的安装。贴脸板的规格、样式多种多样,其构造形式如图 9-4 所示。

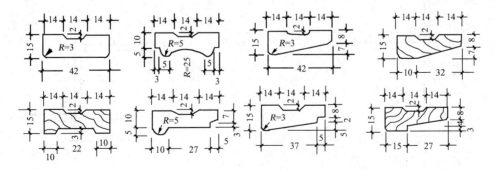

图 9-4　贴脸板构造形式(单位:mm)

贴脸距门边 15～20 mm，搭盖墙的宽度一般为 20 mm，最窄不应小于 10 mm，贴脸板四周须与抹灰墙面接触严密。贴脸接头应成 45°，贴脸与门窗套板面结合应紧密、平整。

装钉贴脸板时，一般先钉门窗框的横向板，后钉竖向板。首先量出横向贴脸板所需的长度，两端锯成 45°，贴紧门窗框的上坎，用钉子固定在框上。钉子长度宜为板厚的两倍，钉距不大于 50 cm，钉帽须砸扁，顺木纹冲入板表面 1～3 mm。接着按上述步骤将竖向贴脸板钉在边框上。横、竖贴脸板的线条要对正，接缝应准确、平整、严密、安装牢固。盖缝条的安装方法同贴脸板，如图 9-5 所示。

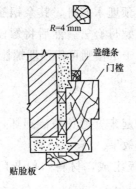

图 9-5　盖缝条的安装方法

任务二　窗帘盒、窗台板与暖气罩装饰构造

一、窗帘盒的构造

窗帘盒是悬挂窗帘时，为掩蔽窗棍和窗帘上部的拴环而设。其材料有木材、金属板和塑料板等。木窗帘盒有明窗帘盒和暗窗帘盒两种，一般窗帘轨道有单轨、双轨或三轨。明窗帘盒整个露明，一般先加工成半成品，再在施工现场安装，如图 9-6 所示；暗窗帘盒的仰视部分露明，适用有吊顶的房间，如图 9-7 所示。

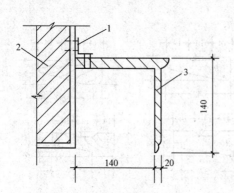

图 9-6　单轨明窗帘盒(单位：mm)

1—角钢；2—墙体；3—窗帘盒

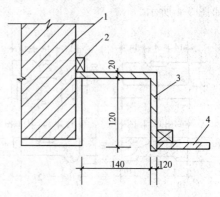

图 9-7　单轨暗窗帘盒(单位：mm)

1—墙体；2—木档；3—窗帘盒；4—吊顶面板

窗帘盒设置在窗的上口，主要用来吊挂窗帘，并对窗帘导轨等构件起遮挡作用，所以它也有美化居室的作用。窗帘盒的长度一般以窗帘拉开后不影响采光面积为准，一般为洞口宽度＋300 mm 左右(洞口两侧各 150 mm 左右)；深度(出挑尺寸)与所选用的窗帘材料的厚薄和窗帘的层数有关，一般为 120～200 mm，保证在拉扯每层窗帘时互不牵动。

吊挂窗帘的方式有三种，即软线式、棍式和轨道式。

(1)软线式：选用 14 号钢丝或包有塑料的各种软线吊挂窗帘。软线易受气温的影响而产生热胀冷缩，从而松动，或者由于窗帘过重而出现下垂。因此，可在端头设元宝螺母加以调节。这种方式多用于吊挂较轻质的窗帘或跨度在 1.0～1.2 m 的窗口。

(2)棍式：采用 Φ10 钢筋、铜棍、铝合金棍等吊挂窗帘布。这种方式具有较好的刚性。当窗帘布较轻时，适用 1.5～1.8 m 宽的窗口；跨度增加时，可在中间增设支点。

(3)轨道式：采用以铜或铝制成的窗帘轨，轨道上安装小轮来吊挂和移动窗帘。这种方式具有较好的刚性，可用于大跨度的窗。由于轨道上设有小轮，拉扯窗帘方便，因而其特别适合重型窗帘布。

窗帘盒的支架应固定在窗过梁或其他结构构件上。当层高较低或者窗过梁下沿与顶棚在同一标高时，窗帘盒可以隐蔽在顶棚上，其支架固定在顶棚搁栅上。另外，窗帘盒还可以与照明灯槽、灯具结合成一体。窗帘盒构造如图 9-8 所示。

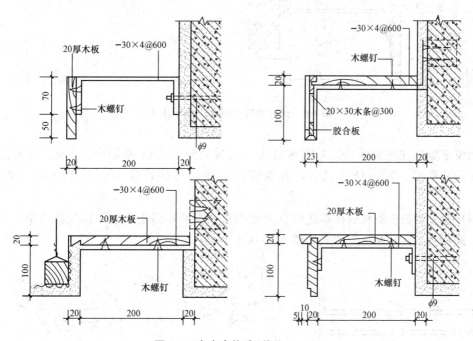

图 9-8　窗帘盒构造(单位：mm)

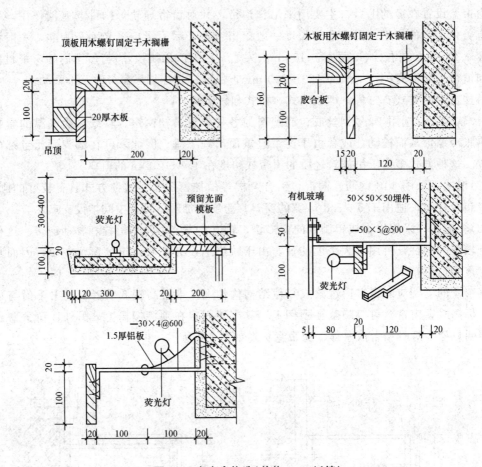

图 9-8　窗帘盒构造(单位：mm)(续)

明窗帘盒宜先安装轨道，暗窗帘盒可后安装轨道。当窗宽大于 1.2 m，窗帘是单轨时，中间应断开，断头处弯错开，弯曲度应平缓，搭接长度不小于 20 mm，如图 9-9 所示。

圆形窗帘轨是在圆杆的两端进行支承和固定。在两端固定之前，需先将窗帘挂环套入圆杆。圆杆轨的支承和固定方式如图 9-10 所示。

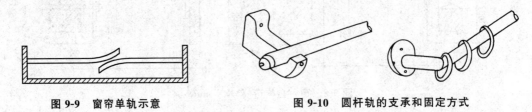

图 9-9　窗帘单轨示意　　　　　图 9-10　圆杆轨的支承和固定方式

织物窗帘与窗帘轨的连接是通过吊钩来实现的。常见的吊钩有窗帘布圆头钩、带夹钩、针头钩和皱褶钩等。窗帘的吊钩形式如图 9-11 所示。

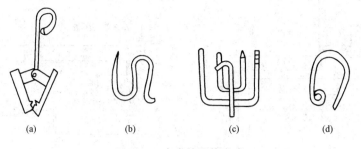

图 9-11 窗帘的吊钩形式

(a)带夹钩；(b)针头钩；(c)皱褶钩；(d)圆头钩

二、窗台板的构造

窗台板是为临时摆设物件(如钟表、遥控器、台历、杂志、书籍及报纸等)而设，可增加室内装饰效果。窗台板常用木材、水泥、水磨石、大理石、磨光花岗石等制作。窗台板的宽度为 100～200 mm、厚度为 20～50 mm 不等。若带暖气槽窗，其洞口宽常为 900～1 800 mm，窗台板净跨比洞口少 10 mm，板厚为 40 mm。

(1)木窗台板的构造。安装窗台板时，将加工好的窗台板放在窗台墙顶上居中，里边嵌入框下槛槽内(两边的伸出长度须一致)，然后用明钉把窗台板与木砖钉牢，把钉帽砸扁，顺木纹冲入板的表面 1～3 mm。在窗台板的下面与墙交接处，要钉窗台线(三角压条)。窗台线预先刨光，按窗台长度两端刨成弧形线脚，用明钉与窗台板斜向钉牢，把钉帽砸扁，冲入板内。其构造如图 9-12 所示。

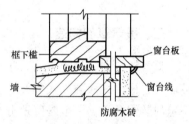

图 9-12 木窗台板构造

(2)水磨石窗台板的构造。水磨石窗台板的应用范围为 600～2 400 mm，窗台板净跨比洞口少 10 mm，板厚为 40 mm。应用于厚 240 mm 的墙时，窗台宽为 140 mm；应用于厚 365 mm 的墙时，窗台板宽为 200 mm 或 260 mm；应用于厚 490 mm 的墙时，窗台板宽度为 330 mm。水磨石窗台板构造如图 9-13 所示。

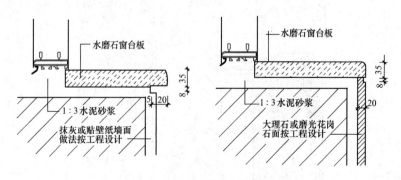

图 9-13 水磨石窗台板构造(单位：mm)

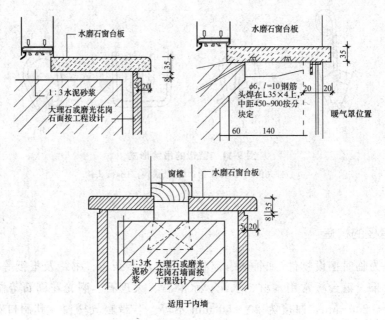

图 9-13 水磨石窗台板构造(单位：mm)(续)

三、暖气罩的构造

暖气散热器多设于窗前，暖气罩多与窗台板等连在一起。常用的布置方法有窗台下式、沿墙式、嵌入式和独立式等几种。暖气罩既要能保证室内均匀散热，又要造型美观，具有一定的装饰效果。一般暖气罩分为木制暖气罩和金属暖气罩两种。

（1）木制暖气罩。木制暖气罩采用硬木条、胶合板等做成格片状，也可以采用上下留空的形式。木制暖气罩的舒适感较好，其构造如图 9-14 所示。

（2）金属暖气罩。金属暖气罩采用钢或铝合金等金属板冲压打孔或采用格片等方式制成，具有性能良好、坚固耐用的特点。其构造如图 9-15 所示。

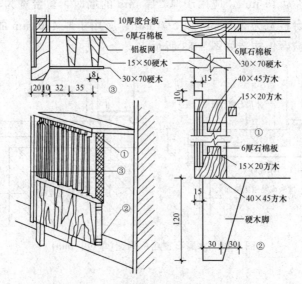

图 9-14 木制暖气罩构造(单位：mm)

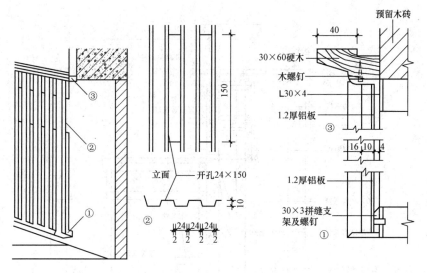

图 9-15　金属暖气罩构造(单位：mm)

任务三　服务台(收银台)、店面招牌设施装饰构造

各类商业建筑、旅馆酒店及银行等公共建筑中，服务台(收银台)、店面招牌是必不可少的设施。服务台(收银台)是服务人员接待顾客，与顾客进行交流的地方，其构造设计必须首先满足使用功能要求。

一、服务台(收银台)装饰构造

服务台(收银台)主要作用是问讯、接待与登记等，由于兼有书写功能，所以比一般柜台高，其高度为 1 100～1 200 mm。服务台总是处于大堂等显要位置，设计与施工过程中应重点考虑，着重处理，以突出其重要性。所以，装饰的档次要求很高，所用的材料及构造做法都需要考虑周到。设计时应处理好灯光的选择及布置，并应与大堂的总体效果相协调。

1. 服务台(收银台)的结构构造

服务台(收银台)的构造，常用的主要有木骨架、钢骨架等结构体系。

(1)木骨架结构。木骨架结构是服务台装饰中应用最为广泛的一种形式。它是采用30～50 mm 的方木做木骨架，木框立梃与横向贯通龙骨的连接，基层板用大芯板或多层板，面板可结合总体效果采用石材、不锈钢、钛合金、玻璃或木质饰面板，如图 9-16 所示。

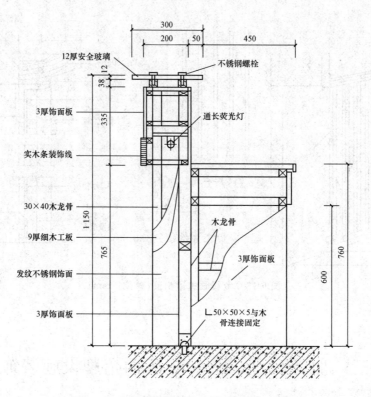

图 9-16　木骨架结构服务台示意(单位：mm)

（2）钢骨架结构。钢骨架结构具有强度高，组合方便的特点，其适应不同的长度和悬挑的台架要求。其常用角钢、方管焊制，先焊制成框架，再进行定位安装固定。钢架与墙面、地面的固定在没有预埋铁件时用膨胀螺栓直接固定。安装固定后，涂刷防锈漆两遍，如图 9-17 所示。

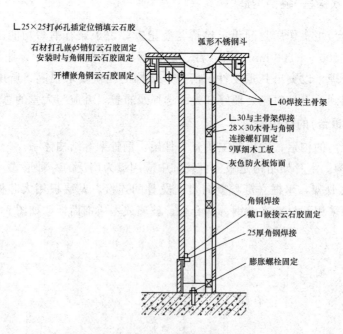

图 9-17　钢骨架结构服务台示意(单位：mm)

2. 服务台(收银台)连接节点构造

(1)钢骨架与地面连接。钢骨架与地面的连接通常用 M10～M16 mm 膨胀螺栓固定, 如图 9-18 所示。

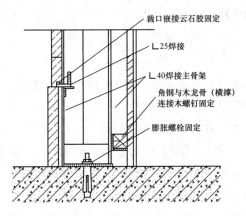

图 9-18 钢骨架与地面的连接

(2)砖砌体或混凝土结构与木质饰面连接构造。在砖砌体或混凝土结构设置木砖、木板或木方条与预埋木砖连接构成饰面板基层, 如图 9-19 所示。

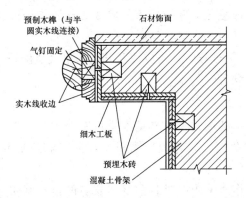

图 9-19 砌体(混凝土)结构与木质饰面的连接

(3)钢骨架与石材饰面连接。在钢骨架上镶贴石材可以采用直接将金属配件勾挂石材面板, 再加入云石胶及销钉辅助固定, 类似于石材干挂做法, 如图 9-20 所示。

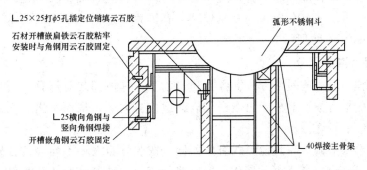

图 9-20 钢骨架与石材饰面的连接

二、店面招牌构造

招牌作为店面的重要组成部分，起着标记店名、装饰店面、吸引和招揽顾客的作用。

招牌的外观形式多种多样，按外形、体量不同，可分为平面招牌和箱体招牌；按安装方式不同，又可分为附贴式、外挑、悬挂式及直立式等。

1. 招牌的构造要求

招牌构造包括骨架、基层板及面板等，其具体构造要求如下：

(1)招牌的骨架有钢结构骨架(用角钢制作)、木制骨架及铝合金骨架三种类型，其材料的断面和间距可根据具体情况进行确定。钢结构骨架与墙体的固定可通过将骨架与金属膨胀螺栓进行焊接来实现，同时，钢结构骨架应做好防锈处理；铝合金骨架的固定应通过金属连接件进行固定，金属连接件由金属膨胀螺栓固定于墙上，铝合金方管与金属连接件之间由螺栓进行固定连接；木制骨架在室外很少使用。

(2)招牌的基层板多采用胶合板及细木工板(大芯板)等，其通过螺钉或螺栓与骨架进行连接固定。在使用前，应先进行防腐处理和防火处理。

(3)招牌的面板多采用玻璃、铝塑板、铝合金板、不锈钢钢板及彩色钢板等，通过胶粘剂与基层板连接。在选用面层材料时，应考虑材料的耐久性及耐候性。

(4)招牌处于室外环境时，易受到雨水的侵蚀，应进行防水处理。通常的做法是在广告招牌的顶部用防水材料进行覆盖，并应用密封胶或玻璃胶将周围缝隙进行密封，以保证不渗漏。

(5)在招牌的设计与施工过程中，还应注意其内部电气线路设计与布置的安全性和可靠性，正确选择有关的电器设备。

2. 字牌式招牌构造

字牌式招牌属于平面招牌的类型，其基本组成有美术字、图案及店徽等，常用的材料有烤漆镀锌薄钢板、不锈钢板、钛金板、铜板、有机玻璃片加聚氨酯泡沫及水晶有机玻璃等。

字牌式字体安装因制作所采用的材料和字体安装的招牌基层面板的不同而异。其通常可用木螺钉、自攻螺钉、氯仿或502胶粘剂等来实现固定。

3. 雨篷式招牌构造

雨篷式招牌一般外挑或附贴在建筑物入口处墙面上，应与店面整体装饰进行考虑。它是以金属型材和木材做骨架，以木板、铝合金板、PVC扣板、铝塑板及花岗石薄板等材料作为面板而制作，再以镶有金属板、有机玻璃、有机片及塑料等制作的美术字、店徽及饰件等进行装饰，如图9-21所示。

4. 灯箱式招牌构造

灯箱是以悬挂、悬挑或附贴方式支撑在建筑物上，其内部装有灯具，面板用透明材料制成。通过灯光效果，强烈地显示出店徽、店面或广告内容，从而突出店面的识别性、装饰性，更有效地吸引顾客。

灯箱式招牌的构造做法与其他形式有所不同。按照灯箱大小不同，其骨架一般用金属型材(如角钢或铝合金型材)或木方制作，以有机灯箱片、玻璃贴窗花及霓虹灯管材料做饰

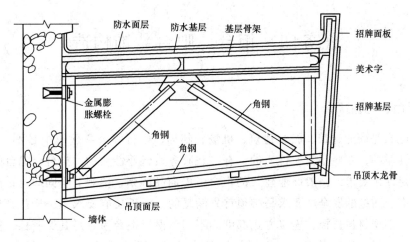

图 9-21　雨篷式招牌的构造示例

面，再以铝合金角线和不锈钢角线包覆装饰灯箱边缘。灯箱的构造要充分考虑灯具维修及更换的需要，如图 9-22 所示。

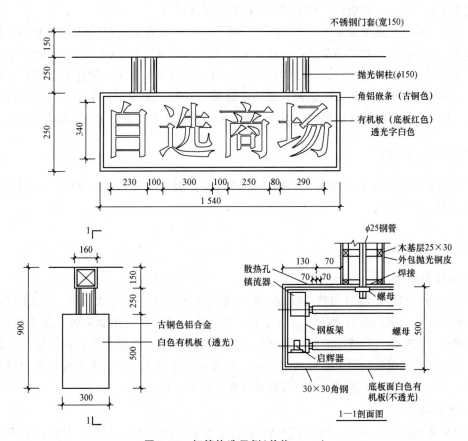

图 9-22　灯箱构造示例(单位：mm)

任务四　柜台、吧台装饰构造

一、柜台、吧台简介

柜台、吧台是商业建筑、旅馆建筑、机场、邮局、银行等公共建筑中必不可少的设施，有些是服务性质的，有些是营业性质的，有些是服务兼营业性质的。柜台、吧台的构造设计首先必须满足使用要求。一般商业建筑的柜台考虑商品陈列、美观、牢固即可；而银行柜台对保密、防盗、防抢的安全性要求是必须首先满足的。由于功能要求不一样，其构造方式包括基层结构、面层材料选择、连接方式都可能不同。银行柜台为满足其保密性、安全性的要求，多采用钢筋混凝土结构基层，面层材料多采用不透明的石材、胶合板材、金属饰面板。商店柜台为了商品展示的需要，多采用不锈钢或铝合金型材构架，正立面和柜台面面层则多采用玻璃，甚至柜台面和四周均采用玻璃。酒吧是西餐厅和夜总会的构成部分，在餐厅中占有重要位置。吧台、酒柜及其上部顶棚的构造，选用的材料、灯光、色彩对气氛的烘托、意境的创造非常重要。一般吧台、酒柜均需优质的选材及制作。

柜台、吧台等设施必须满足防火、防烫、耐磨、结构稳定和实用的功能要求，以及满足创造高雅、华贵的装饰效果的要求，因而多采用木结构、钢结构、砖砌体、混凝土结构、厚玻璃结构等组合构成。钢结构、砖结构或混凝土结构作为基础骨架，可保证上述台、架的稳定性，木结构、厚玻璃结构可组成台、架的功能使用部分。大理石、花岗石、防火板、胶合饰面板等作为这些设施的表面装饰，不锈钢槽、管、钢条、木线条等则构成其面层点缀。

二、柜台的构造

柜台的作用是陈列和售卖商品，所以，其高度一般为 1 m 左右，所用材料多为玻璃，其构造如图 9-23 所示。

三、吧台的构造

1. 设计要点

吧台是酒吧和咖啡厅内的核心设施。吧台的服务内容从调制花式香槟、加工冷热饮料，到配置冷拼糕点、供应苏打水等，应有尽有。吧台的上翼台面兼作散席顾客放置酒具之用，应采用耐磨、抗冲击、易清洁的材料，材料的表面宜选深色，避免光反射，以便于识别酒液纯度。吧台的功能按延长面可划分为加工区、贮藏区和清洗区。吧台上方应有集中照明，照度一般取 100～1 500 lx，照明灯具应有防光设施，防止眩光。

2. 吧台构造

吧台构造如图 9-24 所示。其中图 9-24(a)所示为吧台外立面图；图 9-24(b)所示为吧台剖面图。

3. 冷饮柜台构造

冷饮柜台的长度按设计要求确定，洗涤盆按需要设置。其构造如图 9-25 所示。

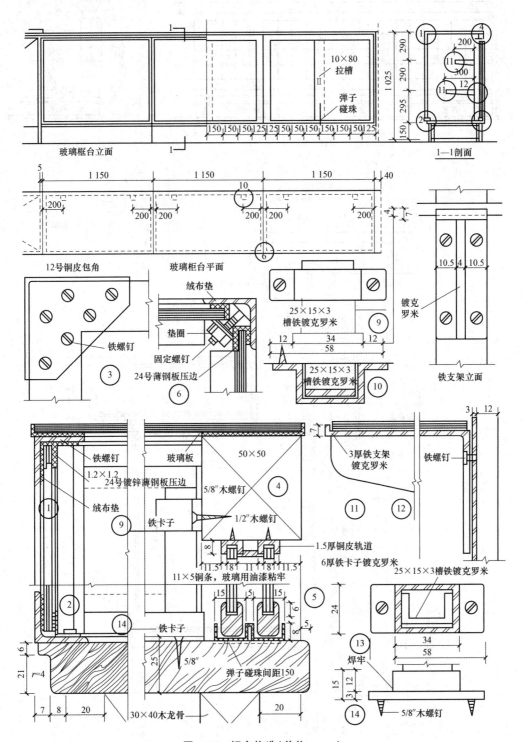

图 9-23 柜台构造(单位：mm)

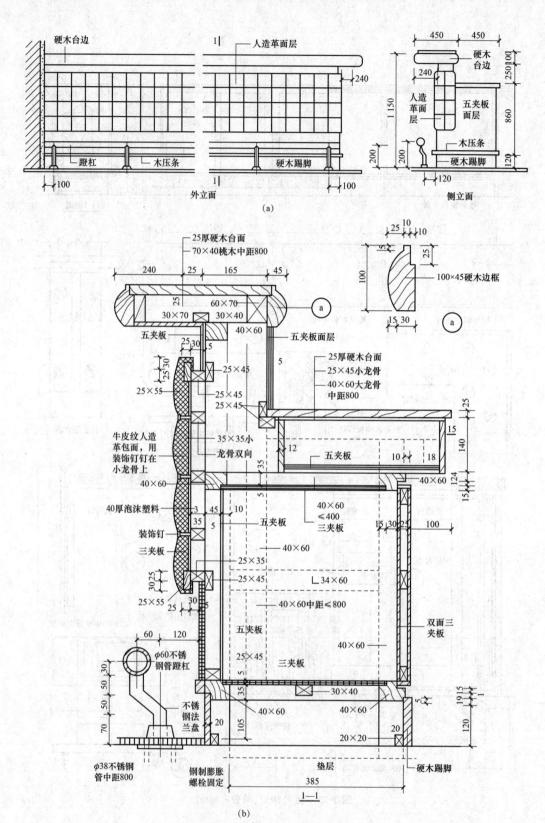

图 9-24 吧台构造(单位：mm)

(a)吧台外立面图；(b)吧台剖面图

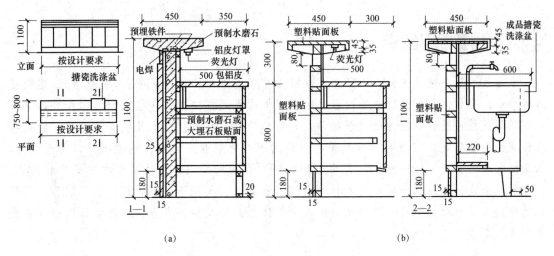

图 9-25 冷饮柜台构造(单位：mm)

(a)水磨石柜台；(b)塑料贴面板柜台

知识点梳理

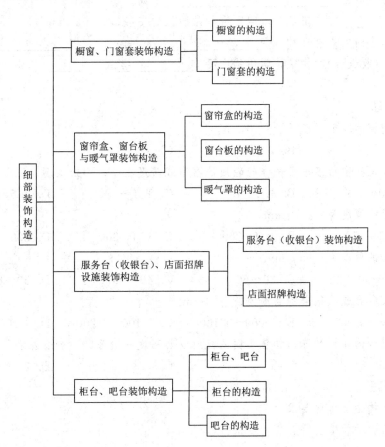

项目小结

　　本项目主要介绍了橱窗、门窗套、窗帘盒及暖气罩的构造，服务台（收银台）、店面招牌的构造，柜台、吧台的构造等内容。橱窗窗框的固定方法，除砖墩可预埋木砖外，其余钢筋混凝土柱或过梁内应逐段预埋铁件，与窗框的铁件相焊接；或预埋螺母套管，然后将螺栓穿过窗框固定。门窗套的作用是将门窗的洞口保护起来，避免磕碰损坏，便于清洁，以及提高装饰效果。窗帘盒有明窗帘盒和暗窗帘盒两种形式。吊挂窗帘的方式有软线式、棍式和轨道式三种。窗台板常用木材、水泥、水磨石、大理石、磨光花岗石等制作。暖气罩的布置方法有窗台下式、沿墙式、嵌入式和独立式等几种。广告、招牌装饰构造有普通字牌式、雨篷式、灯箱式。

习　　题

一、填空题

1. 橱窗的断面尺寸根据_____和装玻璃有无填料而定。

2. 门窗套一般由_____和_____组成。

3. _____安装完毕后，即可进行贴脸板的安装。

4. 吊挂窗帘的方式有三种，即_____、_____和_____。

5. 服务台（收银台）的构造，常用的主要有_____、_____或_____等结构体系。

二、选择题

1. 用于橱窗的玻璃一般厚（　　）mm。

　　A. 6　　　　　　　　B. 7　　　　　　　　C. 8　　　　　　　　D. 9

2. 软线式吊挂窗帘多用于吊挂较轻质的窗帘或跨度在（　　）m 的窗口。

　　A. 1.0～1.2　　　B. 1.2～1.4　　　C. 1.4～1.6　　　D. 1.6～1.8

3. 窗台板的宽度为（　　）mm。

　　A. 100～150　　　B. 100～200　　　C. 150～300　　　D. 200～300

4. 窗台板的厚度为（　　）mm。

　　A. 20～50　　　　B. 30～60　　　　C. 40～70　　　　D. 50～80

5. 接待服务台或收银台的高度为（　　）mm。

　　A. 900～1 000　　B. 1 000～1 100　　C. 1 100～1 200　　D. 1 200～1 300

6. 零售柜台的作用是陈列和售卖商品，所以其高度一般为（　　）m 左右。

　　A. 0.5　　　　　　B. 1　　　　　　　C. 1.8　　　　　　D. 2

三、问答题

1. 橱窗的构造有哪些要求？

2. 店面招牌的构造应符合哪些要求？

3. 吧台的设计应符合哪些要求?

项目实训

某酒吧厅吧台装饰构造设计

1. 实训目的

通过吧台装饰施工图的设计项目技能实训,能够根据功能特征,设计出装饰效果好的服务台,达到掌握服务台、吧台等构造设计及绘制出细部构造图的目的。

2. 设计要求

某酒吧厅吧台根据室内布置形式,拟采用的酒吧台平面形式如图9-26所示,试根据功能及环境条件,完成此吧台的装饰构造设计。

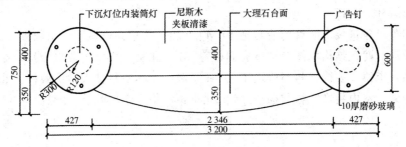

图9-26 酒吧台平面形式

3. 实训内容及要求

完成下列内容构造设计,以A3幅面图纸绘制,比例自定,要求达到施工图要求。

(1)吧台正立面图、背立面图。

(2)吧台剖面详图。

(3)吧台细部构造详图。

参 考 文 献

[1]崔丽萍.建筑装饰材料、构造与施工实训指导[M].2版.北京：北京理工大学出版社，2021.

[2]武峰，王深冬，孙以栋.CAD室内设计施工图常用图块——金牌室内景观[M].北京：中国建筑工业出版社，2007.

[3]田改儒.房屋与装饰构造[M].2版.北京：中国劳动社会保障出版社，2017.

[4]张勇一，何春柳，罗雅敏.建筑装饰装修构造与施工技术[M].成都：西南交通大学出版社，2017.

[5]刘超英.建筑装饰装修构造与施工[M].2版.北京：机械工业出版社，2016.

[6]李长江.建筑结构识图与构造有问必答[M].北京：化学工业出版社，2017.

[7]张伟，李涛.装饰材料与构造工艺[M].武汉：华中科技大学出版社，2016.

[8]孟春荣.室内装饰工程与构造[M].北京：清华大学出版社，2016.